管 宁 顾正彤 著

文化智慧与文明创造

苏州大学出版社

图书在版编目(CIP)数据

文化智慧与文明创造／管宁,顾正彤著. -- 苏州：苏州大学出版社,2023.11
ISBN 978-7-5672-4588-4

Ⅰ.①文… Ⅱ.①管… ②顾… Ⅲ.①中华文化-审美文化-文化研究 Ⅳ.①B83-0

中国国家版本馆 CIP 数据核字(2023)第 225612 号

书　　名：	文化智慧与文明创造
	WENHUA ZHIHUI YU WENMING CHUANGZAO
著　　者：	管　宁　顾正彤
责任编辑：	杨　柳
装帧设计：	吴　钰
出版发行：	苏州大学出版社(Soochow University Press)
社　　址：	苏州市十梓街1号　邮编：215006
印　　刷：	镇江文苑制版印刷有限责任公司
邮购热线：	0512-67480030
销售热线：	0512-67481020
开　　本：	718 mm×1 000 mm　1/16　印张：15.75　字数：283 千
版　　次：	2023 年 11 月第 1 版
印　　次：	2023 年 11 月第 1 次印刷
书　　号：	ISBN 978-7-5672-4588-4
定　　价：	68.00 元

若有印装错误,本社负责调换
苏州大学出版社营销部　电话：0512-67481020
苏州大学出版社网址　http://www.sudapress.com
苏州大学出版社邮箱　sdcbs@suda.edu.cn

序言
Preface

赓续中华美学　构建现代文明

中华文化源远流长，中华文明博大精深，不仅赋予中国式现代化深厚底蕴，而且赋予中华民族现代文明深厚内涵。习近平在文化传承发展座谈会上强调，"要坚定文化自信、担当使命、奋发有为，共同努力创造属于我们这个时代的新文化，建设中华民族现代文明"，"只有全面深入了解中华文明的历史，才能更有效地推动中华优秀传统文化创造性转化、创新性发展"。① 这一重要论述为我们担负起新的文化使命、推动建设中华民族现代文明指明了前进方向。中华美学是中华优秀传统文化的重要组成部分，在建设中华民族现代文明中发挥着不可替代的作用。我们要深入学习领会习近平重要讲话精神，担负起继承发展中华美学的重要使命，为建设中华民族现代文明做出贡献。

一、文明之脉　绵延千年

中华民族在农耕时代创造了举世公认的灿烂文化和古代文明，成为世界"四大文明"中唯一没有中断的文明，展示了中华文明的深厚底蕴、坚韧品格与历久弥新的生命活力。这一活力源自中华文明具有突出的连续性和创新性。纵观源远流长、生生不息的中华文明发展史，我们深感历尽沧桑而绵延不辍的中华文明所具有的历史韧性与砥砺之力；披览灿若星汉、哲思深邃的中华古代典籍，我们深感丰富浩瀚而又幽眇精深的先哲遗存所

---

① 《习近平在文化传承发展座谈会上强调担负起新的文化使命 努力建设中华民族现代文明》，《人民日报》2023年6月3日，第1版。

具有的思想厚度与思致之美；品赏匠心独运、精美绝伦的中华传统工艺，我们深感素朴稚拙而又精巧雅致的器物营造所具有的设计巧思与创新匠意；寻味情感浓郁、生趣盎然的华夏子民的日常习俗与生活美学，我们深感人伦深厚而又礼序井然的传统社会所具有的生活智慧与沛然生机。拥有如此深厚博大的优秀文化传统与古代文明，新时代的文化建设就有了坚实的基础依托，中华民族现代文明就有了深厚的底蕴支撑。

中华文明突出的连续性不仅得益于优质文化基因，更得益于充满创新活力的文化智慧。中华文明的连续性不是模仿重复、故步自封的延续，而是与时俱进、创新发展的延传。中华文明的造物表征在创新中更迭发展——从半坡遗址的陶器到秦汉的陶俑和唐朝的唐三彩；从商周发端的瓷器烧制到汉唐瓷器的渐趋成熟，再到宋之汝窑、元之青花的精美雅致；从新石器时代良渚文化的古朴神器玉琮到汉代精巧的金缕玉衣，再到唐宋之际工美艺精的生活玉器、明清时代精湛绝伦的玉雕艺术，历朝历代的造物文化无不是在演进中完善、在传承中提升，不断扮靓着华夏文明的风采。中华文明的精神表征在创新中绽放异彩——从夏商周的礼乐文化，到汉唐的舞蹈音乐；从《诗经》《楚辞》到汉赋、唐诗、宋词，再到元曲、明清小说；从书法中篆书、隶书、楷书、行书、草书的历史演变到绘画的工笔写实、墨戏写意的传承与变革，历朝历代的文学艺术，也无不是在创新中传承、在传承中发展，持续装点着华夏文明的艺术殿堂。迄至近现代，在传统文化的现代转型中，这种连续性也从未中断，在变革与创新中，既保持了文化与审美的民族特性，又发展出了适应现代社会需要的现代文化，逐步形成了充满生机活力的新时代中国式现代化的文化形态。面对新时代新的文化使命，我们要深入探究传统文化的精髓与发展规律，加强对活性文化基因的传承与发展，使中华文明之脉万古流芳。

二、文明之花　璀璨繁盛

中华文明是人类文明发展史中的璀璨之花，其生生不息的发展活力，还来自它的统一性与包容性。中华文明的发展并非一帆风顺，而是历经艰难曲折，并在探索发展中"积累了丰富的治国理政经验，其中既包括升平之世社会发展进步的成功经验，也有衰乱之世社会动荡的深刻教训"[①]，最

[①] 习近平：《牢记历史经验历史教训历史警示　为国家治理能力现代化提供有益借鉴》，《人民日报》2014年10月14日，第1版。

终走向中华民族复兴之路。这既得益于"观今宜鉴古,无古不成今"的传统文化智慧,又得益于融为一体的各民族文化,还得益于国家统一、民族团结的共同信念。这种统一性不是封闭、僵化的单向统一,而是开放、包容的融合为一,是在统一性基础上秉持的交往、交流、交融的历史取向,是对世界文明兼收并蓄的开放胸怀。统一性为文明交流互鉴提供了稳定基础,包容性为统一性注入了充沛活力。在现代文明的制度形态建构中,我们既传承弘扬、创新发展中华古代治国理政的思想智慧,又积极借鉴、兼收并蓄发达国家现代化的先进管理经验。"国之所以为国者,以有民也。"从封建制度到人民共和制,在现代化进程的制度性探索中,中国共产党带领中国人民历经曲折和艰难探索,走出了一条符合自身国情的中国特色社会主义道路,成功开辟了"中国式现代化新道路"。"国之称富者,在乎丰民。"中国共产党秉承人民当家作主的初心使命,呼应人民对共同富裕的心理期盼,致力于实现全体人民共同富裕。"天地与我并生,而万物与我为一。"中国式现代化走出了一条尊重自然规律、顺应世界绿色发展潮流的道路,秉承"绿水青山就是金山银山"的理念,以整体性思维观照生态文明建设,把以人民为中心的理念融入生态思想,体现以人为本的崭新内涵与开阔视野。"大道之行也,天下为公。"中国共产党不仅着眼于中国式现代化的稳步推进,创造出现代化模式的新图景、新典范,而且以胸怀天下的博大胸襟,致力于构建人类命运共同体,创造出人类文明新形态。

文明的制度形态是保障文明有序运转的制度化安排;文明的精神形态是文明的价值内核,决定着制度形态的建构,标志着文明可能达到的高度。文明之花是否灿烂与文化的繁荣密切相关。"中华优秀传统文化有很多重要元素,共同塑造出中华文明的突出特性。"① 中华美学作为优秀传统文化的构成要素,不仅在塑造中华古代文明中发挥着重要作用,而且在丰富人民精神世界、创造中国式现代化的文化形态中不断彰显着新的活力,赋予中华民族现代文明以深厚底蕴。习近平指出:"中华美学讲求托物言志、寓理于情,讲求言简意赅、凝练节制,讲求形神兼备、意境深远。"② 这三个"讲求"高度概括了中华美学的优秀基因,揭示了构成中华美学独特风范的内在机理,是形成中华文明独特精神形态的重要元素。"诗言志"与"诗缘情"是中国诗学的两个重要传统,阐明了诗歌的主要功能在于表

---

① 《习近平在文化传承发展座谈会上强调担负起新的文化使命 努力建设中华民族现代文明》,《人民日报》2023年6月3日,第1版。
② 《习近平在文艺工作座谈会上的讲话》,《人民日报》2015年10月15日,第2版。

达思想感情，表现出独特的审美运思方式。中华美学还将"析辞尚简"作为一种美学原则，提倡"不著一字，尽得风流"，"浅深聚散，万取一收"，以最简括的文字表现最丰富的意蕴，达到"以一驭万"的审美效果，彰显出独特的审美表现方式。中华美学还具有以形捉神而达致形神兼备、气韵生动而达臻意境深远的特征，形成了独特审美形态与存在方式。中华美学的这些审美特征，对塑造中华文明的精神特性、内涵禀赋发挥着重要作用。面对新时代新的文化使命，我们要立足文化高质量发展，确立创造时代文化精品和传世之作的高远志向；要高质量推动文化传承创新发展，高标准提供文化服务与产品供给，使中华文明之花更加繁盛。

三、文明之光　永续照耀

人类文明史表明，和平是文明发展的先决条件，战争则是导致文明衰败甚至毁灭的主要因素。中华文明得以延续数千年而不辍，还在于具有突出的和平性。古往今来，中国不断追求文明交流互鉴，不搞恃强凌弱、称王称霸；凝定追求和平、和睦、和谐理念的文化基因，形成倡导睦邻友好、合作共赢与和合共生的价值观念。中国人民既希望自身幸福安康，又祈愿各国人民生活美好。战争阴霾会导致文明之光暗淡，思想僵化会导致文明之光褪色。建设中华民族现代文明需要不断解放思想、与时俱进。在5000多年中华文明的深厚基础上开辟和发展中国特色社会主义，把马克思主义基本原理同中国具体实际相结合、同中华优秀传统文化相结合，这既是我们取得成功的最大法宝，也是中华文明之光永续照耀的最大法宝。"结合"为我们打开了创新空间，让我们掌握了思想和文化的主动权，为创造属于我们这个时代的新文化提供了根本保障。而将马克思主义基本原理同中华优秀传统文化相结合，是又一次的思想解放，让我们能够在更广阔的文化空间中，充分运用中华优秀传统文化的宝贵资源，探索面向未来的理论和制度创新。

"问渠那得清如许？为有源头活水来。"中国式现代化的成功开创，得益于马克思主义的中国化、时代化和中华文化智慧的当代运用。现代从传统中走来，从历史中孕育。中华文明拥有自身独特的文化旨趣，这种旨趣作为文明形态的精神表征，内在地影响着文明的物质表征和制度形态。深入探究中华文化旨趣，搞清楚我们民族独特的精神追求、文化智慧与思维方式，有利于在更深的层面理解传统文化精华。建设中华民族现代文明，就是要在中华文化沃土中培植新时代的文明之花，就是要根植于优秀文化传统进行现代化构建，从文明的内在结构中进行精神重塑。中华民族始终保持着对美好生活的憧憬与追求，这不仅形成了推动文明进步的内在动力，而且形成了追求优雅精致生活情调的文化旨趣，使清逸淡雅、简素悠然的生活意趣始终在传统文化中占据主流地位。中华美学注重自我心性的畅达表现，推崇以自然之意象言生命之意趣，充分展现个体对自然生机与生命灵动的深刻体验，形成充满生命气韵的审美境界与精神旨趣。这些体现民族文化深层底蕴的文化旨趣，必将在中华民族现代文明建设中打下深刻烙印、发挥积极作用。面对新时代新的文化使命，我们要充分运用新媒体传播优秀传统文化，以中华文化旨趣塑造现代文明，以中华美学滋养人民的精神世界，让中华文明之光永续照耀。

管　宁

2023年仲夏

目 录
Contents

上篇　文化基因与文明足迹

第一章　人类文明新形态的民族文化叙事　/3
　　第一节　文明新形态的当代出场　/4
　　第二节　历史逻辑：文明的基因凝合　/8
　　第三节　实践逻辑：文明的崭新创造　/12
　　第四节　理论逻辑：文明的话语构建　/16

第二章　中华文化沃土孕育的时代精华　/22
　　第一节　文化境界的时代升华　/22
　　第二节　历史使命：现代民主政治理想　/24
　　第三节　现实诉求：传统文化的现代化　/28
　　第四节　时代主题：人类文明形态再塑　/33

第三章　文化发展新阶段的历史使命　/41
　　第一节　价值阐发与历史使命　/41
　　第二节　身份认同与实践逻辑　/46
　　第三节　面向当代的传统活化　/49

第四章　新时代优秀传统文化的创新发展　/56
　　第一节　逻辑起点：历史远见与文化自觉　/56
　　第二节　传统演进：文脉赓续与价值肯认　/59
　　第三节　逻辑延展：传承理念与创新思维　/63

第五章　文化遗产保护：世界经验与中国智慧　/69

  第一节　文化遗产：经典化与价值重估　/69

  第二节　保护利用：影迹勾勒与经验概述　/72

  第三节　中国实践：保护特色与利用升级　/76

  第四节　网络时代：遗产保护未来之思考　/79

中篇　主体性建构与当代视域

第六章　文化主体性建构的三重意涵　/85

  第一节　政治维度：制度性意涵　/87

  第二节　美学维度：本体性意涵　/92

  第三节　实践维度：驱动力意涵　/98

第七章　古典美学：转场与创新　/105

  第一节　美学基因的选择与提炼　/105

  第二节　审美延展与伦理精神　/109

  第三节　现代转场与当代创新　/114

第八章　现代视域下的经典再造　/120

  第一节　美学：从传统经典到现代经典　/120

  第二节　造物：从工艺美术到工业设计　/126

  第三节　转场：从专业素养到学贯百家　/131

第九章　虚拟文化空间叙事探究　/137

  第一节　虚拟文化空间：技术与叙事　/138

  第二节　意涵之维：叙事主题的意义建构　/144

  第三节　逻辑之维：虚拟文化空间的组织秩序　/149

下篇　美学智慧与文化创新

第十章　雅韵美学与审美理想　/157

　　第一节　雅韵：文人旨趣与文化精髓　/158
　　第二节　渊薮：心源迹化与美学哲思　/164
　　第三节　跃升：反躬内视与传统创生　/169

第十一章　文人艺术的多元形态与当代价值　/175

　　第一节　文艺美学：无形的精神滋育　/176
　　第二节　造物美学：雅物的日濡月染　/181
　　第三节　生活美学：道器的融通创化　/186

第十二章　构筑文艺新境界的多维视域　/193

　　第一节　时代之境：先声与风尚　/193
　　第二节　美学之境：艺术与哲思　/197
　　第三节　融涵之境：相融与涵纳　/202

第十三章　中华造物文化：核心价值与创新实践　/208

　　第一节　造物初始：礼制的彰显　/208
　　第二节　当代传承：拣择与萃取　/213
　　第三节　创新实践：鉴照与再创　/218

第十四章　工匠精神与文化高质量发展　/225

　　第一节　历史转型与格局重构　/225
　　第二节　匠心构筑创新基石　/228
　　第三节　理念、姿态与修为　/232
　　第四节　从理论之思到实践之途　/237

上 篇
文化基因与文明足迹

中华艺术创造的意境之美，在世界艺术殿堂中可谓魅力独具，其所传递的审美信息往往需要细加品味才能深切体悟，这与中国艺术的哲学思想密切相关，是儒、释、道思想在艺术领域中的体现。

中国古典诗词、水墨山水绘画以含蓄内敛为主要特征，不长于追求状物的精细真切，而善于摹写内在神韵的微妙玄奥，如同寂静旷野中燃起的一炷袅袅升腾的香火，其形优雅，其状清幽，其香淡远，其意蕴藉。中国古典艺术并非不擅长客观叙事与描摹、造型与写实，而是更关注如何借助物质形态的提炼、重构与凝定，去表达对整体生命的认知与感受，去寻求诗意栖息的心灵之所。

中华美学独有的意境与韵味，既体现于文艺作品中，又融注在造物设计里。园林、家具、盆景、建筑、日常器物的功能属性常被有意无意地淡化，人们更注重器物所承载的礼仪、情感乃至伦理内涵，强调造型的简约与洗练，使器用之物蕴含丰厚的美学内涵、人文意趣。

中华传统造物文化具有鲜明的心物相照、巧法造化、顺乎自然的美学特征，尊崇"天人合一"的哲学理念，熔铸着法天象地、"空故纳万境"的造物智慧。人与自然的融合不仅体现在人造空间与自然景观的畅达沟通上，更体现在人与自然在相与往返中的情感交流和意趣生成上。意境深远的艺术创造是中华美学对心灵空间的展开，韵致悠远的造物设计是中华美学在实体空间的呈现。新时代的文艺工作者对传统文化既要沉潜其中、得其神髓，又要"蜕故孳新"、创造转化。以中华艺文器物之清逸意趣、精致风雅，为美好生活增色添彩。

第一章

人类文明新形态的民族文化叙事

人类作为地球上唯一的智慧生命，其生存与发展所构成的历史，不仅显著区别于其他生命体，而且因其具有创造力进而形成了特有的文明形态，这一文明形态又是与人类发展的社会性特征密切关联的。文明形态包含着物质文明、政治文明、精神文明、社会文明和生态文明等多个方面，且在不同国家和民族各自发展历程中有着不同的内涵与特点。总体而言，人类社会是遵循从低级阶段向高级阶段发展的规律的，就其社会形态而言，经历了原始社会、奴隶社会、封建社会、资本主义社会和社会主义社会；就其文明形态而言，则经历了前文明（原始文明）、农业文明、工业文明时代，并正在从工业文明走向生态文明、信息文明时代。每个社会形态中的文明水平，都是与那个时代的社会生产力和生产关系及精神文化发展水平相联系的，并体现着与之相应的社会生产方式、生活方式及精神谱系，正是这些方面的不同，造成了文明形态的差异。

卡尔·西奥多·雅斯贝尔斯（Karl Theodor Jaspers）在《论历史的起源与目标》中，将人类历史发展划分为史前时代、古代文明时代、轴心时代和科学技术时代，认为公元前800年至公元前200年的轴心时代，具有引领了人类进入世界历史的非凡意义，是人类文明发展的"突破期"，并把实现这种突破的民族称作"轴心民族"，如中国、印度、希腊，因为中国出现了以孔子、老子等为代表的哲学派别；印度出现了《奥义书》和佛陀等各种哲学流派；希腊出现了荷马（Homer）、赫拉克利特（Heraclitus）、柏拉图（Plato）、阿基米德（Archimedes）等先贤，并形成了古中国、古希腊、古印度（包括中东）三大轴心文明，它们以各种独特的宗教——伦理观、文化模式对世界文明史产生了深远影响，奠定了人类的精神基础。也就是说，轴心文明作为人类的原典文明，是以是否拥有最具代表性的文化典范人物的诞生为标志的。雅斯贝尔斯还认为，此后的科技时代之产生，源于欧洲日耳曼—罗曼诸民族，凭借科技进步和工业发展，开启了全球规模的人类历史，形成了西方国家率先开启现代化并进入工业文明的新时代，成为其他轴心文明效仿的对象，西方现代文明也因此在一个历史时期里主宰了世界。但在这个过程中，西方现代化的诸多弊病逐步显露出来，正如奥斯瓦尔德·斯宾格勒（Oswald Spengler）在《西方的没落》中指出的：西方在以物质文明为主的时代兴起，到以精神文化为主的时代也就衰落了。雅斯贝尔斯也认为，在亚洲尤其是中国存在着他们所缺乏但又与文明密切相关的东西。他对老子《道德经》等中所蕴含的中国古代哲学评价甚高。事实上，随着中国式现代化取得举世瞩目的成就，历史正悄然发生变化——曾一度落伍的轴心文明之一的中华文明，正逐步走向世界舞台的中央，再度显现出重回轴心文明的历史征象。杜维明"新轴心文明"概念的提出，使人们关注思考新的"轴心时代"将会由哪个民族来支撑这一世界性问题。

尽管轴心文明的形成离不开科技进步和生产力发展，但支撑轴心文明的核心基石，主要还是能够指引人类处理人与人、人与自然、人与社会关系的充满智慧的哲学思想，是基于这些思想而不断开辟出人类发展新道路的文化观念。因而，在考察人类文明新形态产生的多维视角中，文化是最重要、最根本的维度，它是现代化发展的道路选择、制度安排、理论阐发的内在支撑；文明形态的本质与内涵，最终是由更基本、更深沉、更持久的文化精神与力量所决定和铸就的。为此，本章将立足中华优秀传统文化，探讨中国特色社会主义发展过程中所创造的人类文明新形态的历史逻辑、实践逻辑和理论逻辑，以期为如何更好地推进和完善这一新形态提供一种理论视角，为世界文明发展贡献中国智慧。

第一节 文明新形态的当代出场

进入21世纪以来，人类文明格局正在发生新的变化，世界面临着百年未有之大变局，这既是全球化拓展与深化所演绎出的结果，也是中国的发展所形成的东强西弱趋势的表征。尽管人类的现代性发生源于西方，并且至今"西方国家掌控国际资源和制定世界规制的主导地位不可能被立刻改变"，但随着现代性运动遍布全球和不断深入地发展，"东亚、南亚、非洲和拉丁美洲正以现代文明的自觉意识,改变对西方效仿的行为逻辑"。① 而在这个过程中,中国式现代化发展所走出的独特道路取得的巨大成就,不仅为世界发展中国家的现代化建设提供了"中国经验",而且创造了不同于欧美、拉美等地区的国家和日本、韩国独具自身特色的现代化模式,形成了人类文明新形态。

对此,近年学术界已有初步的探讨和阐述,讨论在建设中国特色社会主义现代化国家过程中,文明新形态形成的可能性和文明新形态的发展理念,并探讨了与之相关的理论问题。学者们从不同角度和面向上对人类"文明新形态"及其相近概念与问题进行的分析阐发,不断推进这一问题的深入研究。袁祖社从中国文明新形态发展理念的演进逻辑角度进行探讨,认为中国文明新形态就其历史表征而言,体现在"单纯经济富强和增长并不是中国文明新形态的真实逻辑";构成中国文明新形态的两大核心要素是"中国道路"与"社会主义核心价值观";引导和实践一种引领性的文明新形态的是"五大理念"。② 同时,他还指出,这一文明新形态的形成过程,是与中国特色社会主义文化发展道路的确立、人民利益本位的制度优势,以及先进思想文化理论魅力日渐彰显,并愈来愈被全世界接受、尊重、理解和普遍认同等内在一致的,是一种具有鲜明自主创制特征的文明新形态。③ 吴晓明则借用"新文明类型"概念,先是从全球治理角度考察"中国方案"如何开启全球治理的新文明类型,他认为,21世纪以来随着各大国实力的变化,尤其是全球性问题日渐突出,"全球治理"议题备受关注,中国由于综合国力上的稳步提升和日益广泛地参与国际事务中,"中国方案"开始登上舞台,这一方案以超越现代性及其逻辑为前提、以新文明类型的客观前景为基础定向,从而展现出了真实的世界历史意义,进而从马克思主义中国化角度探讨新文明类型的可能性,认为新文明类型的建立离不开中国道路的百年探索与马克思主义中国化,而这一"双重进程"所形成的中国特色社会主义,展示了一种"世界历史意义",表明"中华民族的伟大复兴不仅在于中国将成为一个现代化强国,而且还在于:它在完成其现代化任务的同时,正积极地开启出一种新文明类型(超越现代—资本主义文明)的可能性"④,进一步深化了文明新形态内涵的认知。

---

① 吴海江、徐伟轩:《新文明的中国形态》,《复旦学报(社会科学版)》2020年第5期。
② 袁祖社:《中国"文明新形态"发展理念的演进逻辑》,《理论探索》2016年第4期。
③ 袁祖社:《文化对话与价值融通——中国发展道路的实践逻辑与文明新形态的自主创制》,《当代中国价值观研究》2016年第3期。
④ 吴晓明:《马克思主义中国化与新文明类型的可能性》,《哲学研究》2019年第7期。

吴海江、徐伟轩从新文明的中国形态视角，认为"新文明具有民族叙事和世界指向的双重意义"，当代中国文明觉醒体现在"对经典现代性的合理扬弃，也顺应了21世纪全球化时代多元共生的逻辑，昭彰了中国特色社会主义现代文明对它的历史必然性的展开"，中国文明新形态的形成意义在于，一方面，"对轴心文明与科技—工业文明的历史评判为之提供了可依坐标；另一方面，马克思主义中国化所孕育的中国道路、中国制度和中国精神正在使之成为现实"。[①] 刘进田则将中国共产党作为人类文明新形态的创造主体，探讨了中国共产党成立百年来探索与实践人类文明新形态的伟大历史，认为中国共产党创造了人类文明新形态的两座高峰：新民主主义文明体系和中国特色社会主义文明体系；中国共产党寻求不同于传统文明和资本文明的人类文明新形态，其路径是"通过中华民族解放和复兴而实现人类解放，通过民族文明创新实现人类文明创新"；以中国现代新文明为主要表征的文明新形态，不仅"使中华文明面貌焕然一新，人类文明面貌亦将会由此焕然一新"。[②] 与之相应的研究有王一涵、郭凤志从社会主义、共产主义制度层面进行的研究，从认知与实践角度阐述社会主义文明是一种新文明形态。一批青年学者在中国进入新时代的历史方位背景下，从马克思主义人类解放思想当代价值的重新思考出发，阐发其对西方自由主义观念的批判与超越；同时，结合中国特色社会主义的成功经验，指出中国实践对于探索人类解放道路、构建人类文明新形态所具有的重大理论意义和现实意义。

这些理论思考与阐述对文明新形态进行了概念、制度、理论和实践等层面的多维度观照，涉及了文明新形态与马克思主义人类解放思想、中国特色社会主义道路及其成就、中国共产党的百年探索与实践、"中国方案"的世界历史意义等多方面内涵，阐发了几个基本的理论问题：第一，人类文明新形态的理论基础和学理性根据是马克思主义人类解放思想；第二，人类文明新形态是对传统现代化和西方式现代化及资本文明的历史超越；第三，人类文明新形态的创造主体是中国共产党和中国人民；第四，人类文明新形态的实现路径是以民族文明创新为内容的中国道路；第五，人类文明新形态的现实达成是中国道路选择、中华优秀传统文化弘扬、西方现代先进文化吸收借鉴的结果；第六，人类文明新形态的世界意义在于为人

---

① 吴海江、徐伟轩：《新文明的中国形态》，《复旦学报（社会科学版）》2020年第5期。
② 刘进田：《人类文明新形态的伟大探索者和实践者——写在中国共产党成立100周年》，《社会科学辑刊》2021年第3期。

类命运共同体提供富有创造力的文明支撑。这些理论阐述都或多或少地涉及了人类文明新形态创造和形成过程中作为核心支撑要素的中华文明优秀基因,但尚未做出深入系统的阐述。

如果说学术界的研究是对一种人类文明新形态的可能性及其内涵的探索性思考,那么习近平在 2021 年 7 月 1 日庆祝中国共产党成立 100 周年大会上的讲话则对此做了具有高度概括性和总结性意义的准确阐述与重大论断,他指出:"我们坚持和发展中国特色社会主义,推动物质文明、政治文明、精神文明、社会文明、生态文明协调发展,创造了中国式现代化新道路,创造了人类文明新形态。"① 这是首次由国家官方层面做出的中国创造了人类文明新形态的重要宣示,这一论断与宣示对中国道路的特点和对人类文明的意义做了深刻揭示,阐明了文明新形态形成的前提性条件,阐明了文明新形态的具体构成,阐明了文明新形态与"中国式现代化新道路"之间的关系,是对中国特色社会主义理论和实践的全新概括,充分体现出新思想与时俱进的理论品格与崭新境界。首先,这一论断与宣示揭示了"中国式现代化新道路"与"人类文明新形态"之间的深刻内在逻辑关系。中国特色社会主义现代化道路选择是我们取得巨大成就的前提,同时也是建构和形成人类文明新形态的前提;这一文明新形态的创造不仅标志着现代化背景下中华文明复兴过程中创造了现代中华文明,也为世界提供了现代化的"中国经验"和"中国样本";在现代化的多元模式中所呈现的"中国式"现代化,表明当代中国走出了一条区别于西方主导的现代化的新道路,体现出中国对现代化道路和模式的全新探索,成为人类"新轴心文明"的重要实践成果。中国道路的成功,是马克思主义中国化的必然结果,在新发展阶段继续推进马克思主义中国化,继续坚持把马克思主义基本原理同中国具体实际相结合、同中华优秀传统文化相结合,继续发展当代中国马克思主义、21 世纪马克思主义,是不断丰富和完善人类文明新形态的时代诉求。其次,这一论断与宣示丰富了新思想的内涵。党的十八大提出了"五位一体"的总体布局,其中,生态文明建设是新提出的,同时进一步确立了创新、协调、绿色、开放、共享的新发展理念,丰富和发展了中国特色社会主义理论;党的十九大确立了习近平新时代中国特色社会主义思想,明确指出了中国发展进入了一个新时代;建党百年之际,我们全面建成小康社会,实现第一个百年奋斗目标,推动了物质文明、政治

---

① 习近平:《在庆祝中国共产党成立 100 周年大会上的讲话》,《人民日报》2021 年 7 月 2 日,第 2 版。

文明、精神文明、社会文明、生态文明的协调发展。正是这五个方面文明发展取得的成效，极大地拓展了"中国式现代化新道路"，形成了人类文明新形态，为习近平新时代中国特色社会主义思想注入了新内涵。再次，这一论断与宣示昭示了现代化中国模式的世界意义。现代化中国模式的形成，是中国作为一个发展中国家，独立自主地探索现代化道路并获得巨大成功的经验凝聚，是在现代化的欧美中心主义背景下，跨越资本主义阶段，走出的一条"中国式现代化新道路"，其所创造的人类文明新形态，为世界发展中国家走现代化道路提供了经验与引导。中国式现代化建设经验，其关键是立足本民族历史文化根基，是将马克思主义中国化借鉴吸收一切人类优秀文明尤其是发达国家的现代化成果，从而实现对西方资本文明的批判、扬弃和西方现代化模式的超越，有效地解决了当今世界面临的发展动力不足、发展失衡、治理滞后的问题，为人类美好社会制度的探索提供了"中国经验"和"中国智慧"。中华文明在农耕时代"轴心文明"的基础上，通过中国道路创造了一种现代化背景下的新文明，使中华民族再次以一种全新的"轴心文明"对世界产生巨大而深远的影响。

第二节　历史逻辑：文明的基因凝合

不论是古代文明还是现代文明，其演进固然与政治、经济和科技因素密切相关，但在更深刻层面上离不开各民族在自身历史发展中形成的文化智慧与哲学思想。如同袁祖社指出："特定发展实践中的文明与文化紧密相连，文明自我确立的过程，一定是有效地吸取并辩证地扬弃某种文明的过程。"[①] 中华文明作为一个5000多年未曾中断的文明，始终是一个连续发展的有机整体，中国式现代化是中华文明的现代发展，并正在形成当代世界的"新轴心文明"，这个"新轴心文明"必然是先前东方轴心文明的有机延续，也必然离不开沉潜深厚的优秀传统文化的滋养。古中国作为世界轴心文明之一，不仅孕育出了儒家、道家等影响深远的思想体系，而且将西域传入的佛教汉化成为本民族文化的重要构成，使儒、释、道作为中华文明的精神主体，滋养和涵育着一代又一代中华儿女生存与发展，生生不息、延续至今。农耕时代中华民族创造的灿烂文明，对世界产生过深远影响，同时中华文明也在与世界的交往中吸收、借鉴了其他民族文明，使

---

① 袁祖社：《中国"文明新形态"发展理念的演进逻辑》，《理论探索》2016年第4期。

自身的文明发展在很长一段时间里领先于世界。唐代作为中华文明发展的一个高峰,生产力水平引领全球,与之相应的工商业格外繁荣,无论是官营还是私营手工业、商业均蓬勃兴旺,它们共同构成了唐代物质文明的发达局面,流风所及,沾溉海外,贸易遍及欧洲、中东和西北亚地区,都城长安由此成为世界上第一个人口超百万的城市。工商贸易的开放带来了文化的开放与空前繁荣,发达的经济贸易、便利的中外交通,尤其是政治开明、文化宽容产生了显著作用:推行"偃武修文"、奖掖文化事业的文化政策,以科举制取代门阀垄断仕途的制度;重视教育,鼓励文化传播;鼓励广开言路、勇于纳谏;兼容并包,对外来文化采取开放政策。由此造就了中华文明一个时代的发展高峰。这使得自西汉以来开辟的丝绸之路在唐代达到鼎盛,更有力地促进了东西方思想文化的交流。中华文化在吸收、融会外来的佛教、医术、舞蹈、武学等的基础上,使自身文明得以进一步发展繁荣,同时也将处于高文明"位势"的中华文明源源不断地扩展至欧洲、中东和东亚等地区,大量代表那个时代高端制造的造物文化产品,长时期被这些地区的王公贵族、富商巨贾等上流社会追捧,见证了几个世纪间中华文明的发展高度与创造伟力。宋代之所以能成为中华文化发展的另一个高峰,正是因为其推行了"右文抑武""以化成天下"等一系列宽明的文化政策,产生了一大批文化大家如苏轼、米芾等,诞生了一大批文化巨著如《宣和画谱》《营造法式》等,充分彰显出中华民族包容开放的文化品格。

但近代以来,一直处于引领地位的中华轴心文明,逐渐被另一轴心文明挤压至世界边缘——以古希腊文明为传统的西方文明因成功实现了科技—工业文明的现代转型而强势崛起,引领了 300 多年来世界现代文明的发展。许多学者对导致这一结果的原因做了种种分析和解答,"其最普遍性的、也是最有代表性的观点是","古老中华文明在文明'位势'上的劣势和被动所致"。① 从文化角度分析,由于"天人合一"思想强调人与自然及外在世界的和谐,不主张对抗与冲突,显示出非竞争性特征,因而无法与西方以"科技理性"和工业文明为支撑的对自然及外部世界的扩张、征服的外向型文化相抗衡,体现了中华文化在此文明转型的初期所表现的弱势地位。但我们还必须看到,中国传统"儒学思想及其价值观既有着内包性、中庸、不断复制历史模本的保守性一面,同时也有着内在否定、内在

---

① 袁祖社:《文化对话与价值融通——中国发展道路的实践逻辑与文明新形态的自主创制》,《当代中国价值观研究》2016 年第 3 期。

超越和自我更新的一面"①。这表明具有丰富性和多样性特征的中华文化能够在民族生存发展的重要关头,展现出开放性、包容性、融合性及高度的涵化能力,"具有非常突出的自我更新、自我修复和自我完善的内驱力"②。众多历史事实表明,中华文化传统、文明智慧对于实现民族国家现代化愿景和实践中的作用何其重要与关键,它不仅在制度文化层面,更在深层精神动力层面,延续和激活着一个古老民族走向现代化新生,从而开拓文明新形态。有学者将中国道路对世界的贡献总结为五个方面:生存性贡献、发展性贡献、制度性贡献、文化性贡献、和平性贡献。其中,文化性贡献不仅标志着源自传统文化自身的恒久价值与当代活力,而且蕴含着对其他几个方面贡献的内在智力支撑。显而易见,铸就文明新形态的深层基因密码,就隐藏于悠久深厚的中华文化之中,"中国式现代化新道路"所创造的当代文明,既是中华文明的新形态,也是人类文明的新形态。

中华文明能历经千年而不衰,源于中华民族走着一条不同于其他国家和民族的文明发展道路。我们开辟中国特色社会主义道路不是偶然的,而是由我国历史传承和文化传统决定的。这清晰阐明了当代中国制度文化内核的建构离不开传统文化精髓的滋养,社会主义核心价值观的形成,是根植于传统政治哲学思想基因之中的。早在西周时期,中国便有源于黄帝时代的以德为主、德刑相济的治道观念,形成了明德慎罚的政治法律思想,后世德主刑辅、以德化人的德治主张,便源于此,成为历代统治者治理国家的主流观点。其后的先贤们进一步追求"天下为公""河清海晏"的社会政治理想,创立和提出了一整套有利于实现这一理想的政治哲学主张。以"仁"为核心的儒家学说,强调以人为本、仁者爱人、"己所不欲,勿施于人",借助个人品德的修行来实现政治理想抱负,形成"仁政德治""为政以德"的政治思想。《礼记·大学》中提到的"身修而后家齐,家齐而后国治,国治而后天下平"的政治理想实现逻辑,成为中国制度文化的传统根基,而且形成从道德修养出发进行国家治理的鲜明特征,这构成当代法治社会条件下依然重视德治的重要文化依据。这一政治伦理的形成,使围绕个人品德修养所形成的价值观体现,如仁、义、礼、智、信、忠、孝、恕、廉、勇等观念深入人心,历久不衰,成为个人品性养成和社

---

① 张雄、朱璐、徐德忠:《历史的积极性质:"中国方案"出场的文化基因探析》,《中国社会科学》2019年第1期。

② 袁祖社:《文化对话与价值融通——中国发展道路的实践逻辑与文明新形态的自主创制》,《当代中国价值观研究》2016年第3期。

会治理的重要行为规范。正如习近平所指出的："中华传统文化的精神内核，也是维护巩固传统社会发展的稳定力量。"①

中国传统文化蕴藏着深厚的民本思想，《尚书·五子之歌》就提出了"民惟邦本，本固邦宁"的思想，强调政在养民、民生为国家之根本的重要主张，体现了《尚书》敬德、重民的理想内核。《尚书·尧典》中的"克明俊德，以亲九族。九族既睦，平章百姓。百姓昭明，协和万邦"思想，形成了儒家对上下和睦、百姓安居乐业理想社会的追求。西周时代提出了"敬德保民""以德配天"。春秋战国时期，由于政局动荡，先贤们更加关注民生，管仲提出了"凡治国之道，必先富民"；孔子的仁政思想中就包含了庶民、富民、教民的主张；孟子则认为统治者要有"乐民之乐者，民亦乐其乐；忧民之忧者，民亦忧其忧"的亲民思想，提出了"民为贵，社稷次之，君为轻"的政治伦理思想，形成了先秦借助制民巩固君权的政治立场。汉武帝继承儒家民本思想，并将其纳入主流意识形态，发展出了"爱民如子"的政治思想。古代民本思想所形成的传统，绵延千年、影响深远，它要求从政为官要关注民生、顺应民心，实践"圣人无常心，以百姓心为心"的政治伦理诉求，也由此孕育了一批身在仕途的文人士大夫的执政价值追求。如屈原一生忧国忧民，"长叹息以掩涕兮，哀民生之多艰"；范仲淹持守"先天下之忧而忧，后天下之乐而乐"的价值情操；张居正提出"安民之道，在察其疾苦而已"；黄宗羲秉承《尚书》"皇祖有训，民可近，不可下"的传统，尊崇"我之出而仕也，为天下，非为君也；为万民，非为一姓也"的从政信念。根植于民族文化深厚土壤的民本思想，为中国共产党初心宗旨的确立和以"人民为中心"思想的形成，提供了宝贵的文化资源。从"为人民谋幸福"到"全心全意为人民服务"，从"人民标准"到"三个代表"，从"以人为本"到"以人民为中心"再到"江山就是人民，人民就是江山"的新论断，不仅始终贯穿着"人民至上"思想，承袭着重民、爱民、亲民、恤民等文化传统，而且从现代政党的宗旨目标、利益诉求、政民关系、工作评价、干群关系、群众路线等角度，全面丰富和深化了古代民本思想，成为当代中国文明先进性的重要标识，也为人类文明新形态的形成奠定了坚实基础。

如果说古代轴心文明的产生，主要由是否诞生了大思想家、哲学家来衡量，那么当今世界的轴心文明则主要由是否有一个文明的制度和科学的发

---

① 中共中央宣传部编《习近平新时代中国特色社会主义思想学习问答》，学习出版社、人民出版社，2021，第291页。

展道路来衡量。这是由于古代社会各主要文明之间缺乏频繁和充分的交流，各轴心文明在相对独立自主的发展中成就自身文明辉煌，而现代社会各民族之间经济、文化交往的密切与频繁远胜于古代，文化互补、文明互鉴成为常态，制度伦理与道路选择在文明发展中起到更为重要的作用。中国历史传承和文化基因决定了我们今天的道路选择和制度设计，决定了当代中国遵循的社会主义核心价值观和新发展理念，由此所创造的文明因特征显著、成就恢宏而举世瞩目，成为当代世界具有独特文化内涵与价值的人类文明新形态。

第三节　实践逻辑：文明的崭新创造

中国在农耕时代形成的轴心文明，因其创造了辉煌的精神文化与物质文化而引领了那个时代的文明发展，其中，科技文明成果还孕育了西方工业文明。如同科技成果必须通过实际运用才能转化为现实生产力一样，思想文化的丰硕资源也只有借助创造性地运用才能为当代实践服务。由中国历史传承与文化传统所凝合的中国特色社会主义政治文明，绝不是古代先哲政治伦理思想的简单套用和翻版，中国式现代化道路也不是国外现代化模式的翻版，而是扬弃和取代传统现代性的新型现代性。如同有学者指出的那样，"当代中国的现代文明建构不仅与轴心时代以来文明发展规律的契合，更是在由传统中华文明与科技—工业文明的碰撞交融、民族复兴与人类解放的相通共达中所生成的一种新的文明形态"[①]。也就是说，这一新型现代性是在开辟中国特色社会主义道路的伟大实践中，在对人类文明新形态原创性贡献中所达成的，具体表现在如下三个方面。

原创性之一：更新传统文化。人类文明新形态最显著的特征表现为"中国式现代化新道路"，它是中国古代政治理想、治理智慧和民本思想等文明成果的当代延续和创新发展。"以人民为中心"作为新思想的重要内容，不仅继承了传统民本思想，而且赋予其全新的时代内涵。把源于民本思想的"为人民谋幸福"作为执政党宗旨，实现了政治诉求与行政体系的契合统一，使得政治理想能付诸社会实践，真正使人民具有获得感；以体制机制改革促进经济发展、民生改善，实施脱贫攻坚战略，从制度层面落实初心使命；以现代社会保障体系的建立和完善，强化改善民生保障机制；以现代公共文化服务体系的完善，促进文化惠民和文化民生改善。这

[①] 吴海江、徐伟轩：《新文明的中国形态》，《复旦学报（社会科学版）》2020 年第 5 期。

些都在不同层面更新和超越了传统民本思想,形成了现代化背景下关注与改善民生的实现方式,并取得了突出成效。

原创性之二:超越传统社会主义。马克思科学社会主义理论在全球的传播与实践,经由国际共产主义运动而产生了苏联、中国等一批实行社会主义制度的国家,但由于复杂的政治、历史和文化原因,大多数社会主义国家在本民族的现代化过程中,没有能够走出一条成功的道路。中国虽然也经历了现代化的曲折过程,存在体制僵化、法治不健全的问题,但最终走出了一条中国特色社会主义道路,并取得了巨大成功。改革开放以来,一方面,探索、建立和完善了社会主义市场经济体系,在理论和实践上对传统社会主义单一计划经济体制进行了改革,使社会主义公有制有多种实现形式,创新了基本经济制度,实现了现代化条件下经济的腾飞与跨越发展;另一方面,加强法治建设,努力把依法治国确立为党领导人民治理国家的基本方略。党的十八大以来,全面依法治国成为"四个全面"战略布局的重要构成,强调"法律是治国之重器,法治是国家治理体系和治理能力的重要依托"①,使中国法治建设进入新阶段,超越了传统社会主义模式。此外,它打破了社会主义和资本主义两大阵营水火不容的局面,向世界开放,顺应时代趋势变化与科技革命潮流,在与世界各国的合作共赢、和平发展中,推动人类命运共同体的构建,实现对传统社会主义自我隔绝思维的超越。

原创性之三:超越西方现代化模式。"中国式现代化新道路"的创造与实践,有选择地吸收了西方现代化的有益成果,但在根本道路上摒弃了西方现代化模式,使中国成功实现从传统农业大国向现代化国家的转变。"中国式现代化新道路"在价值选择上,致力于"为人民谋幸福","为人类求解放",追求人与自然和谐共生,在"自然优先"中确立人的主体性,立足构建人与自然的"生命共同体"。在现代化实现方式上,致力于探索如何处理好"市场"与"政府"关系这一"世界性难题",建立了发挥市场在资源配置中的决定作用,更好地发挥政府作用的制度形式,将二者有机统一起来,这"有利于转变经济发展方式,有利于转变政府职能,有利于抑制消极腐败现象"②,从而辩证且革命性地解决了"市场"与"政府"

---

① 中共中央文献研究室编《十八大以来重要文献选编(中)》,中央文献出版社,2016,第141页。
② 习近平:《关于〈中共中央关于全面深化改革若干重大问题的决定〉的说明》(2013年11月9日),载《十八大以来重要文献选编(上)》,中央文献出版社,2014,第499页。

的关系问题，形成了超越西方政府与市场两分法的"中国方案"，拓展了人类文明的发展形态、发展范式。

从文明视角看，大国崛起绝不仅仅是经济发展的结果，更是制度文明的产物，是一个国家内部深层次文明力量的外延，是文明复兴与创造的结果。而从实践视角看，人类文明新形态的原创性，不仅是在制度与观念层面上实现了对传统文化、传统社会主义模式和西方现代化模式的更新与超越，而且是在实践上创造了中国式现代化的世界奇迹，这是文明新形态在物质层面的表现，实现了一个古老民族在文明形态和文明成果方面的换羽新生。如果说中国式现代化推动的创新经济体制，转换国家建设方式，实行改革开放和依法治国，是当代中国吸收先人"穷则变，变则通，通则久"和"苟日新，日日新，又日新"，以及"日新之谓盛德"等思想基础上的创新发展，那么勇于探索、敢为人先，"摸着石头过河"，大胆吸收发达国家先进经验为我所用，实现全面建成小康社会、跻身世界第二大经济体、走向复兴的伟大成就，则是在现代化背景下继承、弘扬"海纳百川，有容乃大""以大度兼容，则万物兼济"等思想精华的当代实践成果。理论创新既是对先人智慧的运用与超越，也是对实践经验的总结与提升，但最终要回到实践中去获得印证。因而，实践不仅是理想的现实支撑，而且是检验真理的唯一标准；实践能够印证道路选择是否正确，实践创造也是文明形态构成的物质体现。倘若没有实践层面所体现出的物质创造成就和力量，便无法体现文明形态的价值坐标与现实意义。

现代化新模式和经济体制创新为新时代中国特色社会主义建设、全面深化改革积淀了方向性规范的实践逻辑，使当代中国社会生产力释放出巨大活力与能量，一个古老的民族在全球现代化浪潮中再一次走在了世界的前列。经济发展方面，中国占世界经济总量从1978年的2.3%，到2022年的约18%，用了仅40余年的时间；我国平均每年的贸易增长速度是14.8%，截至2023年，我国已成为世界第二大经济体和世界第一大贸易体。城镇化发展方面，城镇化是现代化的重要标志。中国作为农业大国，1978年只有193个城市和2000个小城镇，经过40余年的发展，中国城镇化经济快速增长，经历了从以轻工业为主导到以重工业为主导再到以服务业为主导的三个阶段的发展。这40余年间，城镇经济年均增速超过了10%；与此同时，城镇财政收入增加，城镇空间快速扩张、环境不断优化、交通持续改善、通信设施完善，成为中国式现代化奇迹的重要构成。科技创新方面，从改革初期强调科技是第一生产力，到新时代建设创新型国家，科技发展日新月异，作为科技核心资源的科技研发人员总量，在

2021年达到572万人，稳居世界第一；全社会研发经费支出，2021年达到2.8万亿元，研发强度提升至2.44%。2021年，我国在全球创新指数中的排名居第11位，进入创新型国家行列；代表科技与制造业高端水平的"中国天眼"、"蛟龙"号、载人航天、港珠澳大桥等令世界瞩目。文化生产方面，自2010年始，中国已成为世界文化产品出口第一大国；文化基础设施、文化遗产保护也取得了显著成绩，文化的发展繁荣为增强文化自信、讲好中国故事、提升国家形象、构建人类文明新形态提供了重要支撑。

林毅夫先生曾感叹改革开放以来我国GDP的快速增长，认为"在人类历史上，还不曾看到以这么高的增长速度持续这么长时间的先例"①，这一"先例"所创造的中国奇迹，使中华民族越来越接近世界舞台中央，越来越接近民族复兴的伟大中国梦。回望近代之前，中国作为轴心文明国家，不仅产生了孔子、老子、孟子等思想启蒙大家，而且通过丝绸之路向世界展示了丝绸、陶瓷、金银铜器等代表那个时代高端制造的产品，显示了东方文明古国杰出的创造力，为世界各国所瞩目。近代之后，在以西方科技—工业文明兴起为特征的现代化进程中，中华文明受内忧外患困扰而迟滞了文明转型，但陷于现代文明落后境地的中华民族，始终不曾放弃复兴的梦想，家国情怀、坚韧不拔、自强不息的深厚文化传统，激励着无数仁人志士以"位卑未敢忘忧国"的强烈民族意识，奋起直追、发愤图强，解放思想、锐意进取、自信自强、守正创新，创造了新时代中国特色社会主义的伟大成就。不难看出，"中国式现代化新道路"的理论范式、制度设计、框架体系的历史判定，无不蕴含着中华民族沉潜深厚、源远流长的文化智慧与优秀基因，无不寄寓着中华民族追求富足安康、祈望和平的美好愿望与大同理想，由此也内在地规约了中国道路的实践方略与创造，形塑了人类文明新形态。中华民族伟大复兴的中国梦和人类命运共同体的伟大构想，正是建立在中华民族从历史上的轴心文明向当代世界"新轴心文明"转换的基础之上的，也是中华民族文化基因拥有顽强生命力、旺盛创造力的生动亮丽的当代展现。

---

① 林毅夫：《弹指四十年，改革开放何以创造中国奇迹》，《当代党员》2018年第1期。

第四节 理论逻辑：文明的话语构建

影响人类社会发展历史的三大轴心文明，均是在各自相对独立的地域空间发展起来的，由此形成了各自文明的鲜明特征。古希腊文明注重人与自然的关系，但倡导的是人对自然的征服；古印度（中东）文明看重宗教发展，注重人与神的关系和来世问题；中华文明也注重人与人、人与自然的关系，但关注现实人生，提倡天人合一，较为忽略彼岸世界，其宗教的世俗化特征明显。这些特征无疑都深刻影响了其后的历史发展轨迹，尤其是在现代化的境遇中，更是表现出截然不同的发展道路与模式。承袭古希腊文明传统的西方现代化遵从的是科技—工业文明的工具理性及资本逻辑，表现出对自然与外部世界的征服倾向，并在这一基础上建立起它的话语霸权；而中国则基于自身文明和文化传统，走出了一条不同于世界其他任何国家的"中国式现代化新道路"，成功实现了古老文明的现代转身，为人类"新轴心文明"的形成提供了"中国样板"。这一文明新形态形成的历史逻辑和实践逻辑已得到充分梳理，但其深刻和内在的理论逻辑尚未被充分阐发，中华文化主体性的重新确立、中国话语的现代建构，成为人类文明新形态世界意义彰显的重要制约。

从文明的价值理论角度看待中国崛起，哈佛大学的黄万盛教授就曾提出一个重要问题："21世纪以来，中国的迅速崛起深刻改变了全球政治经济结构，随着此一进程的深化，重新确立中国文化主体性的问题日益突出、亟待解决。然而，尽管今日中国传统文化呈现出全面复兴的态势，但其往往以一种整全性的、模糊的面貌呈现于世，'传统'愈发成为一个空泛的词汇。"① 要使"传统"不再成为一个空洞的词汇，而是能够以具体和清晰的样貌支撑当代中国话语体系建构，实现"重新确立中国文化主体性"的历史任务，就必须深入把握传统文化，探秘文化传统深层底蕴，提炼出传统精髓与活的灵魂，寻求与现代话语的最佳融合与表达。也就是说，要叩问"在那无穷无尽的现象背后，什么是中国的本质？这一

---

① 黄万盛：《什么是中国？——轴心文明比较视野下的文化主体性》，《文化纵横》2016年第4期。

问题与民族的价值体系、认同感、主体性紧密相关"①。

在物质现代化构建起来的基础上，或者说在全面建成小康社会的新发展阶段，确立文化主体性问题就成为新时代的重大历史课题。时至今日，中国发展传递和贡献给世界的，不能仅仅局限于经济方面的成就，还要有自身的价值理念和思想体系，因而必须建立一整套出自民族本土和当下实践的话语体系，确立中国文化主体性。当下突出的问题是，对于中国崛起的文化意义，很多时候是以西方人的视角来叙事的，是带着他者的价值观来评价的，这就很难看到一个真实的当代中国。如同20世纪殖民时期英国人类学家写的关于印度的著作，其中记录的完全不是真实的印度，也不是印度人眼里的印度一样，观念、视角的偏差，必然导致观察、叙事的扭曲。那么，在现代化取得巨大成就的今天，如何进行自我认同、自我定义，就显得格外重要，同时更为重要的是，这种定义还应当被世界认可与接受，具有世界性意义。

当代中国所选择的现代化道路，是由中华文化基因决定的，体现出鲜明的中国特色，是中国式现代化。从文化主体性角度确认这一道路的民族文化属性和身份特征，不仅要从中国历史文化中进行基因识别，而且要提炼出现代化背景下中国文化的新特质。中国古代先贤们所创造的政治伦理、文化智慧等价值体系，成就了那个时代的世界轴心文明，也润泽了当代中国的现代转型与发展。当代中国现代化建设在某种意义上就是对中华文明进行再造，是中华民族文化的现代叙事，由此推动了古老文明的当代重生。那么，中华文化的核心价值究竟是什么？许多著名学者对什么是中国文化特质进行了深入研究和精辟概括。近现代的，如梁漱溟的《中国文化要义》、钱穆的《中国文化精神》、唐君毅的《中国文化之精神价值》等论著中都有阐述。哈佛大学的黄万盛教授认为，中华文明与其他两个轴心文明最大的不同在于，"中华文明认为最伟大的道理、最深刻的意义就在凡俗社会"，"中华文明一开始就把人的成长、人的福祉作为文明的核心"，"只有中华文明有这样一个深刻的凡俗人文主义"，所以，"我一直概括认为这才是中华文明最核心的资源"。② 杜维明认为，儒家传统的基本精神主要体现为以人为主，是"天人合一""万物一体"的涵盖性很强的人

---

① 黄万盛：《什么是中国？——轴心文明比较视野下的文化主体性》，《文化纵横》2016年第4期。

② 黄万盛：《什么是中国？——轴心文明比较视野下的文化主体性》，《文化纵横》2016年第4期。

文主义。郭齐勇系统地提炼了中国传统文化精神的6个特质，即和而不同，厚德载物；刚健自强，生生不息；仁义至上，人格独立；民惟邦本，本固邦宁；整体把握，辩证思维；经世务实，戒奢以俭。这一体认与总结颇为全面。钱锺书则将中国文化特质高度概括为4个字——从善如流。换句话说，人类社会发展进程中不论是哪个民族的文化，只要是先进、优秀的东西都可以拿来为我所用。这充分体现了中国文化的包容性、涵盖性特征。费孝通曾提出"中华民族多元一体格局"的新理论，中华民族因尊奉"和而不同"的理念而形成很强的向心力、凝聚力，由此也形成了费先生晚年"试图打通中西、内外之别，打通家国的上下级别，打通自己和他人的种种分别之心，寻求一种并非对立冲突而是以和为贵的世界秩序"[①]。事实上，中华民族"和而不同""天下大同"的理念，不仅表明中华民族因多民族融合、多文化融合的历史而铸就了一种包容与涵化能力，也体现在世界范围对其他民族以及西方现代化思想、机制、方式的吸收和借鉴上，形成了很强的消化力、融摄力。这些学者们的研究，从不同角度对中国文化特质做了深刻提炼与概括，当我们从历史语境回到对当代中国现代化道路选择的理解与思考时，就会发现其与历史文脉的贯通及那个潜滋暗长、活力依旧的传统如影随形般存在。

由于现代化发端于西方国家，中国等后发现代化国家起初都是以西方现代化作为模板和标准的。改革开放后，这个状况发生了明显变化，邓小平以中国人的思维和文化传统来思考和规划现代化蓝图，指出"我们的四个现代化的概念，不是像你们那样的现代化的概念，而是'小康之家'"[②]。《诗经·大雅·民劳》中"民亦劳止，汔可小康"的记述，表达了劳动人民对美好安定生活的向往，"小康"一词即出自此。邓小平借此提出的"小康社会"，就是当代中国人对现代化的一种表述，也就是中国式现代化。此后，邓小平提出的"三个有利于"理论，内在而深刻地体现了文化传统中海纳百川、融合万方的包容涵纳精神，体现了解放思想、发展生产的时代诉求，他充满智慧地指出，"社会主义和市场经济之间不存在根本矛盾。问题是用什么方法才能更有力地发展生产力"，"把计划经济和市场经济结合起来，就更能解放生产力，加速经济发展"，从而将有利于社会主义社会生产力发展、有利于综合国力增强的市场经济手段和科技

---

① 赵旭东：《费孝通：美美与共的家国情怀》，《中国社会科学报》2021年7月13日，第6版。
② 邓小平：《邓小平文选》第2卷，人民出版社，1994，第237页。

文明大胆引入，并加以转化改造，为我所用。① 同时，内在而深刻地体现了文化传统中"民惟邦本，本固邦宁"的民本思想，从而将有利于提高人民生活水平作为评判一切工作是非得失的根本标准。"只要能够实现人民的福祉，任何思想资源都是中华文明可以取而用之的。整个开放的过程体现了中华文明的精髓。"② 习近平则进一步推进了小康社会的建设，最终实现了全面建成小康社会的第一个百年奋斗目标，同时提出"人民对美好生活的向往，就是我们的奋斗目标"和"以人民为中心"的思想，把为人民谋福祉放在首要位置，并提出"江山就是人民，人民就是江山"的重大论断。这不仅体现了民生至上、人民至上的理念，而且将人民视为创造历史的主体，揭示了社会主义政权党性和人民性高度统一的特性，映射出对党与人民血脉相连、生死与共命运共同体的深刻体认，实现了将执政主体与人民主体合而为一的认知超越与价值升华。

　　有学者指出，中国文化思维具有整体观特征，善于从整体上把握世界或对象的全体及内在诸因素的联系性、系统性；而"国虽大，好战必亡；天下虽安，忘战必危"则又体现了辩证思维特征。中国文化的这种"整体把握，辩证思维"的特质，在新时代依然拥有其独特价值和生命力，依然能够在继承中与时俱进地发展。文明新形态不是局限于某一方面的突出成就，而是一种系统性和整体化的发展状态，是人类社会诸方面协调发展的结果。在中国式现代化的宏观谋划中，依据社会经济发展的阶段性特征，始终贯穿着一种整体把握的辩证思维。从以经济建设为中心，到物质文明与精神文明一起抓，再到经济、政治、文化、社会建设"四位一体"，直至党的十八大进一步拓展为包括生态建设在内的"五位一体"总体布局，充分体现了我国现代化建设的目标是推动物质文明、政治文明、精神文明、社会文明和生态文明的全面协调发展，可以说，在世界现代化浪潮中能着眼于这五个方面文明协调发展，并将其列为国家战略总体布局的，唯有中国，这也是创造人类文明新形态重要特征的关键所在。进入新发展阶段，面对改革深化、高质量发展、新发展格局构建等时代新诉求及错综复杂的国际形势，习近平进而提出必须遵循"坚持系统观念"的原则，系统谋划、统筹推进各项事业，这不仅蕴含着整体把握思想，而且具有前瞻性、战略性、全局性思维，是一种系统动力学思维。这些思想观念和思维

---

　　① 邓小平：《邓小平文选》第3卷，人民出版社，1993，第148-149页。
　　② 黄万盛：《什么是中国？——轴心文明比较视野下的文化主体性》，《文化纵横》2016年第4期。

方法，均可溯源至传统文化，是传统文化精髓的当代运用与发展。

很显然，中国式现代化所取得的成就，不再是效仿西方现代化的结果，也不同于其他国家和地区的现代化模式，而是在吸收中华优秀传统文化智慧、借鉴西方现代化经验的基础上发展起来的中国式现代化，鲜明地体现出"中国智慧"与"中国经验"。这些智慧与经验，虽然我们能够从"中国奇迹"这个物质现代化层面感受到，但还缺乏与之相匹配的文明维度和文化现代化的话语体系、价值体系。尽管事实胜于雄辩，但让事实成为事实的背后的那些思想观念、文化精神等价值体系，不仅需要加以系统总结、阐发与建构，使未来的道路走得更好、更远，而且在全球化和互联网时代，话语力量和媒介影响日趋强大和深入的背景下，沉默意味着缺席，"失语"意味着挨骂。因而，文明新形态更需要有一种自主、原创的话语建构与表达，以呈现出在思想和价值层面对人类文明的新贡献。

价值主体性不仅是单纯的话语权问题，更重要的是话语主体属性问题，即不仅要解决言说者的主体地位，更要解决言说内容的主体性——一个只会用他者话语说话的人，是没有真正主体性可言的，或者说是缺乏灵魂的主体性的。前述中国式现代化道路形成所根植、传承、创新、发展的中华优秀传统文化，主要集中在先人关于治国理政的政治文化、德治思想和执政理念方面，相关的话语体系建构已取得了成效；但中华文明宝库中，还有极其丰富深厚的精神文化、造物文化资源，对增强民族身份认同、文化主体性及其话语建构，也具有至关重要的作用，是我们要加以大力传承与弘扬的传统。因而，在价值体系建构中，不能忽略审美维度。在精神审美文化方面，首先，要在现代文化创造中，对中华自成体系的文艺思想和人文哲思有深度了解，系统、全面、深刻、内在地把握中华美学中有关意境、气韵、流变、形神、中道、乐游、妙悟、和谐等的核心艺术观念，从而在包括美术绘画、音乐舞蹈、动漫游戏、网络文艺等在内的丰富多样的现代文学艺术作品中，内在性、隐性化地传达和体现出中华审美精神与审美理想。其次，要以体现中华美学精神与理想的中国风文艺作品，表现和展示中国道路、制度、理论的历史逻辑与实践逻辑，表现和展示中国式现代化在物质文明、政治文明、精神文明、社会文明和生态文明协调发展方面取得的成就及其特有品格，表现和展示当代中国创造的人类文明新形态的思想文化价值与世界意义。同时，在这一过程中阐发和提炼出当代中国的审美概念体系，唯其如此，才能逐步建立一套蕴含丰富思想文化内容的话语体系和价值系统，形成真正具有世界意义的"新轴心文明"。在造物文化方面，首先，要深刻把握与领悟传统造物文化精神，提高运用包括简约清雅、流畅灵动,形式功能、巧妙融合,心物相照、巧法造化,文士情怀、丝竹意趣等在内的自成一体、传承有序的造物美学的自觉性,结合现代设计语言创造性地传承、转化非遗技艺和造物匠意,增强建筑、园林、家具、器物等造物设计的本土特征。其次,不仅要创造性地转化传统文化,还要创造性地转化西方精神文化与现代设计文化,吸收并借鉴其工业设计的先进理念,在立足于民族自身造物美学内在精神的基础上,促进传统与现代、传统与外来文化的深度融合。这既能够创造并充分体现中国现代造物的原创性与独特审美趣味,又能够构建具有广泛影响力的当代中国设计流派和设计语言,成为文明新形态的重要话语与价值支撑,实现从文化自信走向文明自信。

当代中国话语体系的建构,不仅要思考中国崛起的文化意义,还要思考文明新形态的贡献性意义——如何既让自身文明实现现代化转型,同时又不损害人类的根本利益?中华文化具有解决这一问题的智慧与经验。中华文明的最高理想是"万物并育而不相害,道并行而不相悖",如同习近平总书记指出的"中国梦是法国的机遇,法国梦也是中国的机遇"[①]一样,我们在实现中华民族伟大复兴的中国梦的过程中创造的文明新形态,不仅是中国的,也是全人类的。

---

① 习近平:《在中法建交 50 周年纪念大会上的讲话》。据新华网:http://jhsjk.people.cn/artidel24759793。

第二章

中华文化沃土孕育的时代精华

第一节 文化境界的时代升华

一个古老民族的时代新生、一个悠久文化的历史传承,不仅取决于民族文化的内在生命力,而且取决于民族精神与时俱进的延续与发展。在全面建设社会主义现代化国家的新征程中,作为当代中国马克思主义,习近平新时代中国特色社会主义思想以马克思主义的立场、观点和方法,运用中华文化千年积淀的优秀传统、文明智慧,不断观察、思考中国式现代化建设和世界格局演变,形成日益丰富、系统完善和科学严谨的思想体系,为马克思主义注入了新内涵、新生命,成为新时代赢得更多伟大胜利和荣光的坚强思想保障和强大精神力量。党的十九届六中全会强调,以习近平同志为主要代表的中国共产党人,坚持把马克思主义基本原理同中国具体实际相结合、同中华优秀传统文化相结合,创立了习近平新时代中国特色社会主义思想,成为当代中国马克思主义、21世纪马克思主义,是中华文化和中国精神的时代精华,实现了马克思主义中国化新的飞跃。这些新论断、新评价总结精辟,阐发深刻,意义重大,蕴涵深远。

习近平新时代中国特色社会主义思想具有鲜明的大历史观。习近平指出,"树立大历史观,从历史长河、时代大潮、全球风云中分析演变机理、探究历史规律,提出因应的战略策略",并强调要"进一步把握历史发展规律和大势,始终掌握党和国家事业发展的历史主动"。① 这一论述"要求

---

① 习近平:《在党史学习教育动员大会上的讲话》,《求是》2021年第7期。

在世界历史的宏观视野中形成现实问题与实践遵循自觉结合的方法论。并促使具有积极结构性的世界观在方法论的展开过程中得以澄明，并发展了马克思主义的价值论"①，同时又具有鲜明的民族文化意识，强调没有高度的文化自信，没有文化的繁荣兴盛，就没有中华民族的伟大复兴。这一集世界视角与中国眼光于一体的历史观照，使习近平新时代中国特色社会主义思想不仅是当代中国马克思主义，而且是21世纪马克思主义，在新的历史背景下凸显了其时代性与世界性。

　　从历史视角来看，习近平新时代中国特色社会主义思想不是凭空产生的，而是在深刻总结并充分运用党成立以来历史经验中创立的，也是作为中华优秀传统文化的忠实继承者和弘扬者的中国共产党人的当代创造，有着鲜明的历史继承性；充分显示了我们党及几代主要代表人"不忘初心、牢记使命"的宗旨意识，显示了中国共产党百年来为实现中华民族伟大复兴而进行奋斗、牺牲和创造的主题归结。从理论视角来看，党在开启第二个百年奋斗目标的新时代，习近平从新的实际出发，对关系新时代党和国家事业发展的一系列重大理论和实践问题进行深邃思考和科学判断，就重大时代课题提出了一系列原创性的治国理政新理念、新思想、新战略，成为习近平新时代中国特色社会主义思想的主要创立者，实现了马克思主义中国化新的飞跃，具有突出的理论创新性；充分彰显了马克思主义的真理光辉和与时俱进的品格，彰显了中华文明开放、包容、探索、创新的生机与活力。从时代视角来看，作为当代中国马克思主义、21世纪马克思主义，习近平新时代中国特色社会主义思想，是坚持马克思主义基本原理同中华优秀传统文化相结合的产物，是在更深刻层面实现马克思主义同中国具体实际相结合，使马克思主义中国化具有更鲜明的民族形式、中国特色，成为中华文化和中国精神的时代精华，具有鲜明的时代贡献性；充分展现了新思想以马克思主义为指导、立足中国国情和文化根脉的价值立场与求是精神，展现了中国化的马克思主义所烙印着的中华文化与中国精神。

　　习近平在《为实现党的二十大确定的目标任务而团结奋斗》中指出："要坚持把马克思主义基本原理同中国具体实际相结合、同中华优秀传统文化相结合。"② 从"一个结合"到"两个结合"，是我们党总结百年奋斗历史的理论结晶，是新时代开启全面建设社会主义现代化国家新征程的现

---

　　① 刘同舫：《当代中国马克思主义的哲学境界》，《中国社会科学》2021年第9期。
　　② 习近平：《为实现党的二十大确定的目标任务而团结奋斗》，《求是》2023年第1期。

实需要。既是我们党又一次重大理论创新,也是习近平新时代中国特色社会主义思想的又一次重大发展。① 从"一个结合"到"两个结合",具有极为深刻的意义内涵。作为当代中国马克思主义,习近平新时代中国特色社会主义思想本身就是"两个结合"的理论结晶,不仅闪耀着马克思主义的真理光辉,而且闪耀着中华文化的智慧之光,必然成为中华文化和中国精神的时代精华。自新时代以来,习近平高度自觉而又创造性地用马克思主义指导中国特色社会主义现代化建设,同时高度自觉而又创新性地继承中华优秀传统文化,引领中国人民擘画中华民族伟大复兴的宏伟蓝图,使当代中国马克思主义凝结着鲜明的中华文化底色。

第二节 历史使命:现代民主政治理想

自现代性发生以来,中华民族首先面临的是传统农耕文明、农业生产体系的时代大转型,与之相应的是封建专制体制的变革与现代民主政体的构建。为此,无数仁人志士在探索现代社会发展道路中,汲取、吸收了种种西方思想,尝试了多种政治体制和改革方案,也发动了一系列旧民主主义革命,但都以失败告终。检视近代以来辉煌的华夏文明逐步陷入日渐式微的历史,在西方列强的商业、军事攻势面前,尤其是西方现代民主、自由和科学思想的输入,导致中华民族面临"三千年未有之大变局",清末学者俞樾曾经感叹:"最近三年中,时局一变,风气大开,人人争言西学。"② 这使得一个古老民族在西方近代文明的冲击下,第一次感受到落后于世界的悲哀,产生了从未有过的文化自卑。这一变局的深度和广度是前所未有的,以往"中华文明代有变迁,但主要的还是中华文明内部的整合,即便是受异域文明的影响,也主要是东方文明"③,况且受的是异域农耕文明的影响,是在生产力和生产方式相近的文明之间交流与互动,并未构成对中华文明的颠覆性冲击及冲击导致的嬗变与异化。而近代西方文明中以工业革命形成的新兴生产力及其所推动的资本主义的发展,则以强势的霸权姿态打破了具有高度完整性、系统性和稳固性的中华文明,冲荡着

---

① 卜宪群:《在马克思主义指导下科学发掘中华优秀传统文化》,《中国社会科学报》2021年10月29日,第5版。

② 刘大年:《评近代经学》,载北京大学、故宫博物院编《明清论丛(第1辑)》,紫禁城出版社,1999,第35页。

③ 袁行霈、严文明主编《中华文明史(第4卷)》,北京大学出版社,2006,第404页。

中华文化的价值体系和思想体系，改变了近代之前中华文明处于世界前沿的地位——唐朝之世界经济文化中心，宋朝之印刷、火药等科技领先之邦，明朝之航海大国与朝贡外交，清朝之辉煌的学术文化建设，即便是步入西学东渐的时代，也同时存在中华文明的外播——这使西方文化在古老中国确立起一种单向输入的态势，而且这个态势一直延续了近百年。

从洋务运动到戊戌变法再到立宪运动和辛亥革命，是中国的时代先觉者们从意识到科技落后到意识到文化观念滞后，进而意识到政治体制落后的过程，这个过程无疑是充满曲折艰辛、屈辱悲怆和创巨痛深的，同时是中华民族不断深化对现代化的认知、不断探索深化文明转型的过程；这个过程显然也是思潮跌宕、矛盾交织和坎坷艰难的。鸦片战争中，清朝政府以10万兵力的绝对优势，在本土抗击不到2万人且无充足后援的英军，其结果却是在整个战争中清军"几乎未能打过一次大的胜仗，没能守住一个重要阵地"，而"英军在战争中死亡人数不到500人"，"清军方面却死亡惨重，直接战死的人数就达2万"。① 在惨痛而无情的现实面前，中国人得出的结论是"器不如人"，第一次意识到国家科技水平的落后，由此开出"师夷长技以制夷"的救亡图存方略。因深刻意识到"器不如人"而开启的洋务运动，较为全面地推动了中国近代物质文明的建设与发展，虽然这个效法、引进西方文明的进程是从兵工业肇始的，却由此促进了近代制造业、钢铁业、采矿业、运输业、动力业等一系列近代大工业的形成。

然而，甲午海战的惨败所凸显出的因单纯注重"西技""西器"等器物层面的近代化而忽略人的思想观念和社会环境的变革，进而导致人们对"人不如人"问题的深层思考，使得这一时期以新型知识分子为主体的先觉者们，在洋务运动终结及"中体西用"观失灵后，掀起了更加全面学习西方的戊戌思潮。这一定程度上也得益于洋务运动过程中所产生的一批传统农耕文明背景下不曾有过的新职业和近代知识分子群体，如"报人、编辑、西医、技术专家、科学家"等，"形成中国最早一批近代型的文化人"。② 由他们中的先驱者开启了借助西学进行思想启蒙和救亡的探索，正所谓"士子学西学以求胜人"③。在鸦片战争后的一个时期里，一批率先"睁眼看世界"的先驱者大量翻译、介绍西方的思想文化，如林则徐的《四洲志》、魏源的《海国图志》、徐继畬的《瀛寰志略》、姚莹的《康輶

---

① 袁行霈、严文明主编《中华文明史（第4卷）》，北京大学出版社，2006，第405页。
② 袁行霈、严文明主编《中华文明史（第4卷）》，北京大学出版社，2006，第413页。
③ 刘大鹏：《退想斋日记》，山西人民出版社，1990，第72页。

纪行》等。但这个时期西方文化思潮的引入还处于粗浅和零散状态，传播范围和社会影响力都很有限，以至于左宗棠在给《海国图志》作序时感叹魏源故去之后二十年依旧"时局如故"。而当甲午战败，先觉者们进一步认识到救亡必须在更广程度、更深层次上自觉、理智地向西方学习，康有为、梁启超在百日维新中所传播的戊戌思潮，作为一种资产阶级思想启蒙运动，"开出晚清思想界之革命，所关尤重"①，成为近代以来中国第一次思想解放运动，使要推行自由平等、天赋人权的启蒙思想和变法必须学习西方新思维等观念广为传播，"斯时智慧骤开，如万流沸腾，不可遏抑"②，在冲决传统文化与学术体系的同时，初步建立起包括新闻出版、文学艺术、教育、社会学及物理、化学、地质学、生物学、医学等领域新的知识谱系和文化结构体系。

思想文化启蒙是社会变革的必要条件与基础，然而若不能触及封建专制体制的根基，不实行民主政体，现代化进程必将举步维艰，甚至驻足不前。维新派的变法尽管以失败告终，但新思潮传播形成的影响力已经渗透到封建体制的内在结构之中，逐步消解和离散了旧的政权肌体。康有为对郑观应"开国会，定宪法"救国方略主张做了发扬光大，提出了"君主立宪"思想，不仅因备受关注而风行一时，而且影响至专业教科书，《世界地理》等著述均对议会制度、宪法体制、责任内阁等西方宪政思想进行了介绍与传播，清朝政治家曾就此上奏："欲图自强，必先变法；欲变法，必先改革政体。为政之计，惟有举行立宪，方可救亡。"③ 以孙中山等人为首的革命派致力于中华古老文明的近代发展，主张创立具有共和制度特点的"合众政府"，并在实践中不断推动共和制理论发展。同盟会的成立标志着具有全国政党性质的组织第一次出现在中国历史上，其宣言方略强调的"敢有帝制自为者，天下共击之"思想，超越了此前种种维新变法、革新革命的旧范式和旧绪统，立足于封建帝制的根本改进。孙中山由此形成了具有时代意义的民族、民权、民生的"三民"主义思想体系，最终发动了辛亥革命，推翻了数千年的封建君主专制制度，"但未能改变中国半殖民地半封建的社会性质和中国人民的悲惨命运"④。

---

① 梁启超：《中国近三百年学术史》（新校本），商务印书馆，2016，第234页。
② 无涯生：《论政变为中国不亡之关系》，《清议报》第二十七册，光绪二十五年（1899）八月十一日。
③ 岑春煊：《岑督春煊奏议》，北京大学图书馆藏抄本。
④ 《中共中央关于党的百年奋斗重大成就和历史经验的决议》，《人民日报》2021年11月17日，第1版。

尽管在近代化过程中，中华民族从侧重物质文明的发展到侧重精神文明的建构，再到侧重制度文明的改革，最终建立了民主共和的政治体制，实现了近代文明在中国的确立。但数千年封建制度所形成的固化体制和无处不在的卫道者、深刻嵌入民间社会的传统思想观念，以及尚处于初期发展阶段的现代生产力和生产体系，使得根深蒂固的封建思想并不会因帝制的瓦解而消失，这导致中国半殖民地半封建局面难以发生根本性改变。扭转这一局面的历史重任，最终落到了以马克思主义为指导的中国共产党的肩上。

中国共产党人作为中华民族的优秀儿女，其所秉承的为人民谋幸福、为民族谋复兴的初心使命就蕴含着深刻的传统文化基因：早在先秦就有了"士不可以不弘毅，任重而道远"的以天下为己任的大志向；这一传统延续千年并发展为近代的"天下兴亡，匹夫有责"的大胸怀；迄至现代，则成为中国共产党为实现中华民族伟大复兴的大胸襟。正是继承了这种具有宏大襟怀的文化传统，中国共产党人以对真理的执着追求和救亡图存的伟大抱负，将马克思主义同中国具体实际相结合，将中华民族成功引向了现代化道路。这个过程中，虽然中国共产党领导的五四新文化运动，锋芒指向的是传统文化中不适应现代社会发展的因素，但其根本目的是试图以西方现代文化思潮启蒙为手段，在开启民智中探索走向现代民主国家、推动产业变革的现代化道路，立足建立现代民主政体国家，实现中华民族伟大复兴。这一在中华民族面临深刻危机的历史境遇中的强烈政治诉求，导致五四时期在文化选择上对传统文化加以挞伐与否定，对西方文化思潮极力推崇与接受，甚至出现了"全盘西化"论。这很大程度上是由那个时代的历史任务决定的，五四时期宣扬民主、科学、人性自由、妇女解放等现代文化理念，必然要将温柔敦厚、止乎礼义等传统观念暂且悬置起来，也必然将为巩固封建专制统治的三纲五常等旧思想加以扬弃。但五四运动所进行的新的文化创造与社会革命，尤其是中国共产党成立后所进行与开创的革命事业，不仅找到了一条实现中华民族复兴的正确道路，而且内在地运用了中华优秀传统文化的思想精华与文明智慧：第一，体现了儒家政治伦理中浓厚的家国情怀、民族悲情和历史担当，这也是近代先觉者们所共有的，但中国共产党是以现代政党为主体去实践这一历史担当的。第二，把为中国人民谋幸福、为中华民族谋复兴作为建党宗旨，摒弃了以往政治集团以自身利益为重的弊端，而将党的利益与广大民众、民族利益融为一体，内在地传承了"民惟邦本""天下为公""世界大同"的传统思想精华。第三，善于从中国政治、经济、社会等复杂现实出发，致力于把马克思主义基本原理同中国具体实际相结合,摒弃了教条主义的束缚,将革命重心从大城市转向农村,开辟了"农村包围城市,武装夺取政权"的正确革命道路,创造性地运用了传统文化中因地制宜、因时而变等智慧。第四,在艰苦卓绝、殊死斗争中,始终坚持真理、坚守理想,矢志不移地为中华民族的复兴而奋斗,彰显了传统文化中"苟利国家生死以,岂因祸福避趋之"的拳拳爱国情怀与雄健豪劲的英雄气概。第五,善于以史为鉴、开创未来,坚持科学的历史观和实事求是的精神,在不断总结历史经验的基础上勇毅前行,凸显了传统文化中"以古为镜,可以知兴替"的鉴古知今之历史意识。

不难看出,在探索民族救亡道路的过程中,中国共产党人从中华民族的根本立场和利益出发,将马克思主义的科学社会主义作为拯救民族于危亡的指南,并以西方现代民主、科学思想为启蒙手段,指引和领导中国人民彻底改变了旧中国半殖民地半封建社会的历史,彻底结束了极少数人统治广大劳动人民的历史,彻底结束了国内一盘散沙、国外列强欺凌的历史,挽救中国人民于水火,建立了人民民主政权,开启了中国发展的新纪元。这一历史性转变,既是马克思主义真理光辉照耀的结果,也是文化先驱者们以中华文明智慧创造性理解和运用马克思主义基本原理的结果。毛泽东早在20世纪30年代就曾提出要"学习我们的历史遗产,用马克思主义的方法给以批判的总结"[①]。作为现代政党的中国共产党之所以能从各种政治集团林立的现代中国的政治舞台上脱颖而出,成为能真实代表人民心声、民族希望的政党,成为有能力凝聚中华民族整体力量的政党,成为有骨气抗衡列强瓜分、实现民族独立的政党,成为有担当实践中华民族伟大复兴梦想的政党,源于它在更深刻层面继承了传统的家国情怀、民惟邦本的思想,更潜隐无形地运用了传统的因时制宜、深厉浅揭的智慧,更鲜明地呈现了坚忍执着、百折不挠的民族精神,也正因如此,达成了中华优秀传统文化在历史新纪元中的文化新境界。

第三节 现实诉求:传统文化的现代化

数千年农耕文明发展及其所积淀的文化价值观念,不仅构造出一个完善成熟的社会结构与政治体系,也构造出一个丰富复杂的文化体系与文明

[①] 毛泽东:《毛泽东选集(第2卷)》,人民出版社,1991,第533页。

形态。近代之前对世界文明发展产生深远影响的中华文明的现代转型,意味着文化形态和思想价值观的全方位、系统性的转换与重建。如果说政治体制的变革可以在短期内以暴力的方式开启,那么文化价值体系的转换就显然不是暴力所能改变的,不是短期所能成就的;新文化价值体系的重建,必须拥有一个稳定的政治环境与经济基础。文化深层结构和价值观念具有很强的稳定性、延续性,它甚至能够在与之相应的政治体制终结之后,依旧能在相当长的一段时期内深刻影响和左右新的国家政体、社会形态,甚至成为政治对立、社会矛盾与不稳定的深层原因。辛亥革命成功之后的一系列错综复杂的政坛斗争、权力更替,表面上是权力集团、利益群体之间的角逐所致,实际上是封建专制、集权统治和旧思想观念作祟的结果。

代表历史进步与新文明方向的中国共产党所建立的中国特色社会主义国家,必然要重建文化价值体系,而在这个过程中,面对长达百年的政治变局、社会动荡、经济凋敝和普遍贫困的现实境况,以及错综复杂的国际形势,中国共产党的首要任务是稳定政权、发展经济、站稳脚跟,是进行社会主义革命和建设,"为实现中华民族伟大复兴奠定根本政治前提和制度基础"①。这个时期文化价值体系的重建更多地从服务于政治前提和制度基础的方面着手,因此,也更侧重于从现实需要出发,以"立新"的方式展开,虽然也注重对传统文化的传承,提出了正确的方针,却因社会主义改造及经济建设的繁重任务的某些政策偏差而未能彻底贯彻,导致从传承角度进行重建的工作时断时续。除了政治制度建设中继续秉承以民为本、治国安邦的传统思想外,在科技文化领域实行"百花齐放,百家争鸣"的方针,承继了春秋战国时代诸子百家自由争鸣的传统,奠定了那个时期文化价值重建的基础。中华人民共和国成立之初,在新文化的建立与发展成为时代诉求的背景下,传统文化的去留问题显得格外突出,如关于传统京剧的发展,便存在主张全部继承和全部取消的截然对立的观点和激烈争论。为此,毛泽东主张对待传统京剧艺术要取其精华,去其糟粕,实现继承发展,并做了"百花齐放,推陈出新"的题词,此后于1956年发展确立为"百花齐放,百家争鸣"的方针,成为科学研究、文艺创作和学术批评的正确方向,成为文化价值重建的独创性理论成果。但此后对这一方针的贯彻经历了曲折的历程:"反右"斗争的扩大化、"大跃进"运动和人民

---

① 《中共中央关于党的百年奋斗重大成就和历史经验的决议》,《人民日报》2021年11月17日,第1版。

公社化运动的冲击影响，尤其在"文化大革命"中更是受到了破坏，这不仅是科技文化领域的损失，也是内在地偏离了优秀传统文化和文明智慧的结果。

一个始终不忘初心使命的政党，不会因为挫折和错误而改变政治理想的追求、文化价值的重建，也不会因为政策失误而停滞不前。当然，这一切的前提是必须要有正视失误、勇于纠正的政治担当，更要有剖析原因的文化智慧。《论语》中"自省吾身，常思己过，善修其身"及"知错能改，善莫大焉"的思想虽然是针对个人修养而言的，但它已成为一种传统文化基因融入于当代中国人的文化观念之中，也滋养着中国共产党人的人格修养。南宋思想家陈亮在《谢曾察院启》中说："严于律己，出而见之事功；心乎爱民，动必关夫治道。"周恩来在《团结广大人民群众一道前进》中将古人这一思想和主张发展为"严于律己，宽以待人"的思想，并强调这个"宽"不是没有原则的，毛泽东非常认可这个观点，并由此被人民群众广为接受和传播。秉持这样一种文化流脉与精神理念，对以往的错误进行反思并主动做出拨乱反正的政治抉择，充分体现了中国共产党立党为公、执政为民的政治本色和继承优秀传统文化的民族特征。经过思想上的正本清源，继续探索中国建设社会主义的正确道路，成为改革开放和社会主义现代化建设新时期的主题和时代任务。

善于总结历史经验，不仅能够在迈向未来的发展道路上少走弯路，也能够使谋划复兴的政策方向更加正确。《中共中央关于党的百年奋斗重大成就和历史经验的决议》以对历史的高度负责与科学严谨的态度，对社会主义革命和建设时期的成就与经验进行了总结，指出：为推进改革开放，党全面开展思想、政治、组织等领域拨乱反正，"重新确立马克思主义的思想路线、政治路线、组织路线"，"明确我国社会的主要矛盾是人民日益增长的物质文化需要同落后的社会生产之间的矛盾"，提出"小康社会"这一具有中国特色的阶段性现代化目标。[①] 同时，以高度自觉的姿态致力于理论创新，邓小平指出："一个国家，一个民族，如果一切从本本出发，思想僵化，迷信盛行，那它就不能前进，它的生机就停止了。"[②] 这深刻阐明了思想解放的重要意义。以邓小平为主要代表的中国共产党人，在深刻总结中华人民共和国成立以来的历史、借鉴世界社会主义历史经验的基础

---

① 《中共中央关于党的百年奋斗重大成就和历史经验的决议》，《人民日报》2021年11月17日，第1版。
② 邓小平：《邓小平文选（第2卷）》，人民出版社，1994，第143页。

上，创立了邓小平理论，"解放思想，实事求是，作出把党和国家工作中心转移到经济建设上来，实行改革开放的历史性决策"①，开启了中国特色社会主义建设的伟大实践。以江泽民为主要代表的中国共产党人成功把中国特色社会主义推向21世纪，以胡锦涛为主要代表的中国共产党人成功在新形势下坚持和发展了中国特色社会主义。推行农村家庭联产承包责任制、城市经济体制改革、确立社会主义市场经济、确立对外开放的基本国策、充分利用国际国内两个市场和两种资源等——中国经过持续推进改革开放，"实现了从高度集中的计划经济体制到充满活力的社会主义市场经济体制、从封闭半封闭到全方位开放的历史性转变"②。

这一系列重大改革与政策举措，无不源自总结历史经验的理论创新与勇于探索的实践精神，其中蕴含着深厚的民族文化基因与文明智慧。改革开放无疑是中国重启现代化并成功开创中国特色社会主义道路的关键一步，其中的开放思想就源于"海纳百川，有容乃大"的文化传统，"中国人向来强调'有容乃大'，不管是物质的，还是精神的，只要对我们有利，我们就吸收"③。而改革思想则源于中华民族历来具有的革故鼎新的创新意识。《诗经·大雅·文王》中即有"周虽旧邦，其命维新"的表述，儒家经典《礼记·大学》更进一步强调"苟日新，日日新，又日新"的不断开拓创新的思想。相关典籍也对此进行了阐发与丰富："穷则变，变则通，通则久"体现了鲜明的变革精神；《庄子·知北游》所言"澡雪而精神"，《礼记·儒行》所言"澡身而浴德"，以洗澡比喻精神洗礼、道德修炼，延伸至强调一种革新姿态、创新意识。在以单一计划经济体制为特征的传统社会主义难以推动生产力发展的时候，邓小平勇于探索、大胆创新，主导与推进了一系列改革：以公有制为主体、多种所有制经济共同发展的改革，打破了传统社会主义所有制理论的框架；社会主义市场经济体制的确立，打破了社会主义只能是计划经济的思想束缚。这些超越传统社会主义的理论与实践创新，便是秉持传统创新理念的生动体现，是创造性运用先人文化智慧的结果。为解决祖国统一问题而提出的"一国两制"的伟大构想与创举，在主权规范上是一种颠覆性创新，其创造性思维体现的既是邓小平的个人智慧，也与先人"和合"思想及哲学智慧一脉相承——中国传

---

① 《中共中央关于党的百年奋斗重大成就和历史经验的决议》，《人民日报》2021年11月17日，第1版。

② 《中共中央关于党的百年奋斗重大成就和历史经验的决议》，《人民日报》2021年11月17日，第1版。

③ 季羡林：《季羡林谈东西方文化》，当代中国出版社，2015，第144页。

统文化中的"和合"思想与西方"零和"思维的恒定性、唯一性和不相容性截然不同,"和合"思想强调了矛盾对立双方彼此斗争的结果"并非是一方吃掉一方,还有矛盾双方共存变为新的同一体"① 的可能——由此创造性地找到了化解矛盾、解决问题的方案,这也凝结了海纳百川、有容乃大的中国智慧。

思想理论创新是指引实践发展的前提,现实实践探索是检验理论创新正确与否的标准。在实践是检验真理的唯一标准被普遍认可的社会文化氛围下,党勇于将前无古人的理论思考与创新付诸实践,提出了在以经济建设为中心、实行改革开放的实践中要"摸着石头过河",体现了前人既积极探索又不盲目冒进的高超智慧。中国民间歇后语"摸着石头过河——踩稳一步,再迈一步",反映了一种大胆探索、稳妥前进的实践探索方法,被灵活地作为改革开放的方法论加以利用,并形成"胆子要大,步子要稳"(邓小平语)的新表述,成为新时期成功地进行各项改革试验的重要而有效的方法。改革既不能因循守旧,又无现成经验和办法可以照搬;改革必然面临失败风险,中国改革开放过程中始终采取先试点后总结再推广的办法,以降低风险、减少失败,可谓深得"摸着石头过河"的前人智慧,这也是马克思主义辩证唯物主义实践观的生动体现。基本方法的运用与关键突破相结合,更显示出邓小平善于抓住主要矛盾的思维方法与哲学智慧。新时期开启的改革开放虽然是全方位的,但在不同阶段有核心任务与重点,农村联产承包制的推行,是从第一产业入手首先解决温饱问题,并为第二产业发展提供必要基础;进而开始城市改革,发展第二产业以提高经济实力,为商业繁荣提供支撑;进而展开流通领域的改革,促进商品经济的发展,为对外贸易的拓展开辟道路。当物质文明建设走上正轨后,又提出要注重精神文明建设,强调"两手都要硬"。这种根据事物变化发展关注解决主要矛盾而不是"胡子眉毛一把抓"的哲学智慧,体现了古人集中力量解决主要矛盾和关键性问题的思想方法。

不难看出,中国共产党人在发展当代马克思主义、推动社会主义和民族复兴事业过程中所形成的理论创新、思想方法和实践探索,都内在而深刻地融入了中华文化基因与文明智慧。事实充分表明,中国共产党人始终扎根中华文化沃土,善于在现代转型和复杂情形下运用先人智慧,创造性地推动中华文明的当代发展;党的领导群体更是深谙中华文化蕴含的深邃

---

① 张雄、朱璐、徐德忠:《历史的积极性质:"中国方案"出场的文化基因探析》,《中国社会科学》2019年第1期。

底蕴，在文化背景、道德修养、人格构成与思维方式等方面，都深刻烙印下民族文化基因。毛泽东深厚的传统文化修养、邓小平圆活的通达智慧、习近平睿智的哲学思维，以及党和国家一大批杰出领导人与革命家，都具有深厚的中华文化修为，他们的思想智慧都内在地表现出对文化传统的自觉运用和创造性转化。纵观近代以来充满曲折、艰辛的现代化道路和民族复兴伟业，放眼现代国际共产主义运动的风云际会、跌宕起伏，中国特色社会主义能取得今天这样的重大成就，马克思主义基本原理的指导和中华优秀传统文化的支撑，无疑是成就这一历史辉煌的根本归因。

第四节　时代主题：人类文明形态再塑

从近代及至现代化转型以来，随着中华民族遭受的国家蒙辱、人民蒙难、文明蒙尘，传统文化在西方现代文化的冲击下日渐式微，在仁人志士寻求救亡新思想和新道路、实现中华民族伟大复兴的中国梦的过程中，中华优秀传统文化的再出场在不同阶段呈现出不同情形。以民族独立、人民解放为己任的新民主主义革命，主要致力于革命理论与革命道路探索，对优秀传统文化更多的是一种无意识的、潜在的继承；中华人民共和国成立初期，主要致力于社会主义革命与建设，对优秀传统文化主要是一种改造和探索式的继承，提出了"百花齐放，百家争鸣"的正确方针；步入新时期，主要致力于改革开放和社会主义现代化建设，为实现中国梦提供制度保证和物质条件，对优秀传统文化的继承与西方文化艺术思潮的引进共时存在，主要体现为思想解放和文明智慧的实践性运用；迈入新时代，主要致力于全面建成小康社会和开启全面建设社会主义现代化国家新征程，对优秀传统文化的继承迎来了前所未有的强势出场，全面而自觉地推进优秀传统文化的继承与发展成为时代主题。这个长达百年的再出场历程，充分表明中国共产党人作为中华优秀传统文化的忠实继承者和弘扬者，具有强烈而鲜明的民族文化意识与立场，具有与时俱进地推动传统文化现代转化的时代担当，具有创造性转化、创新性发展传统文化的哲学境界。

中国共产党人汲取中华文化精髓，将马克思主义基本原理同中国具体实际相结合，以改革开放的关键一招改变了当代中国命运，以中国特色社会主义引领中国走向发展繁荣的正确道路，成功解决了马克思主义空间转场的适应性与理论转场的适用性，实现了马克思主义的中国化、时代化，使新时期的中国发展大踏步赶上了时代，从而以基本实现小康社会和世界第二大经济体的身份，跻身当代世界民族之林。新时期所取得的重大成就，为新时代发展中国特色社会主义事业奠定了坚实基础、创造了有利条件。进入新时代，党面临的主要任务是实现第一个百年奋斗目标，开启实现第二个百年奋斗目标新征程，朝着实现中华民族伟大复兴的宏伟目标继续前进。但面对外部环境变化带来的风险与挑战，面对国内改革发展稳定还有不少长期没有解决的深层次矛盾和问题，以及新出现的一些矛盾和问题等，党的新一代领导人面临重大考验。

在新时代开启的新征程上，不仅需要坚持以马克思主义为指导，而且需要与时俱进地推动和发展马克思主义，也必然内在地蕴含着对中华优秀传统文化在新的历史条件下的继承与发展。如果说在新时期中国因赶上了全球现代化发展的时机而实现了中华民族的崛起，那么在新时代中国则因创造了人类文明新形态而实现了中华文明的新生。但古老文明的新生是一个持续不断的过程，也是依然需要我们继续汲取优秀传统文化精髓，不断创新转化，不断构建人类文明新形态的文化根基。中国共产党自诞生以来就始终致力于把马克思主义基本原理同中国具体实际相结合，虽然其中也包含着对民族文化智慧的运用，但出于历史任务和时代诉求，主要是在政治道路、社会变革和经济体制改革层面，结合中国国情而开展新民主主义革命和社会主义革命，进行改革开放和社会主义现代化建设，同中华优秀传统文化相结合还处于不自觉、半自觉状态；而当中华民族从由站起来到富起来的民族振兴走向强起来的中华文明新生的新时代，自觉地、全面地将马克思主义基本原理同中华优秀传统文化相结合，就成为新的历史使命和时代要求。为此，"党中央强调，中华优秀传统文化是中华民族的突出优势，是我们在世界文化激荡中站稳脚跟的根基，必须结合新的时代条件传承和弘扬好"①。马克思主义中国化不是一次性完成的，而是动态的、持续的和与时俱进的；中华优秀传统文化的继承也不是一蹴而就的，而是活态的、再生的和不断发展的。不仅如此，马克思主义中国化与中华优秀传统文化的当代发展还有一个历史深度问题，即随着理论的丰富深化与实践的深入展开，二者将在更深刻层面实现新的升华与发展，而"两个结合"则为促进这种升华与发展提供了精神指引。习近平新时代中国特色社会主义思想作为当代中国马克思主义，不仅是"一个结合"的历史延续与现实拓展，更是"两个结合"的实践性生成和理论结晶，是在新的历史条件下

---

① 《中共中央关于党的百年奋斗重大成就和历史经验的决议》，《人民日报》2021年11月17日，第1版。

更自觉、更深刻地把马克思主义基本原理同中华优秀传统文化相结合的典范。

在中华民族处于历史危难关头，马克思主义的真理指引与中华文明的智慧运用，使我们成功渡过难关，实现开启新纪元、赶上时代步伐、迎来新时代的一个又一个的伟大历史转折。在新时代，把马克思主义基本原理同中华优秀传统文化相结合，将为马克思主义中国化及其发展，提供更多可能、更大空间、更丰富的意义供给，同时也是当代中国共产党人作为中华优秀传统文化忠实继承者和弘扬者的源流归认；而从世界范围看，也将使中国成为21世纪马克思主义理论与实践的主要话语场域和空间场域。普遍真理与优秀基因的相遇相融，势必产生更丰富、更具创造性的智慧；融入更多中华文明智慧，将使马克思主义更接地气、更亲近中国百姓，促进马克思主义传播更深入地抵近一个民族的情感结构与认知模式。这种结合将为中华民族伟大复兴的中国梦积蓄精神动力，成为构筑中华民族共同体意识强有力的精神纽带。

作为改革开放实践探索的重要而有效的方法，"摸着石头过河"的传统智慧在新时代依然有其价值意义和生命力。习近平指出："摸着石头过河就是摸规律，从实践中获得真知。"并认为这是富有中国特色、符合中国国情的改革方法，摸着石头过河和加强顶层设计是辩证统一的。① 这就进一步深化了对这一改革方法论的认知，丰富并拓展了其内涵，充分体现了尊重事物发展规律、追求真知、崇尚真理的科学姿态与理论品格。习近平还强调："永远要有逢山开路、遇河架桥的精神，锐意进取，大胆探索，敢于和善于分析回答现实生活中和群众思想上迫切需要解决的问题。"② 这就把探索精神与创新意识、历史担当与务实求真结合起来，拓展了对这一有效方法的运用。事实上，"中国特色社会主义的道路自信、理论自信和制度自信，是靠'摸着石头过河'一步步印证、一点点树立起来的，同时又以这种自信敢于和善于在前进道路上'逢山开路、遇河架桥'，排除艰险、持续发展"③。而这种自信在更深刻层面是源于民族文化的智慧，是文化自信的集中表现。

文明的核心价值不仅在于其曾经创造的历史辉煌，更在于其所提供的

---

① 习近平：《以更大的政治勇气和智慧深化改革 朝着十八大指引的改革开放方向前进》，《人民日报》2023年1月2日，第1版。
② 习近平：《关于坚持和发展中国特色社会主义的几个问题》，《求是》2019年第7期。
③ 张洪斌：《"摸着石头过河"与"逢山开路、遇河架桥"》，《人民日报》2013年5月6日，第7版。

超越时空的独特智慧与思维方式。整体思维是中华文明的重要特征，注重"从整体上把握事物的性质、事物之间的关系及其发展规律"，明显区别于西方分析的方法，"分析方法的发展以及学科分工的细密，曾经促使科学长足发展"，"但分工过细，以致互相割裂，只见树木，不见森林，未能发现事物的普遍规律"。① 季羡林先生则将这一特征概括表述为"综合思维模式"，区别于西方的分析思维模式。② 中国古代典籍《庄子·天下》篇中提出，"至大无外，谓之大一；至小无内，谓之小一"，阐明客观事物具有整体性，整体之中又具有复杂的层次关系；《周易·说卦》就提出"三才之道"，认为天、地、人之间存在普遍的联系，应看作一个整体，此后便有了"天人合一"的观念，不仅影响了中国艺术，也影响了当代世界人与自然关系的处理，对西方分析思维方式所形成的孤立、片面看问题的短板无疑是一种有益补充。李约瑟（Joseph Needham）因此十分推崇中国哲学"通体相关的思维"方法，他说"也许，最现代化的'欧洲'的自然科学理论基础应该归功于庄周、周敦颐和朱熹等人的，要比世人至今所认识到的更多"③。

　　习近平对中华文明之精华，始终是珍重有加且谙熟于心的，并能将其思维方式融会贯通、灵活运用，这源于他高度的文化自信，而文化自信思想也构成了习近平新时代中国特色社会主义思想的重要组成部分。面对改革开放这一系统工程，党从最初强调"两个文明""两手都要硬"，到十三届四中全会提出物质文明、政治文明和精神文明的"三位一体"，再到十六届六中全会提出物质文明、政治文明、精神文明和社会文明的"四位一体"；党的十八大之后，进一步拓展形成了物质文明、政治文明、精神文明、社会文明和生态文明"五位一体"的总体布局及"四个全面"的战略布局，同时提出推动这五个文明协调发展的创新、协调、绿色、开放、共享的新发展理念，不仅丰富和完善了"中国式现代化新道路"的内涵，而且创造了人类文明新形态。不难看出，"五位一体"总体布局与新发展理念的形成，是马克思主义事物普遍联系原理的具体体现，恩格斯就曾提道："我们所面对着的整个自然界形成一个体系，即各种物体相互联系的

---

① 袁行霈、严文明主编《中华文明史（第1卷）》总绪论，北京大学出版社，2006，第10-11页。
② 季羡林：《季羡林谈东西方文化》，当代中国出版社，2015，第50页。
③ 李约瑟：《中国科学技术史（第二卷）》，何兆武等译，科学出版社、上海古籍出版社，1990，第338页。

总体。"① 这也是内在地运用整体观念思维方法的实践探索，同时还是全局视野和战略眼光下善于以问题导向与科学思维把握规律性的理论创新。这一理论成果在宏观上是一种认识大局、把握大局、引领大局的顶层设计，也是对新时代历史方位和实践路向的全新把握；在中微观上则是对不同性质、不同层次问题及其结构关系的深刻认识、敏锐洞察与观照思考的结果。针对新时代党和国家所面临的"既解决老问题，也察觉新问题；既解决显性问题，也解决隐性问题；既解决表层次问题，也解决深层次问题"②的新形势，习近平以整体思维方式深谋远虑、明察秋毫，确立了新时代要解决的"坚持和发展什么样的中国特色社会主义"及"怎样坚持和发展中国特色社会主义"的基本问题；明确了"解放和发展社会生产力是社会主义的本质要求"，这是需要"中国共产党人接力探索、着力解决的重大问题"③；强调在实践中要"解决好重大项目、金融支撑、投资环境、风险管控、安全保障等关键问题"④；洞察了基于经济社会发展不同历史时期的全局性、战略性和特殊性而形成的阶段性发展的突出问题。与此同时，在更为宏大视野中把握国内问题与全球性问题之间互相渗透、紧密相连的关系，揭示了全球性问题中的普遍性问题、复杂性问题和迫切性问题，以"不识庐山真面目，只缘身在此山中"的哲学智慧，由此诊断出"中国现实问题的结构层次及其相互转化的条件，顺应了在相互理解和交往的世界历史中谋求发展的时代潮流"⑤。而能够游刃有余地把握不同性质、不同层次问题及其复杂结构关系，由此协调推进并统筹解决核心问题、中介问题和外层问题，则得益于系统观念的坚持。由于整体观念是"从整体上把握世界或对象的全体及内在诸因素的联系性、系统性"⑥，因而也可以表述为系统观念，"按照马克思辩证唯物主义的思维逻辑，系统观念就是把客观事物看作由各种要素基于一定关系组成的有机整体，立足整体视域把握事物发展规律、分析事物内在机理、处理事物发展矛盾"⑦。为此，中共十九

---

① 马克思、恩格斯：《马克思恩格斯选集（第3卷）（下）》，人民出版社，1972，第492页。
② 《中共中央政治局召开民主生活会 习近平主持并发表重要讲话》，《人民日报》2017年12月27日，第1版。
③ 习近平：《在纪念马克思诞辰200周年大会上的讲话》，《人民日报》2018年5月5日，第2版。
④ 习近平：《坚持对话协商共建共享合作共赢交流互鉴 推动共建"一带一路"走深走实造福人民》，《人民日报》2018年8月28日，第1版。
⑤ 刘同舫：《当代中国马克思主义的哲学境界》，《中国社会科学》2021年第9期。
⑥ 郭齐勇：《中国文化精神的特质》，生活·读书·新知三联书店，2018，第90页。
⑦ 田鹏颖：《深入理解和准确把握"坚持系统观念"》，《新华日报》2021年1月19日，第15版。

届五中全会提出坚持系统观念,其主要内涵是确立"前瞻性思考、全局性谋划、战略性布局、整体性推进"①思想与工作方法。这其中也蕴含着深厚的传统文化基因。《黄帝内经》作为一部中医经典理论著作,蕴含着人与自然关系具有系统性特征及"天人相应"的哲学思维。《孙子兵法》等典籍中,也都蕴含着朴素的系统思想;而《荀子·天论》中"万物为道一偏,一物为万物一偏"的表述,不仅认识到万物的整体性,而且观察到万物之间的系统性关联。习近平提出的"系统观念是具有基础性的思想和工作方法"②,不仅把握了系统的层次性与互为制约的关联性,由此也把握了人类社会发展、社会主义建设和中国共产党执政规律,形成了"五位一体""四个全面"的治国理政大方略。

世界范围的现代化进程中,物质财富的高速增长带来资源匮乏和生态危机,成为全球性问题,如何正确处理人类自身发展与自然环境之间的关系,成为不同文明体系的国家和民族都无法回避的挑战。把生态文明建设纳入经济、政治、文化、社会建设的系统之中加以整体把握,提出"绿水青山就是金山银山"的理念,强调"要加快构建生态文明体系,做好治山理水、显山露水的文章"③的实践诉求,从而为社会历史发展提供生态文明维度的规律性认识,在促进生产力解放的同时形成人与自然关系的良性发展模式,不仅体现了鲜明的生态观念和绿色发展理念,而且彰显了鲜明的系统观念和协调发展理念,充分表现出习近平对生态文明建设的高度关注与科学思维方法。习近平生态文明思想从中国传统生态智慧中汲取了丰富营养,并依据当代现实需要加以发展。他强调"坚持人与自然和谐共生"④,暗合着儒家"天人合一"的生态观,以及"万物各得其和以生,各得其养以成"的思想。在生态保护与建设上,习近平提出要"坚持尊重自然、顺应自然、保护自然,坚持节约优先、保护优先、自然恢复为主"⑤的方针,源自《老子·道德经》中强调的对待自然要顺应其自身规律的"道法自然"思想。在生态利用上,习近平提出"绿水青山就是金山银山"的思想,既承继了"观乎天文,以察时变"的观念,又赋予生态既是自然

---

① 冯鹏志:《把握世界的重要范畴与基本方式》,《学习时报》2020年11月23日,第A2版。
② 习近平:《关于〈中共中央关于制定国民经济和社会发展第十四个五年规划和二〇三五年远景目标的建议〉的说明》,《人民日报》2020年11月4日,第2版。
③ 习近平:《贯彻新发展理念推动高质量发展　奋力开创中部地区崛起新局面》,《人民日报》2019年5月23日,第1版。
④ 习近平:《推动我国生态文明建设迈上新台阶》,《共产党人》2019年第4期。
⑤ 《中共十九届五中全会在京举行》,《人民日报》2020年10月30日,第1版。

财富也是经济财富的辩证新理念;而"生态惠民、生态利民、生态为民"的观念,融入了以人民为中心发展的思想,赋予了传统生态理念全新内涵与广阔视野,体现出鲜明的时代特征。同时,着眼于人类未来生存空间的优化,习近平提出了"地球生命共同体"理念,体现出以系统观念看待生态问题的新视角,并从全人类的宏大视野和科学治理角度出发,提出了共谋全球生态文明建设,形成了世界环境保护和可持续发展的解决方案,彰显了当代中国生态智慧崭新的文化境界。这一在人类生存大视野中形成的文化境界,也离不开文化传统的滋养,离不开对坚持胸怀天下的经验归结。"大道之行也,天下为公"深刻表达了古人"天下者,乃天下人之天下",唯有和睦相处方可实现大同世界的理想;"己欲立而立人,己欲达而达人",深蕴着利他主义的文化基因。这一文化传统深邃悠远、丰赡厚实:有"以天下为己任"的大情怀,有"先天下之忧而忧,后天下之乐而乐"的大宇量,有"愿得此身长报国,何须生入玉门关"的大胸襟,成为中华文化鲜明的精神标识。在新时代的历史方位和世界百年未有之大变局的背景下,习近平萃取传统文化的精髓,涵蕴先人智慧胸次,洞观国际风云际会,把握时代趋势走向,提出"胸怀天下、立己达人"①的思想,主张在国际合作中秉持开放、合作、团结、共赢的信念,既继承胸怀天下的传统,又谋划世界美好未来,将爱国情怀与天下胸怀相融合,将宏大理想与实践品格相结合,将历史担当与现实责任相交融,实现了合规律性与合目的性的辩证统一,充分展示出为人类求解放的当代马克思主义的时代风采,突出彰显了谋求大同的中华文化的时代境界。

实现中华民族伟大复兴的中国梦,我们既要常怀远虑,又要奋楫笃行。作为当代中国马克思主义,习近平新时代中国特色社会主义思想深得马克思主义精髓,深谙中华文明智慧精华,深明当代中国历史方位,深悉当今世界大势潮流;在"两个结合"中,对马克思主义基本原理体悟良深,不为传统社会主义理论所拘囿,不为西方现代性框定的历史维度所拘囿。对经济、外交、生态文明、法治和强军思想所做的体系化阐述,对从严治党、政治建设、改革开放、文化建设、社会建设、国家安全、祖国统一等方面作出的系列论述,提出"一系列原创性的治国理政新理念新思想

---

① 《习近平出席金砖国家工商论坛开幕式并发表主旨演讲》,《人民日报》2017年9月4日,第1版。

新战略"①，廓清与揭示了新时代凸显的复杂问题域和多重规律性，展示出高度自觉的体系意识和历史主动性；在回应当今世界时代之问中，提出"构建人类命运共同体"的构想，以及"共同构建地球生命共同体"的生态治理方案，澄明与标志人类文明新形态的价值立场和文明特质，体现出将现实问题的规律性认识与创造性实践相融合的方法论。这些都创造性地运用了马克思主义立场、观点和方法，创新性地弘扬了中华优秀传统文化，成功实践了当代中国马克思主义面临的传统文化重构与现代化任务的双重哲学使命，实现了理想性与现实性的融合统一，创造了"中国式现代化新道路"；既发展了当代中国马克思主义，又升华了中国精神的文化境界，凝聚成21世纪马克思主义和当代中国文化新表征。当代中国马克思主义在文化意义上"中国身份"的日趋彰明，无疑是马克思主义指导的结果，是中国精神濡染的结晶，是当代中国实践创造的硕果，也是中华文化沃土孕育的时代精华。

---

① 《中共中央关于党的百年奋斗重大成就和历史经验的决议》，《人民日报》2021年11月17日，第1版。

第三章

文化发展新阶段的历史使命

人类文明发展进程中,产业革命孕育的历史变迁力量,往往都借由文化思潮唤起和引发,并推动从产业革命到社会变革的转化。文化在许多重要历史转折与转型阶段,都扮演了重要角色。在我国迈向全面建设社会主义现代化国家新征程的后小康时代,文化建设的重要性被提到了一个新的高度。习近平指出:"统筹推进'五位一体'总体布局、协调推进'四个全面'战略布局,文化是重要内容;推动高质量发展,文化是重要支点;满足人民日益增长的美好生活需要,文化是重要因素;战胜前进道路上各种风险挑战,文化是重要力量源泉。"① 这"四个重要"不仅体现了习近平一以贯之的对文化发展的高度重视,赋予了新发展阶段的文化建设以更加重要的地位,而且深刻阐释、精准标示了在新征程中文化建设的崭新坐标。从学术理论层面考量新发展阶段文化的价值、功能与传统再造问题,有助于我们深刻理解新思想的丰富内涵,增强民族文化身份认同,推进传统文化现代转化与文化强国建设。

第一节 价值阐发与历史使命

在新发展阶段,无论是在国家战略叙事还是知识界话语叙事中,文化都被赋予了全新内涵与重要地位。2035 年建成文化强国、21 世纪中叶实现全面现代化的宏伟蓝图鼓舞和激励着当代华夏子孙,中国梦已在不远处招

---

① 习近平:《在教育文化卫生体育领域专家代表座谈会上的讲话》,《人民日报》2020 年 9 月 23 日,第 2 版。

手。新技术革命突飞猛进的现实，使人们在面向未来的描绘中，充满着对以人工智能、生物技术等为核心支撑的现代化图景的美好想象。"信息革命正带来一把钥匙，帮助人们打开新时代的大门。这把钥匙通过卓越的联网计算机与信息真实有效的互动，以抚慰人心的方式，带来自我驱动的愉悦。"① 在科技快速迭代发展的同时，另一个令人感到有些费解的现象是，面对新技术浪潮带来的种种便利、快捷和愉悦，人们似乎并未因此留恋驻足、乐不思返，而是感到内心空落与不安，为此人们重新将目光投向传统文化。传统文化的兴起虽然有主流媒体倡导的原因，却也离不开人们内心真实的需求与期盼，由此出现了"现代化越发展，传统反而回来了"，甚至是传统本身成为时尚的独特现象。这一具有全球性特点的趋向，因为"现代文明无法落实人的安身立命"问题，"现代文明只是一些技术的知识"，而"不会告诉你如何安身立命，应该如何过有意义的人生"。② 当代高科技所创造的现代文明并非没有带给人们文化滋养和心灵慰藉，但面对财富追逐、竞争压力不断加剧的现实，人们的幸福感与快乐感远非预期的那样令人满意，甚至在全球文化交流日益畅通、文化产品极大丰富的情况下，人们沉浸于千姿百态、花样繁多的文化消费的同时，身份认同的迷惘却因此更为强烈。于是，传统文化的复归成为人们辨识文化身份的重要依托，也成为一个民族确立未来发展方向的逻辑依据。

在新发展阶段，习近平提出文化战略的崭新坐标，正是深刻洞察了当前经济社会发展中需要关注和未雨绸缪的问题，他从战略地位、发展规律、功能作用、要素构成、精神力量等多个面向，深刻阐述了新的历史方位下文化价值的新内涵。

文化政治视角的观照。从中国特色社会主义建设大格局出发，立足新时代文化发展所担负的历史新使命，阐释了在"五位一体"总体布局、"四个全面"战略布局中，文化价值和地位的新变化具有鲜明的文化政治视角：文化并不单纯与"五位一体"中经济建设、政治建设、社会建设和生态建设处于平行与同等地位，而是贯穿和融入其他四个方面，并发挥重要作用的；同时，在"四个全面"战略布局中，文化的支撑作用体现为：文化供给本身是小康社会的重要组成部分，同时文化能为实现全面建成小康社会和深化改革提供智力支撑，为法治建设提供制度文化滋养，为党的

---

① 托马斯·斯特里特:《网络效应：浪漫主义、资本主义与互联网》，王星、裴苒迪等译，华东师范大学出版社，2020，第32页。
② 许纪霖:《脉动中国：许纪霖的50堂传统文化课》，上海三联书店，2021，第25—27页。

建设提供理论支持。这一阐述与习近平自党的十八大以来一系列关于"文化是一个国家、一个民族的灵魂"①的论述一脉相承。事实上，政治、经济、社会和生态本身，从其内在的和高级的形态来看，与制度文化、经济思想、社会理念和生态文化等广义文化密切相连，后者在更深刻层面起着本质规定和制约的作用。不仅如此，这一阐述还具有超越本土的世界意义。"五位一体"中文化建设，除了能构成对政治、经济、社会与生态领域建设的积极影响外，其自身的发展及在文化影响下获得的其他领域的成就，将共同形成一种新的文明形态。当中华优秀传统文化在中国特色社会主义建设实践中不断丰富发展，形成体现新时代"中国经验"和"中国智慧"的独特话语体系时，将对人类社会产生积极有益的影响。习近平曾经从人类世界角度对传统文化的价值做了深入阐发："中华优秀传统文化是中华民族的文化根脉，其蕴含的思想观念、人文精神、道德规范，不仅是我们中国人思想和精神的内核，对解决人类问题也有重要价值。"② 而在全局视野中再度强调文化作为重要内容的观点，清晰地表明了习近平对现阶段文化地位和意义新的思考与新的阐发。

社会发展规律的视野。在高质量发展主题下，面对新时代新阶段所要遵循的"两个必须"，即必须贯彻新发展理念，必须是高质量发展；中国特色社会主义现代化国家建设有了更具高度、更为全面的要求：从国家治理体系与治理能力到经济领域制造强国和新兴产业发展壮大，从社会领域的数字社会建设能力提升到推动绿色发展、促进人与自然和谐共生，以及国家文化软实力的提升，都比以往任何时候更加需要文化支撑与智力支持，这是社会发展迈向更高阶段的必然规律。中华传统文化虽然产生于农耕时代，却是具有丰富内涵与生命力的文化，其主体构成是儒家文化，在历史演进中兼收并蓄各种外来文化，融合形成更为丰富的本土文化。中国历史上将外来的道教、佛教文化及其他异域文化包蕴其中，并内化为自身文化，始终保持主体文脉的独立性，显示了中国文化对异质文化的吸纳与消解能力是无与伦比的。这个过程中，形成了"仁义礼智信"的个体人格修为文化，"己所不欲，勿施于人""中庸"的社会交往文化，"民为本""和为贵"的政治伦理文化，以及和谐文化、生态文化等多面向、多层次的文化体系。这为新时代治国理政、社会和谐、生态建设等，提供了丰富

---

① 习近平：《坚定文化自信，建设社会主义文化强国》，《求是》2019年第12期。
② 习近平：《举旗帜聚民心育新人兴文化展形象　更好完成新形势下宣传思想工作使命任务》，《人民日报》2018年8月23日，第1版。

的思想养料和有力的精神支撑。在增强文化软实力方面，文化的支点作用集中体现在文化生产力的提高和文化原创能力的提升上。文化要对其他领域构成影响和促进作用，必须实现自身在质量、效率和动力上的变革，从而提升文化融涵与辐射的能力。立足互联网和人工智能等最新科技前沿，致力于原创内容的打造，弘扬工匠精神，促进数字文化产业发展和传统文化的转型升级，营造良好的文化生态和文化治理环境，激发文化创造主体的创新意识和动力，提高国家话语权，在增强文化软实力的同时，不断塑造和提升国家形象。

人民需要角度的阐发。新时代满足人民美好生活需要对高品质精神产品的期待，离不开文化的高质量发展，换言之，后小康时代文化在满足人民美好生活需要中具有更加突出的地位，扮演更加重要的角色。从某种意义上说，精神文化需求的满足作为人的更高层级的需要，体现着美好生活内涵的丰富与品质的提升，这也是新发展阶段在满足人民美好生活需要方面提出的全新课题。不同时代和社会发展阶段，人民对美好生活的需要不尽相同，需要的满足也具有相对性。文化不仅是满足高层次精神需求不可或缺的重要因素，而且这一因素既体现在文化领域之内，又体现在其他各领域之中：政治昌明、经济繁荣、社会和谐、生态优良都是人民美好生活的构成要素，缺一不可，但这些要素要达至理想的状态，同样离不开文化这个重要因素。这也是文化在"五位一体"总体布局、"四个全面"战略布局中是重要内容的原因之一，同时表明习近平阐述的"四个重要"之间有着密切的逻辑关系。

精神力量维度的阐述。在新发展阶段，富起来的小康中国如何跨越中等收入陷阱；如何应对深化改革过程中的诸多矛盾；如何在世界面临百年未有之大变局的时代，从容应对错综复杂、危机四伏的世界形势，努力打破"修昔底德陷阱"这一所谓国际关系的铁律，我们需要一种深厚、强大和持久的力量源泉。这种力量正存在于我们民族千年积淀的文化传统与智慧之中。近代以来，中华民族面对政局动荡、社会转型、经济凋敝、外族侵侮、民族危亡的艰难处境，凭借革故鼎新、追求真理的革命精神，英勇顽强、救亡图存的抗争精神，建立了中华人民共和国，使中国人民站了起来；面对古老民族现代化的艰难转型，凭借锐意革新、开放包容的改革精神，勇于探索、破冰前行的创新精神，实现了全面小康，使中国人民富了起来。这一切都离不开延续千年的中华优秀传统文化所赋予我们的精神力量，而在力克时艰、自立自强的过程中形成的革命精神和改革精神，进一步丰富了民族文化宝库，建构了由中华优秀传统文化、革命文化和社会主义先进文化组成的当代中国文化,以其民族性、历史性和时代性的统一赋予我们坚定的文化自信,成为新时代迈向全面建成社会主义现代化强国的重要精神支撑。新时代既是一个伟大的、实现中国人民百年梦想的时代,也是一个充满风险、挑战的时代,迈向新征程的道路不可能一路坦途、一帆风顺,但只要我们善于汲取先人优秀文化传统与智慧,善于吸纳人类文化文明成果,善于创造面向未来的当代文化,就能够凝聚起磅礴伟力,克服一切艰难险阻,将百年梦想牢牢掌握在自己的手中。

不难看出,"四个重要"论述有两个显著特征:一是具有鲜明的系统观念。不是就文化谈文化,而是将文化纳入全局性、系统性的大格局中进行考察。这一方面体现了习近平具有鲜明的系统观念,另一方面体现了在系统观念视角下而形成的对当下文化价值的深刻洞察。这种洞察离不开习近平对中华优秀传统文化的深厚积累与素养,离不开对中华文化基因的自觉传承与运用。习近平强调中华文明具有独特的价值体系,"弘扬社会主义核心价值观,必须从中汲取丰富营养,否则就不会有生命力和影响力"①。对传统文化主张的以德治国、以文化人的思想,如"大道之行也,天下为公""天下兴亡,匹夫有责"等给予了高度评价,对"言必信,行必果""人而无信,不知其可也"等诚信文化理念的时代价值给予了充分肯定,并深刻指出:"像这样的思想和理念,不论过去还是现在,都有其鲜明的民族特色,都有其永不褪色的时代价值。"② 二是更加突出文化作用。"四个重要"被用来进行强调,意味着在新发展阶段,文化在"五位一体"、综合实力中将发挥更关键、更核心的作用。在以高质量发展为主题的新发展阶段,文化的综合性功能将会借助其所提供的智慧与精神力量,进一步凸显在综合实力提升中的核心作用。同时,文化将更深刻地融入政治、经济、社会和生态建设,不再是与这四个方面建设相平行的,而是内在地包含于其中,成为各领域建设发展的重要支撑和灵魂灌注。在新发展格局的构建中,文化所肩负的历史使命同样不可忽视,文化建设有利于优化经济结构和产业结构,有利于促进居民消费结构升级,有利于增加国民经济中文化消费的比重。文化建设在满足人民群众文化需求的同时,可以有效扩大国内文化消费,形成文化生产与文化消费的良性互动,协调推进文化供给侧与需求侧改革,提高国内大循环效率和水平。文化自身发展及其在相关领域作用的提升,不仅能促进国内市场空间的有效拓展,而

---

① 习近平:《青年要自觉践行社会主义核心价值观》,《人民日报》2014年5月5日,第2版。
② 习近平:《青年要自觉践行社会主义核心价值观》,《人民日报》2014年5月5日,第2版。

且将借助高质量、高水平的产品与服务体系，树立良好国家形象，促进国际市场空间进一步扩大。因此，深化新发展阶段对文化价值和意义的认识，将使我们更好把握文化发展方向与趋势，稳步推进文化强国建设。

第二节 身份认同与实践逻辑

司马迁于《史记·淮南衡山列传》中云"聪者听于无声，明者见于未形"，这说的是聪明人能够预见未来的发展趋势；而"不谋全局者，不足谋一隅；不谋一世者，不足谋一时"，这强调要有全局观念和长远眼光。在新发展阶段和世界面临百年未有之大变局的今天，一方面，我国经济持续向好、社会秩序稳定，处在百年来最接近中华民族伟大复兴的历史阶段，中华民族正在以一种崭新的姿态和新的文明形态展现在世界面前，逐步走向世界舞台的中央；另一方面，新一轮科技革命和产业变革日新月异，稍不留意就会错失先机，而西方强国面对中国崛起所采取的打压政策还将长期存在。如何未雨绸缪、放眼长远，洞察和应对潜在的风险、挑战，确保经济社会可持续发展，确保中华民族复兴进程不被打断（近代以来这一进程曾多次被打断），是当前需要警惕的重要战略问题，需要依托源于传统文化的政治大智慧。中国特色社会主义制度的不断完善和巩固，有力地促进了经济实力的提升和民生基础的稳固，但现代化的持续推进，不仅需要经济硬实力，还需要以文化认同为前提，以文化软实力为支撑，否则将可能再度中断。

前述关于文化价值的分析，显示了"五位一体"总体布局中文化的特殊作用，但一个更具根本性、战略性的问题是文化在塑造民族身份中的功能意义。人们从龚自珍所言的"灭人之国，必先去其史"，引申出"欲灭一国，先灭其文化"的启示，表明文化对于一个民族、国家生存与发展的极端重要性与其具备的核心价值。在经济社会发展中，文化不仅有助于完善制度以促进国家治理能力的提升，而且本身可成为经济社会的构成部分，可催生一种文化生产力，同时能保障经济繁荣、财富积累建立在坚实的文化基础之上，使国家综合实力具有主体地位和内在精神支撑。从这个意义看，中华优秀传统文化的弘扬，基于的是固本培元、增强民族身份认同的需要，也是文化强国建设的价值目标与本质要求。

优秀传统文化之于民族身份认同的增强，是一个多层面、系统性的构成过程，需要深入的理论梳理和持久的实践探索。从文化功能的角度分析优秀传统文化对当代中华民族身份的认同作用，能进一步深化对文化是一个国家、一个民族的灵魂这一论断的认识，强化全球化时代中华民族的文化自信。

第一，增强民族文化的主体性。经济全球化和互联网时代，开放的贸易环境和频繁的国际文化交流，尤其是互联网和新媒体带给人们海量的信息、便捷的交往、频繁的互动，不仅各种现代商业文化观念与消费习惯盛行无阻，"追求经济效益带来的工具理性负效应"亦在所难免，西方意识形态强势国家的文化产品也充斥市场，唾手可得；加之一个时期以来在现代化进程中忽视了对优秀传统文化的守护与继承，导致中华优秀传统文化生存土壤的流失和本土文化在一定程度上的主体性缺失困境。在精神文化层面，传统文化在青年群体中认同度偏低，韩流、日流的盛行催生了一批"哈韩族""哈日族"，欧美流行音乐、影视等文化产品也拥有较为广泛的影响力与渗透力。在造物文化层面，尽管物质短缺时代早已过去，小康社会的全面实现使我国告别了贫困，但从日常用品到家居服饰，从大众产品到奢侈品牌，高附加值的商品依然主要来自发达国家。尽管经济全球化和开放的国际市场，使我们有条件和机会分享当代人类在精神和物质文明方面的最新成果，但必须看到的是，我们今天需要的高品质物质生活不仅很大程度上还依赖于国外品牌和进口商品，而且在生活方式上也多为模仿和照搬西方的模式。换句话说，我们既未能在高端消费品市场占据主流，又未能形成体现民族文化特性的当代生活方式，而生活方式是一种深层文化价值观在日常生活层面的显现。在现代化进程中，如果不能形成源自本民族文化基因与特质的精神文化产品和造物文化产品，以及以此为基础的当代中国的现代化生活方式，就无法成为真正有民族文化根基的现代化国家。因此，确立民族文化主体性的核心目标，就是要重构传统文化，使之成为融注于现代化各领域发展中的民族文化底色与基因，全面重塑当代中国文化，形成现代化"中国模式""中国样板"，并由此影响当代世界人类文明的发展。

第二，追求民族文化深层精神。在漫长的历史发展中，中华民族创造的辉煌文明为世界所瞩目，这些文明成果既集中体现在古代哲学经典如《论语》《庄子》等和文艺经典如《诗经》《楚辞》等之中，又体现在长城、故宫、大运河等文化遗产之中。这些文明创造，不论是精神文化还是造物文化，都深刻而鲜明地体现了中华民族独特的审美理想与精神追求，成为融注在我们民族血脉中的精神文化基因。这些基因不仅历史久远、根深叶茂，而且丰富多样、异彩纷呈，它们来源于中华民族丰富的文明创造与历史积淀。既有六经和儒教文化"仁者爱人""先义后利""和而不同"等思想理念作为重要根基，又有道教、佛教等思想学说作为重要内容；既有勤劳质朴、崇礼亲仁的农耕文明，又有热烈奔放、勇猛刚健的草原文明，还有海纳百川、敢拼会赢的海洋文明。在现代化进程中，这些精神文化遗产依然深刻地影响着当代中国人的行为准则、思维方式：文艺创造中追求气韵和意境，造物创造中追求圆融与中通，交往行为中注重礼让与谦和，对外交流中主张合作与"和合"。这些精神追求即便是在五四时期那些激烈评判传统的文化"精英们"身上，依然有内在深层次的体现。"精英们"虽然为倡导现代文化启蒙而试图抛弃传统，但他们又深受传统文化的熏陶。而在继承优秀文化传统自觉性日益增强的今天，"讲仁爱、重民本、守诚信、崇正义、尚和合、求大同"的中华文化理念与精神，已经成为涵养社会主义核心价值观的重要源泉，民族文化认同也不断趋向与抵达深层次的精神追求。

第三，再现优秀文化基因的活力。传统文化所标示的是一个民族既往历史创造的精神文化与物质文化，它是我们今天现代化进程需要依托的思想精神遗产，体现了中华文明的悠久文脉与精神特征。但这种体现绝不是回到农耕文明时代，或者以现代生产技术条件复制传统文化，那不是继承，而是将今天拉回到昨天。继承优秀传统文化，事实上是指继承有当代生命活力的文化传统，只有活在当下的传统才能被称作"优秀传统"。怎样的传统能活在当下，有两个考察维度：一是这个传统是否适应当代政治制度和社会生产力发展水平，二是这个传统从现实立场和需要出发是否仍然有意义和价值。这涉及庞大的传统文化资源如何被选取、提炼、转化和利用，以及选取、提炼、转化和利用的标准与尺度问题。现代化是实现中华民族伟大复兴必须经历的过程，在全球现代文明格局中定位当代中国的现代化，是我们理解和继承什么样的文化传统的基本依据。如何理解传统，取决于我们如何定义自己所处的环境。尽管作为传统文化中重要组成部分的生活态度、风俗习惯，因历史惯性依然自觉或不自觉地存在于当代人的生活中，但从理性自觉的层面而言，经由反省与评判而选择、提炼出的文化传统，往往更有活力，更能推动现实社会发展。当然，这个过程是持续的和不断调整的，传统也在这个过程中被不断赋予新的内涵与意义。

第四，呈现民族文化世界的意义。中华文明之所以能成为世界历史上的轴心文明，就在于中华文化曾经在人类历史发展中产生了重大影响，具有了普世性和丰富意义。中国古代丝绸之路以贸易的方式将中华造物文化传播至欧洲、中亚地区，茶叶及精美的丝绸、陶瓷和金银器，既使雅致的东方美学和生活方式深刻影响了那个时代世界各国人民，又使神秘的东方中国成为许多民族向往的地方。近代之后，工业革命催生了第二次轴心文明，西欧作为发端地，以科技、物质和工业化为冲击力，将现代文明传播到全世界。中国作为传统轴心文明国家，不仅传统文明优势受到冲击和挑战，而且对现代文明的接纳也因迟滞而落伍。经历了40多年的改革开放，充满文化活力的中国迅速跟上世界现代化的步伐，同时还创造了现代化的"中国奇迹""中国经验"。在这个过程中，传统文化的现代转化始终是一个重要的问题，既关系到现代化的内生动力来自何处，又关系到现代化的民族特性如何体现。以中华优秀传统文化涵养与构建的当代中国的制度设计、经济思想、文化观念、社会治理、生态理念等，使古老的中国在全球化时代实现了高速持续的发展，使"中国式现代化道路"为世界所瞩目，中国现代化经验给发展中国家提供了有益参考，为当代世界文明贡献了中国智慧。

  从以上分析不难看出，中华优秀传统文化在现代化进程中不仅在多个层面上体现和强化着民族身份，而且正因为拥有这种独立的文化身份，当代中国在向世界展现现代化成就时，更具有了一份独特的意义和典范性。当然，我们也必须看到，优秀传统文化的继承与民族身份的认同不仅是一个认知自觉与意识强化的过程，更是一个实践的过程。民族文化身份认同作为一种主观意识，其存在和强化往往要经由实践行为的体认乃至验证；同时，实践层面各领域的发展成效也给民族文化身份认同以现实支撑与强化。认知自觉既是前提，也是构建中国文化主体性的理论基础，但不是结果，更不是终点。传统文化的当代价值与功能，一方面要经由现代社会生产与生活的实际运用效果来体现，另一方面要经由与外来现代文化的冲击和冲突中表现出的竞争力来验证。传统文化若无法有效地融入当代生活，无力抵御西方现代文化的侵蚀，那么民族文化的认同就势必被逐渐瓦解与消弭。因此，持续探索优秀传统文化的现代转场与运用，在当代实践领域中激活传统文化的生命力，是强化民族文化认同必不可少和必须遵循的实践逻辑。

第三节　面向当代的传统活化

  近代以来，中国现代化历程之所以曲折，是因为政治与文化境况极端复杂，"特别是在20世纪，艺术家们接触到各种国际风格、流派、媒介和主题,包括传统中国模式,而选择何者兼具政治和美学意味"①。费孝通先生认为,20世纪前半叶"以各种方式出现的有关中西文化的长期争论,归根结底只是一个问题,就是在西方文化的强烈冲击下,现代中国人究竟能不能继续保持原有的文化认同?还是必须向西方文化认同?"②这个问题在今天随着中国式现代化取得世界瞩目的成就,已经有了明确的答案,就是"要吸收西方新的文化而不失故我的认同"③。

中华文明的悠久历史与博大精深,使中国式现代化所面临的一个不同于西方尤其是美国的境况,就是农耕文明时代积淀的深厚文化传统如何与现代社会顺畅对接、有机融合、相互调适。与此同时,另一个独特性表现在:相较于同样拥有深厚农耕文化底蕴的欧洲国家,中国传统文化因民族众多、朝代更迭、社会变迁等复杂情形而形成复杂的文化状态,呈现多元统一、多元一体的特征。现代化的关键是文化观念的现代化,面对复杂多样的文化形态与区域现代性的不平衡发展,当代中国文化发展,既要体现中华文化的独特底蕴,又要展示现代文化特征,并根据不同区域现代化进程的差异,因地制宜地保存更多地方文化特色,使中国文化包蕴更丰富的文化内涵。从这个理论认知出发进行的规模宏大的传统文化的现代转化,正生机勃勃地发生在广袤的中华大地上,不论是基于何种理念、原则与方式、方法进行现代转化,还是成功或失败的探索尝试,都在不同程度、不同层次上建构着当代中国的文化主体性,总结其中的成败得失之因由,将使这一建构更趋完善。

步入新发展阶段,中国已实现全面建成小康社会的目标,正向基本实现社会主义现代化远景目标迈进。中华优秀传统文化在国家倡导、学界助推、社会勉力之下,得到大力弘扬,经传承、利用后不断向前推进,成效日益彰显。就当下而言,传统文化基本有三种存在形态。第一,静态式存在。即中华文化、中华美学和中华设计基因,以遗产的形态存在(博物馆,民间文物,古城、古村落、古遗址,古代典籍,等等)。第二,碎片化存在。即文化遗产被人们以表象化、符号化、元素化的形式融入当下的文化生产、经济活动和日常生活之中,以及人们在日常行为中有意无意所遵循的传统观念与规范等。第三,隐性化存在。即传统文化被人们创造性地运用于精神文化与造物文化的生产之中(当然,风俗习惯也是一种隐性

---

① 杜朴、文以诚:《中国艺术与文化》,张欣译,北京联合出版公司,2014,第345页。
② 费孝通:《文化与文化自觉(下)》,群言出版社,2012,第539-540页。
③ 费孝通:《关于"文化自觉"的一些自白》,《学术研究》2003年第7期。

化存在，这里主要从运用的角度进行分析），内在地传递和透露出一种传统文化美学特质、精神品格与气质。这是深层次的存在形态。在以高质量发展为主题的今天，我们更需要传统文化的第三种存在形态，即真正实现传统文化与古典美学的现代转场和创造性运用。这才是我们今天所需要的传统再生，即使传统文化成为当代中国智慧。

随着对民族性问题研究的深入，学界已形成一种较为普遍的认识：民族性不是某些固定的外在格式、手法、形象，而是一种内在的精神。当现代化步入一个以互联网、人工智能、生命和材料科学为引领的发展阶段时，农耕时代创造的传统文化不再可能完全以既有的样态进入当代社会的生产体系与生活空间，但其蕴含的内在文化与美学精神及独特智慧，则依然可以在更深刻层面体现民族性，并融入当代。因此，探讨并继承民族文化传统，就应对传统有正确的理解与辨析，而不是笼统地指向所有过往的文明创造。事实上，作为静态式存在的传统文化，多半不再有现实意义和价值，但可以作为历史资料供研究之用（"传统文化"通常就是一种静态式存在的传统）；而碎片化和隐性化存在的传统，则是能够焕发现实活力的传统（一种活在当下的"文化传统"），表明其文化基因在现代化的当代社会土壤中仍然可以生根发芽、枝繁叶茂，成为一种与现代文化相嫁接，并有中华文化特征的新文化。对拥有活力和再生特质的传统而言，其本身就是一个不断演变、发展的过程，其历史演化轨迹也可看作一个持续创新和创生的链条，每一次演变与创生所产生的精品，就成为传统链条（轨迹）中新的一环、新的传统。进而言之，源于传统的创新，不仅运用了传统文化的元素，更创造性地运用了传统智慧的结果，是将传统作为一种智慧来解决当下面临问题的文明创造。

从现实文化创造领域看，传统文化元素的利用与传统文化精神的运用，都有利于当代中国特色社会主义文化的发展，有利于当代中华民族文化认同的增强，有利于中华文明不断以新的姿态跻身于世界。新发展阶段，中华优秀传统文化的创造性转化、创新性发展，需要确立更高的标准与尺度，更多地推动传统文化精神与美学原则的内在和深层的传递运用。

深层结构与双重视野。传统文化的现代转型开启于五四新文化运动，至今依然尚未完成，这本身就能表明现代化进程的艰难与曲折。认知的错位与偏差伴随始终，在经历深刻的历史反思与艰辛探索之后，我们寻找到了一条不忘本来、吸收外来、面向未来的正确发展方向与继承创新途径。但无论是理论创新还是实践探索，越向前发展，问题越复杂和具体，需要我们依据新发展阶段和高质量发展的要求，进行新的探索。面对人民对高品质文化生活的新期待,那种将传统文化和现代社会进行简单嫁接、拼凑和移植的浅表化继承与创新,已经不能适应社会文化的发展需求。就传统造物文化的继承与创新而言,深入系统地研习与把握其中蕴含的丰富美学思想与底蕴,把握其与古典艺术美学相融通的美学精神和创作思维方式,是对优秀传统文化进行内在化、隐性化传承的基础与前提。中国古典园林艺术内涵深厚,拥有独具一格的美学追求与原则,表现在巧于因借,精在体宜;先抑后扬,含蓄蕴藉;回环往复,变幻多姿;野逸文秀,相得益彰;小中见大,无中生有等诸方面,并在创作上借鉴和遵循画家"外师造化,中得心源"的思维方式,使园林艺术超越一般工匠技艺之作,成为拥有极高美学价值的艺术。著名园林学家童寯概括了造园三境界:疏密得宜,曲折尽致,眼前有景。[①] 就第二点"曲折尽致"来说,沧浪亭中翠玲珑的空间布局就是典型的实例,它将三个方正的房屋以对角方式连接,形成独特空间布局和美学效果:其一,对角空间的连通。不仅在古典园林中是独创,而且因曲折而不断转换方位,使景观持续变化。其二,居正与灵动同时存在、兼而有之。三个方正的房屋,借助对角方式的连接,使得在从一个空间望入另一个空间时,形成一种平行四边形的展开,赋予每个具有"正观"功能的方正空间以灵动效果。其三,模拟自然的抽象。园林空间布局借助的是对自然形态生长方式的模拟(如曲折的山脉与河流),从而实现以曲折增加空间层次与景观密度的美学意趣。翠玲珑三个空间的布局方式,是局部"理型"的经营,是关于格局的潜在原则,决定格局,但并不一一对应地符合某个具体的格局。而三个方正的房屋全都采取四面透光的处理方式,追求最大限度地与屋外青翠欲滴的竹林相融合,使"人在其中,会把建筑忘掉,为竹影在微风中的一次颤动而心动"[②]。这就形成了又一个特点——其四,虚实相生的手法。屋子在园林中是实体存在,竹林作为自然之物相对于屋子是虚,竹林之虚却能因微风而使人心动,形成虚实相生的美学效果,即宗白华所论中国园林"化景物为情思,这是对艺术中虚实结合的正确定义"[③]。这种内在地包含了"天人合一"哲学理念的建造方式,"将人的目的性与自然的规律性达到高度的统一,正是天人合一、主客相通的理想境界的表现"[④],深刻体现了园林艺术乃至中华古典美学独

[①] 童寯:《江南园林志(第二版)》,中国建筑工业出版社,1984,第8页。
[②] 王澍:《造房子》,湖南美术出版社,2016,第31页。
[③] 宗白华:《美学散步》,上海人民出版社,1981,第41页。
[④] 朱志荣、刘莉、田军等:《中国艺术批评通史(明代卷)》,叶朗主编、朱良志副主编,安徽教育出版社,2015,第188页。

特的审美理想与艺术精神。面对这份珍贵的文化遗产，我们今天无须也不必要通过再造新的古典园林去继承，而应在当代条件下承接其内在的美学精神与创作思维方式。与此同时，还要在把握传统美学精髓的前提下，从当代世界经济文化发展前沿与标高的角度，确立如何传递、运用所掌握的传统文化精神。

新时代的美好生活离不开文化艺术的支撑，离不开古典美学的滋养。城乡建设中如何对待老建筑、老宅子，如何运用美术元素美化城乡环境，关系到高质量发展如何体现生活品质的问题。而现代园林设计无疑可以从中国古典园林美学中汲取营养。事实上，建筑尤其是中国古典建筑，"不仅仅有诗情画意，而且有一系列蕴含人生哲理、时代精神、历史沧桑、伦理观念、民族意识等其他文化意蕴"①，需要我们深入挖掘和运用。但在当代建筑领域，从材料到技术、从审美到建筑方式都发生了很大变化，尤其是在已经形成较为完善的西方现代建筑美学和体系的影响下，中国城乡建筑文化既不能照搬传统，又不能简单移植，而是要辩证分析、兼收并蓄，形成融合汲取中西建筑文化精华的双重视野来创新发展。获得深圳市花境花坛设计金奖的海天二路街心花园，是一个在街边两座大楼之间方正的地块上设计的园林项目，从表面看不出一点古典园林的影子，完全是一个典型的现代园林景观，却内在地巧妙运用古典园林三境界之一"曲折尽致"的艺术手法：将其中一个通道设计成"Z"字形，从而使原本单调的长方形被分割成四个三角形，构成曲折尽致的意趣；与此同时，又将四个三角形平面设计成似乎处在不同的水平高度上的效果，形成错落有致的意趣；再将两座楼之间的街边人行通道设计成一座平桥，同时设置一座平顶的亭子，营造出亭桥互衬的意趣。这种古典园林美学原则并非美学符号的简单运用，设计者借此打造出了高品质的中国现代园林的风格。

文化批评与创新环境。尽管当代精神文化与造物文化各领域在传承与利用中华优秀传统文化中，越来越注重从文化与美学精神层面进行创新创造，取得了可喜的成就。但这个过程并非一蹴而就，而是需要持续努力和艰辛探索。事实上，改革开放以来，我们"在现代化建设过程中，开始了一个新的恢复记忆、连接传统、重建传统的过程。不能说我们在这方面没有成就，但由于长期与传统文化脱节，似乎一时还不能完全找到与传统衔接的最佳途径"，"人们看到的，大都是比较浅层的模仿或没有来由的怀

---

① 侯幼彬：《中国建筑美学》，中国建筑工业出版社，2009，第277页。

旧，缺乏民族文化传统的深层底蕴"。① 什么是中国文化的内在精神？什么是中华美学的基本原则？什么是真正传承文化基因密码的现代文化创造？对这些根本性问题的探讨本身也需要一个过程，尤其是需要科学和先进的文化观念的指引，需要有理性的文化批评和健康的创新环境。

这里所说的"文化批评"，既不是文化研究概念范畴里的文化批判和跨文明的文化比较，也不是人类文化视角下所强调的文学的"文化"批评，而是指对文化传承发展与文化生产实践领域相关现象和问题进行分析、思考、总结、评判，力图在不断地辨析和反思中形成正确的文化发展观和评价标准，推动当代文化健康、有序发展。在精神文化领域，文化批评要坚持马克思主义文化观念，以新思想为引领，"要使中华民族最基本的文化基因与当代文化相适应、与现代社会相协调，以人们喜闻乐见、具有广泛参与性的方式推广开来"②，从而创造"思想精深、艺术精湛、制作精良"的文艺精品。在造物文化领域，文化批评要继承传统工匠精神，把握世界前沿设计思想理念，立足当代美好生活需要，不断探索和创造继承传统造物美学精神、体现现代设计语言的当代中国造物文化，进一步建构和完善中国本土设计体系，逐步创造和形成一批具有国际影响力的中国造物设计品牌。

发挥文化批评作用，更重要的意义在于确立批判和反思意识，适时调整和纠偏文化发展中存在的问题，确保文化创造不偏离正确方向；同时，健康的文化批评，还有利于创造良好的文化创新发展的社会生态，尤其是有利于促进文化艺术人才成长。清朝乾嘉时期，士人精英群体主导京师文化活动，他们与画家之间的互动成为绘画发展的重要因素。士人通过对画家作品题跋进行品评以提高其名声，由此形成了一种"延誉机制"，即指乾嘉时期存在于京师的一个由学术、诗文等领域成就卓著的士人精英群体所主导的，通过对画家予以推介举荐，从而推动绘画创作、品评、流通与收藏的延誉举荐机制，该机制体现了文化宗主奖掖后进的自觉。这个机制有效地推动了画家绘画水平的提高和画家人才的成长。在今天，文化的高质量发展、高品位提升，需要拥有一支高水平的文化艺术队伍；营造良好的文化批评生态，发挥文化名家大师提携后进和文化经纪人制度的作用，对文化艺术人才的成长具有不可低估的作用。一方面，要充分发挥文艺前

---

① 刘梦溪：《中国文化的张力：传统解故》，中信出版社，2019，第302-303页。
② 习近平：《建设社会主义文化强国 着力提高国家文化软实力》，《人民日报》2014年1月1日，第1版。

辈在文化批评中的作用。钱理群先生奖掖后进不遗余力,以大量精力和热情为后学写书评,他甚至还为一大批富有探索精神的中学语文教师写了为数众多的书评,被称为"写序专家",传为佳话。当然,文化批评要秉承正义立场,以"充实之谓美,充实而有光辉之谓大"的精品标准展开批评实践。另一方面,在现代文化生产方式下,要充分注重文化经纪人的作用。许多歌手在个人条件、艺术功力等方面非常有潜力,但因缺乏完善的经纪人制度和出色的经纪人引领,失去了成为乐坛知名歌手的机会,更难以成为国际乐坛的耀眼明星。事实上,经纪人制度不仅对有才能的艺人的成长至关重要,对绘画、舞蹈等领域艺术人才的成长亦功不可没,它是构建现代文化产业体系的重要一环。而政府机构则可以借助奖励机制,增强评价功能,激励各类优秀文艺创作和创意设计,同时促进优秀原创作品落地与知识产权保护。

罗马俱乐部主席佩恰依(Peccei)曾预见性地指出:未来的发展只能是文化的创造。优秀传统文化的继承发展不只是有利于民族文化身份的认同,而且有利于为新发展阶段提供重要智力支撑。应对中国发展所面临的各种风险挑战,文化不仅是重要力量源泉,也是提升综合竞争力的核心支撑。有学者指出:国家、民族的竞争最终要诉诸文化的竞争。当下文化发展所面临的历史使命,就是将中华优秀传统文化作为特殊战略资源,以文化思维构建中国式现代化知识体系与中国话语体系,提炼有广泛认同度的标识性概念;以传统文化塑造当代文明,推动文明古国在当代的新生,拓展东方时尚文化空间,实现从文化繁荣走向文明昌盛。高质量挖掘和表现中华优秀传统文化蕴含的价值理念、道德情感、审美情趣、生活智慧,在与外来文化交流、文明互鉴中,融合共生,实现深度本土化,确立当代文明发展的新观念,创造源于传统文脉的当代中国文化与中华文明新形态,从而在国际上形成基于文明的以对话、互鉴、融合为内涵的新文明形态和文明模式,与全人类共同分享。

第四章

新时代优秀传统文化的创新发展

在向现代化纵深推进的过程中,如何科学地把握时代发展的历史逻辑与价值走向至关重要。2020年是我国步入新时代以来具有特殊意义的一年,是在国家治理体系与治理能力现代化背景下,小康社会的建成之年和谋划"十四五"规划之年。全面建成小康社会标志着我国经济社会发展步入一个新的具有历史性意义的阶段,中国的现代化进程与社会主义建设进程也即将进入全新阶段。探索后小康时代中国的现代化发展进路、描画未来社会图景将成为当代中国马克思主义新发展的题中之义,而作为"五位一体"总体布局中重要部分的文化建设,也必定面临新的历史使命与发展任务。

进入新时代,人民对美好生活的新期待离不开文化的高质量发展,离不开对传统文化如何适应现代社会而不断演进发展的新探索。小康社会建成之际,探寻新的历史条件下传统文化的演进路向,谋划新时代中国特色社会主义时空尺度下文化发展的新图景,实现人民精神文化的丰富与精神境界的历史性跃升,是与后小康社会相承接、与人民群众的美好生活需要相适应的新的文化使命。习近平对文化遗产保护的实践和关于文化建设的系列重要论述,为我们践行这一使命提供了精神指引。

第一节 逻辑起点:历史远见与文化自觉

马克思在对包括希腊神话、荷马史诗及古典音乐戏剧在内的人类文化遗产的评价中,始终贯穿着唯物史观,并有着深刻洞见。马克思关于"希腊神话不止是希腊艺术的宝库,而且是它的土壤"的论断,事实上蕴含着对传统文化历史价值及其后世巨大影响作用的肯定。而在一个拥有悠久历史文化传统的国家,要推进现代化进程,从战略思维层面看,首先要面对如何处理既有的文化遗产及其生成的历史土壤;其次要面对如何处理好现代化发展与传统文化之间的关系;再次要在全球化开放的文化环境下解决如何保持民族独特精神标识的问题。从文化实践层面看,其一要探索丰厚深邃的精神文化遗产的现实转场路径与方式;其二要寻求独具特色的古代造物与现代设计的无缝对接;其三要善于运用中国人的思维方式和智慧,在人工智能等新科技发展中引领先声。现代化进程不只是生产力解放与物质不断丰盛的过程,也是一个社会价值取向不断确立的过程,还是一个民族文化新内涵、新形象不断丰富与塑造的过程。在经济体量实现历史性突破的阶段,更需要加强优秀传统文化的保护,凸显社会主义的核心价值,持续夯实民族文化的根基。正如有学者指出:"从根本上讲,文化涉及一个社会最基本的价值观念和行为规范。中国有千百年传承的优秀文化,维系文化的稳定性和传承性对于社会的健康发展具有重要现实意义。"①

历经我国改革开放全过程的习近平,在实践中自觉运用马克思主义文化发展观,在文化遗产保护和文化创新发展方面,进行了一系列的科学探索和实践,提出了许多精辟和重要的新思想,为全面推动中国特色社会主义文化的繁荣兴盛提供了价值引领。

在一个历史文化建筑遗产遍布城乡大地的国土上进行现代化建设,最为突出的矛盾是如何协调和平衡遗产保护与经济发展、城市建设之间的关系。改革开放前期,中国大地涌动着经济腾飞的时代浪潮,工业园区、商业街区、城市交通和公共设施的大规模建设与高速度发展,都对城市用地尤其是对历史文化遗产保护构成极大的挑战。是科学长远地对待传统文化遗产,还是盲目短视地追求一时的经济效益,不仅考验着决策者政治站位的高低,更体现着一种历史责任与文化情怀。

回溯习近平在福建工作期间对待文化遗产保护的态度和观点,应当说是很有历史远见的,他对文化遗产保护的高度重视,早在他任职厦门、福州期间就有突出的事例表现。习近平不仅曾为福州市名人故居、历史建筑等普遍做了政府挂牌保护,而且他主持编制的《福州市历史文化名城保护管理条例》于1995年由福州市人大通过,1997年经福建省人大常委会批准后颁布施行,成为全国第二部历史文化名城保护地方性法规。2000年1

---

① 胡安宁:《社会学视野下的文化传承:实践—认知图式导向的分析框架》,《中国社会科学》2020年第5期。

月1日,时任代省长的习近平,始终关注历史文化遗产的保护和利用,对三明万寿岩遗址保护做出重要批示,要求"必须认真妥善地加以保护",并强调:"保护历史文物是国家法律赋予每个人的责任,也是实施可持续发展战略的重要内容。万寿岩旧石器时代洞穴遗址作为不可再生的珍贵文物资源,不仅属于我们,也属于子孙后代,任何个人和单位都不能为了谋取眼前或局部利益而破坏全社会和后代的利益。"[1] 批示内蕴着丰富的文化遗产保护思想:其一,凸显鲜明的法治意识,将文化遗产保护行为与公民法律职责相联系,将政府日常工作上升到遵循国家法律的高度,使执政行为的依据与力度大大增强;其二,强调文物保护对经济社会可持续发展的关系,内在地蕴含了传统文化对于可持续发展的重要作用,即文化是保障经济社会发展具有可持续性的重要因素;其三,明确意识到文物资源除不可再生之外,其价值还在于拥有传承文脉的历史意义,这种意义不仅指向当下,也指向未来;其四,阐明了眼前与局部利益必须服从于长远和整体利益,意味着文化遗产保护本身是具有长远和整体的价值特性。对文化遗产保护的重视还体现在大力支持文化事业建设上,习近平曾亲自主持研究福建省各项重点社会事业建设项目,包括福建省博物馆、省体育馆、省广播电视中心、福建大剧院、福建医科大学附属医院大楼等。

就社会个体而言,一种意识的形成虽然离不开其所处的社会历史环境,但个体的人生经历和知识素养也起着十分重要的作用。而文化遗产保护意识的确立,有赖于长期的阅读习惯与文化修养,也根植于对传统文化的热爱与认同。从习近平在福建任职期间推行的文化遗产保护工作,我们看到了一种高度鲜明的保护意识和一以贯之的实践轨迹——拥有深厚文化传统涵养的个体,其所达成的主体内在修为,必然视历史文化遗产为珍宝,形成对传统文化的尊重和崇尚;这种文化自觉也必然影响主体的实践行为,使之能够始终做出符合社会历史和文化发展规律的科学判断和前瞻决策。习近平近年来又多次就文化遗产保护问题做出论述:"一个城市的历史遗迹、文化古迹、人文底蕴,是城市生命的一部分。文化底蕴毁掉了,城市建得再新再好,也是缺乏生命力的。"[2] 将文化价值提高到城市灵魂的意义层面,阐明了文化底蕴在城市建设中的特殊功能与作用。2020年,习近平又指出:"历史文化遗产是不可再生、不可替代的宝贵资源,

---

[1] 《习近平总书记关心历史文物保护工作纪实》,《人民日报》2015年1月10日,第1版。
[2] 《习近平春节前夕在北京看望慰问基层干部群众》,《人民日报》2019年2月2日,第1版。

要始终把保护放在第一位。"① 对长三角城市旧城区开发保护,他强调不能一律大拆大建,要注意保护好历史文化和城市风貌,明确指出历史文化遗产的珍贵性与保护第一原则,进一步显示出高度的文化自觉,成为我们守护文化遗产的根本遵循。

第二节 传统演进:文脉赓续与价值肯认

在不同历史阶段,传统文化的演进具有不同的方式与内涵,承担着与所处时代要求相适应的历史使命与任务,创造着属于那个时代的文明成果。中华传统文化产生于农耕时代,形成了与农业文明相呼应的文化体系,这个体系始终以儒家文化为主体,虽然在历史演进中融入了道教、佛教文化及其他异域文化,但其主体文脉未曾改变,并形成了"仁义礼智信"的个体人格修为文化,"己所不欲,勿施于人""中庸"的社会交往文化,"民为本""和为贵"的政治伦理文化,以及和谐文化、生态文化等多面向和多层次的文化体系。中华传统文化中的"和合"理念,强调"把异质多元的爱皈依到人类整体的大爱",注重"和合的社会秩序",其目的指向是"能够达到不同群体间尊尊亲亲、安居乐业",这种"基于家庭血亲伦理的社会秩序论",推广至社会层面,具有追求共生和生、邦交正义的特点,"其目的是构建和谐的、丰衣足食的经济秩序"。② 这一具有异中求同、同中存异辩证思维的"和合"文化思想,既构成了中华传统文化发展的内在逻辑,成为中华传统文化价值体系的重要内核,又在深层文化心理上维系着我们民族的文化根基。血缘本位和家国同构是传统社会的重要特征,"和合"文化内涵也就从家庭血亲伦理的"亲亲",延展为社会乃至国家层面的和立,而在"和合"思想的五大原理"和生、和处、和立、和达、和爱"中,"和爱"居于核心地位,无"和爱"其他方面则难以达成。汤因比(A. J. Toynbee)亦曾言:"世界统一是避免人类集团自杀之路。在这点上,现在各民族中具有最充分准备的,是两千年来培育了独特

---

① 《习近平在山西考察时强调:全面建成小康社会 乘势而上书写新时代中国特色社会主义新篇章》,《人民日报》2020年5月13日,第1版。
② 张雄、朱璐、徐德忠:《历史的积极性质:"中国方案"出场的文化基因探析》,《中国社会科学》2019年第1期。

思维方法的中华民族。"①

　　传统文化演进的根本动力源于社会生产力发展所引发的生产力与生产关系之间的矛盾。当历史步入现代社会，延续数千年的传统文化在经济社会发生历史性变革、国际政治格局出现巨大变迁的时代关头，面临着前所未有的挑战，而现代化的发生与出场也就成为历史的必然。五四新文化运动开启了我国现代化转型的历史性变革，它以文化和文学领域一系列探索和实践为重心，倡导科学与民主的新观念，传播新思想，开启新风尚，探索新体制，推动传统文化的现代转型。虽然在借助西方现代文化理念的输入促进传统文化现代转型的过程中，存在不同程度的反传统乃至否定传统的倾向，但中华文化并没有因此失去千年传承所构筑的深厚基础。五四运动的先驱者们为寻找救国之路在一个特定历史阶段营造了一个反传统的时代氛围，但在内心深处则烙印着传统的基因："两千年来诗教的核心——政治伦理文化、入世治世的政治情怀——早已内化为中国读书人的文化精血，其精神并未因新文化运动而改变。"② 新文化运动者质疑《诗经》"思无邪"学说，批判"温柔敦厚"的诗教观，在看似激进的反传统语境中，却在民族文化深层心理结构中，潜藏着源自传统诗教的政治伦理情怀，而由西方输入的现代理念是其实现深层政治伦理文化情怀的思想方法，这就在深刻层面上表明传统文化的深厚根基与其具备的精神维系作用。

　　当然，五四新文化运动的历史地位更在于其所倡导的新观念，这种观念推动了一个古老民族迈向现代化之旅。习近平指出："五四运动……是一场传播新思想新文化新知识的伟大思想启蒙运动和新文化运动，以磅礴之力鼓动了中国人民和中华民族实现民族复兴的志向和信心。"③ 而且，其所凝练的爱国、民主等文化价值观，不仅传承着中华优秀传统文化的基因，而且"寄托着近代以来中国人民上下求索、历经千辛万苦确立的理想和信念，也承载着我们每个人的美好愿景"④。在互联网时代，爱国、民主等文化价值观依然得以传承，并成为社会主义核心价值观的重要构成，而社会主义核心价值观则是当代中国文化继承发展的精神奠基与价值引领。

---

① 汤因比、池田大作：《展望二十一世纪：汤因比与池田大作对话录》，荀春生、朱继征、陈国樑译，国际文化出版公司，1985，第295页。
② 方长安：《中国诗教传统的现代转化及其当代传承》，《中国社会科学》2019年第6期。
③ 习近平：《在纪念五四运动100周年大会上的讲话》，《人民日报》2019年5月1日，第2版。
④ 习近平：《青年要自觉践行社会主义核心价值观》，《人民日报》2014年5月5日，第2版。

全球化盛行的当下,社会交往的便捷与文化交流的畅通,营造出了一个文化市场繁荣、文化产品丰富、文化形态多样的历史景象。但我们必须清醒地看到,这幅文化繁盛景象中,中华美学的底色与基因有可能在西方文化殖民的侵蚀下陷于褪色和退化的境地。因而,保护历史文化遗产,维系民族文化根脉,不仅应成为全球化时代维护国家文化安全的行为自觉,更应成为推动传统文化当代发展的内生动力。这种内生动力,既来自历史内在的积极性质,即追求更善的目标,追求精神意向性实现,追求进步的观念,又源自中国儒家文化具有强大的自我修复、自我完善、自我发展的内生能力。以儒学为代表的中国文化所具有的辩证否定精神,能够不断摒弃外来文化的负面影响与渗透,这使得"博大精深的中华优秀传统文化是我们在世界文化激荡中站稳脚跟的根基"①。汤因比所认为的在人类历史上出现的众多文明中,唯有中华文化体系是唯一未曾中断和长期延续的,这不是没有道理的。正是由于"中华文化源远流长,积淀着中华民族最深层的精神追求,代表着中华民族独特的精神标识,为中华民族生生不息、发展壮大提供了丰厚滋养"②。在全球化时代,这种精神追求和精神标识,其价值不仅在于它体现着中华民族的基因,而且"根植在中国人内心,潜移默化影响着中国人的思想方式和行为方式"③。中国特色社会主义市场经济体系的建立,虽然需要向西方文化学习和借鉴,"但根本上还是中国式经营的大脑和智慧带动的变化,是跟中国文化的基因和价值观紧密相连的,中华优秀传统文化,一旦与先进的社会制度、先进的生产方式相契合,同样可以相生相伴"④。

在新时代,中华优秀传统文化经由长期实践所构造的价值体系,仍然具有现实意义和时代价值,当然,这种时代价值不是照抄照搬所能获得与体现的,而是要对包括"讲仁爱、重民本、守诚信、崇正义、尚和合、求大同"等在内的中华优秀传统文化进行深入挖掘和阐发。习近平从人类世界角度对传统文化的价值做了深入阐发:"中华优秀传统文化是中华民族的文化根脉,其蕴含的思想观念、人文精神、道德规范,不仅是我们中国

---

① 习近平:《把培育和弘扬社会主义核心价值观作为凝魂聚气强基固本的基础工程》,《人民日报》2014年2月26日,第1版。

② 习近平:《把培育和弘扬社会主义核心价值观作为凝魂聚气强基固本的基础工程》,《人民日报》2014年2月26日,第1版。

③ 习近平:《青年要自觉践行社会主义核心价值观》,《人民日报》2014年5月5日,第2版。

④ 张雄、朱璐、徐德忠:《历史的积极性质:"中国方案"出场的文化基因探析》,《中国社会科学》2019年第1期。

人思想和精神的内核，对解决人类问题也有重要价值。"① 这体现了他始终如一、不断深化对传统文化的价值肯认。习近平不断思考传统文化现代转型问题，探索如何推进传统文化在当代条件下的演进，指出："要把优秀传统文化的精神标识提炼出来、展示出来，把优秀传统文化中具有当代价值、世界意义的文化精髓提炼出来、展示出来。要完善国际传播工作格局，创新宣传理念、创新运行机制，汇聚更多资源力量。"② 并对加快媒体融合发展、宣传思想工作队伍建设提出了一系列战略要求。

对中华优秀传统文化的价值肯认，是在全球化背景下确立民族文化标识的需要，更是新形势下树立和坚定文化自信的时代要求。坚持传统文化基因的维系，其时代意义在于：其一，始终赓续流传千年的中华文明，保持其核心文化价值的现实生命力；其二，在全球化时代多元文化背景下，创造民族化的审美表达，凸显中华民族独特的文化身份，确保文化安全；其三，汲取传统文化精华，运用中国智慧与中国人独特的思维方式，开拓现代化新历程，构建人类命运共同体。正是在这个意义上，优秀传统文化被引向更深层次的价值肯认，成为文化自信的重要基石。为此，习近平对广大文艺工作者提出新的要求："要善于从中华文化宝库中萃取精华、汲取能量，保持对自身文化理想、文化价值的高度信心，保持对自身文化生命力、创造力的高度信心。"③ 也正由于文化基因具有对精神、情感乃至灵魂的深层次影响，才使得文化自信成为一种"更基础、更广泛、更深厚的自信"和"更基本、更深沉、更持久的力量"。④ 坚守中华文化立场还对国家文化安全具有重要意义，但这个过程中，必须不断提高运用马克思主义分析和解决实际问题的能力，唯其如此，才能真正实现传统文化的时代价值，也才能赢得优势、赢得主动、赢得未来。

---

① 习近平：《举旗帜聚民心育新人兴文化展形象 更好完成新形势下宣传思想工作使命任务》，《人民日报》2018年8月23日，第1版。
② 习近平：《举旗帜聚民心育新人兴文化展形象 更好完成新形势下宣传思想工作使命任务》，《人民日报》2018年8月23日，第1版。
③ 习近平：《坚定文化自信，建设社会主义文化强国》，《求是》2019年第12期。
④ 习近平：《坚定文化自信，建设社会主义文化强国》，《求是》2019年第12期。

第三节　逻辑延展：传承理念与创新思维

文化遗产是承载传统文化的物质形式与技艺方式，文化遗产保护的目的是更好地延续传统。延续虽然以保护为前提，但又不能单纯依靠保护，而要进行合理利用与科学发展——唯有如此，才能实现传统文化价值的当代呈现。尤其是在互联网和人工智能时代，社会形态与生产方式发生重大变化的转型时期，源自农耕时代、包括大量非物质文化遗产在内的传统文化如何融入后工业社会，实现与高新技术、工业设计、智能制造、新工艺、新材料的结合，以期有效纳入新传统体系、新消费网络和全球服务贸易及供应链之中，形成新时代文化创造与文明发展的动力，就需要有先进的理念、科学的方法，不断探索前行，在新的历史阶段推动和实现一个古老民族的伟大复兴。

传统文化是前现代社会中不同历史阶段对此前文化继承与再创造的一种历史累积，在其历史演进过程中，人们积累和总结了丰富的传承经验，形成了一系列的传承理念。贝奈戴托·克罗齐（Benedetto Croce）认为，历史与当代存在着密切关系，这种关系事实上源于从当代的立场上看待历史问题。"过去的事实只要和现在生活的一种兴趣打成一片，它就不是针对一种过去的兴趣而是针对一种现在的兴趣的。"① 后人基于自身的兴趣、立场和精神去面对已经成为过去的传统思想，将其激活与再造，使其呈现出新的活力和光芒，这便是所谓的"历史的灵性"。面对已然成为历史的传统文化，不可否认，有些部分确已失去价值和意义，即便那些有智慧灵性的优秀基因，也必须以今天我们所处的时代背景和现实需求为出发点，去点燃其新的光芒。"传统并不是崇拜灰烬，而是要让火苗继续燃烧"②，这一形象的比喻恰好能为此做注脚。传统的价值不在于如灰烬一般死去的东西，而在于依然有发出生命光辉的优秀基因。正如有学者指出："事实上，思想文化的传承不是原封不动的保留，而是根据每个历史时代的实践特点加以辩证综合和扬弃，可见，历史的积极性质代表了每一个时代对历

---

① 克罗齐：《历史学的理论和实际》，傅任敢译，商务印书馆，1982，第2页。
② 安吉利尔、希墨尔赖希编《建筑对话》，张贺译，广西师范大学出版社，2015，第311页。

史的文化基因的一种能动的选择和继承。"① 的确,面对传统,我们要在系统梳理的基础上进行选择、甄别、提炼、转换和创新。传统文化并非都具有生命力,都值得带入当代社会,许多传统文化可以作为文化遗存保留在博物馆或收藏家手中,却不一定适合为当代人所利用。只有那些功能为当代的文化创造和文化进步提供精神滋养的文化遗产,才具有生命力。

中华传统文化作为一种文化有机体,经由数千年演进,累积了极为丰厚的历史底蕴,包含着丰富的精神智慧——独特的思维方法使其具有跨越厚重时空帷幕的历史灵性。尽管传统的古老躯干上存在丧失活力的枯枝,但其所蕴含着的优秀基因依然能够催生新芽、焕发生机。进入现代社会,传统文化经由百余年的演进和转换,融入了许多新的内涵,形成了新的活力,为中华文化历史长廊增添了不同于古代文化的新成果。新时代赋予文化发展新的历史内涵与任务,如何确立适应新时代文化演进特征与发展需求的理念和思想,如何探索一条既能超越西方文化中心主义,又能保持民族本土文化特质的现代文化发展道路,成为需要进一步探索的时代命题。

拥有宏阔视野和战略思维的习近平,不仅充分意识到保护、继承传统文化在形成文化个性、文化民族性和独特标识中的重要作用,而且提出了一系列富有创见和前瞻意识的文化传承发展的新思想。如果说《习近平在福建》中记述和体现了习近平对文化遗产保护的高度重视与文化自觉,那么党的十八大以后在《习近平谈治国理政》一至三卷中关于文化问题的系列重要论述,则进一步展现了习近平对传统文化保护利用、创新转化更具深度的思考与阐述,彰显了他坚定的文化自信。

在继承与发展关系上,习近平有一系列重要论述,内涵丰富,思想前瞻。首先,传承要具有时代性。习近平要求将传统与现代进行融合:"要使中华民族最基本的文化基因与当代文化相适应、与现代社会相协调,以人们喜闻乐见、具有广泛参与性的方式推广开来,把跨越时空、超越国度、富有永恒魅力、具有当代价值的文化精神弘扬起来,把继承传统优秀文化又弘扬时代精神、立足本国又面向世界的当代中国文化创新成果传播出去。"② 在这里,习近平明确强调了文明的历史延续性与当代生长性的现实结合的重要意义,指明了传统文化演进应遵循与当代文化相适应的时代

---

① 张雄、朱璐、徐德忠:《历史的积极性质:"中国方案"出场的文化基因探析》,《中国社会科学》2019 年第 1 期。
② 习近平:《建设社会主义文化强国 着力提高国家文化软实力》,《人民日报》2014 年 1 月 1 日,第 1 版。

要求，强调应将当下的文化创造作为关注点与重心。事实上，审美文化总是与时代政治与社会存在不可分离的密切关联，"文化概念的发展过程中有这样一个基本假设：即一个时期的艺术与当时普遍盛行的'生活方式'存在密切的必然联系，因此审美判断、道德判断和社会判断之间存在着密切的相互关系"①。其次，传承方法具有科学性。由于传统文化演进并非一种自然发生的过程，传承的时代诉求与目标指向，需要有具体的方法与路径。习近平强调："要系统梳理传统文化资源，让收藏在禁宫里的文物、陈列在广阔大地上的遗产、书写在古籍里的文字都活起来。"② 不仅明确了传承对象，而且阐明了传承方法：要让传统精神文化与造物文化通过系统梳理和选择提炼，形成活在当下的具有生命活力的传统，成为鲜明的文化标识与当代文化创造鲜活的文化元素。最后，传承理念具有辩证性。"传承中华文化，绝不是简单复古，也不是盲目排外，而是古为今用、洋为中用、辩证取舍、推陈出新，抛弃消极因素，继承积极思想，'以古人之规矩，开自己之生面'，实现中华文化的创造性转化和创新性发展。"③（以下将这一观点简称为"两创理论"）这一论述，凸显了传承意识与创新意识兼而有之、延续文脉与立足当代相互衔接的思想。

　　旧时代皇权体制、农耕经济、宗族社会、士人阶层背景下衍生的传统文化，经由民主政体、工业经济、市民社会、知识阶层背景下的现代性体验与转换，进而面向现代国家治理体系、互联网经济、法治社会、创意阶层背景下的后现代文化建构——这一过程中，传统文化在不断的扬弃、转化中获得新的活力与发展空间。在以儒、释、道为主体的中国传统文化体系中，处于核心地位的儒家文化，其精神"与现代市场经济精神其实是相贯通的，更为重要的是，只有经历现代性遭遇，才能有比较地发现儒家思想的哲学观有着诊断并扬弃现代性的积极性质"，"历经千百年生生不息的儒家文化，有着强大的自我修复、自我完善、自我发展的内生能力"。④ 现代中国历史的发展，尤其是中华人民共和国成立以来改革开放的伟大实践，使国家治理体系和治理能力显著提升，向现代化迈出了坚实的步伐；

---

① 威廉斯：《文化与社会1780—1950》，高晓玲译，吉林出版集团有限责任公司，2011，第142页。
② 习近平：《建设社会主义文化强国　着力提高国家文化软实力》，《人民日报》2014年1月1日，第1版。
③ 《习近平在文艺工作座谈会上的讲话》，《人民日报》2015年10月15日，第2版。
④ 张雄、朱璐、徐德忠：《历史的积极性质："中国方案"出场的文化基因探析》，《中国社会科学》2019年第1期。

社会主义市场经济的探索与积累，实现了经济腾飞与国力殷实；社会主义核心价值观引领下的文化建设，呈现出现代文化繁荣兴盛的局面；这一切都充分证明了传统文化具有的包容性、超越性和生命活力，中国特色社会主义先进文化因其蕴含着传统文化的优秀基因，必将在新时代焕发出更加旺盛的生命力。"两创理论"不仅深刻揭示了文化传承的历史规律与内在逻辑，而且标示出文化传承的历史坐标与评价尺度。

面对新时代人民美好生活的需要对精神文化的新期待，面对互联网、人工智能时代文化形态、艺术表现方式、传播手段的历史性变革，传统文化演进再次面临新的挑战，其现实生命活力的激发考验着当代人的智慧。汤因比认为：文明好像是通过活力而生长起来的，这种活力使文明从挑战通过应战再达到新的挑战，① 事实上，传统的活力并不来源于传统本身，而是来源于从传统出发去应对现实挑战、呼应时代需求的探索精神。"两创理论"既立足于传统，又面向现实；既强调尊重传统，又突出创新意识，与《诗经·礼记》中所言的"苟日新，日日新，又日新"既有暗合之处，又具现实新内涵，指明了传承的具体对象与方法；而坚持与时代同步的属望，则进一步阐明了创造性转化的时代指向：反映我们这个时代的历史巨变，描绘我们这个时代的精神图谱，这与古人"文章合为时而著，歌诗合为事而作"之言既一脉相承，又富时代新质，勾画了文化创新发展的历史方位。马克思指出："人们自己创造自己的历史，但是他们并不是随心所欲地创造，并不是在他们自己选定的条件下创造，而是在直接碰到的、既定的、从过去继承下来的条件下创造。"② 不难看出，以历史的、开放的、辩证的与发展的眼光看待文化的传承与创新，体现了习近平有关文化建设重要论述的马克思主义方法论与思维方式，这些论述必然成为推进新时代中国特色社会主义先进文化高质量发展的价值引领。以新思想为引领的当代中国特色社会主义文化，既是对传统文化的一种"蜕故孳新"的扬弃，又是对现代性加以具有中国主体性的"反思"，还是以自身的价值内涵与属性对外来文化的融涵与重塑，因而是文化现代性中国实践的现实生成与中国版本。

如果说五四新文化运动的先驱们对传统文化的现代变革揭开了传统文化现代演进的历史图景，那么中华人民共和国成立特别是新时代以来对传统文化价值的深层肯认与当代创新发展的探索，则体现了传统文化现代演

---

① 汤因比：《历史研究（上）》，曹未风、徐怀启、乐群等译，上海人民出版社，1962年。
② 马克思、恩格斯：《马克思恩格斯文集（第8卷）》，人民出版社，2009，第58-59页。

进的现实图景；而新时代小康社会建成之后所要谋划推进的文化发展，就将是人工智能、区块链技术背景下传统文化演进的未来图景。

四十余年的改革开放极大地解放了以科学技术为核心的生产力，使得中国在两百年来，首次走到世界工业革命的最前列，与其他大国共同处于第三次工业革命与第四次工业革命的交替阶段。在以人工智能为核心特征的第四次工业革命开启的当下，改革的重心将移向国家治理现代化，这是在智能革命将在更大程度上提高生产力的背景下，对上层建筑现代化的必然要求。今天的中国已经为智能革命打下了坚实的物质基础和科技基础，推进国家治理现代化将进一步巩固和提升这一基础。在此背景下，传统文化演进和现代发展必然在呼应时代诉求中被赋予新的历史使命。物质生产解决人的生存需求、民族的存在基础及其世界地位；精神生产解决人的生存质量、民族的发展个性与世界形象。小康社会的建成，在当下历史阶段基本解决了前一个问题，同时使得后一个问题凸显出来——对人的精神与价值的延展与高扬有了更高要求，对文化创造所承担的塑造文明大国、东方大国、负责任大国和社会主义大国的国家形象也有了更高要求。

文化创新与高质量发展既是满足这一历史要求的必然路向选择，也是传统文化现代性演进在新时代的内涵体现，还是适应智能革命背景下文化与科技融合新趋势的未来取向。"每个时代都有它自己中心的一环，都有这种为时代所规定的特色所在。"① 在新时代小康社会建成阶段，文化创造不仅要为人民大众提供高质量的文化产品，而且要为后小康社会——社会主义条件下的"美好社会"描绘与构筑一幅全新的社会图景。这一理想社会图景的生成，是社会有机体客观发展的历史必然，如同马克思所说，"现在的社会不是坚实的结晶体，而是一个能够保护并且经常处于变化过程中的有机体"②。习近平也指出："一切生命有机体都需要新陈代谢，否则生命就会停止。"③ 文化有机体虽然不同于生命有机体，但二者同样都具有"变化"的特质。传统文化的历史演进，总是伴随着社会有机体的变化而演化。随着后小康时代的到来，对文化需求满足的进一步跃升，呼唤人们勾画智能化、信息化背景下的文化演进与创造的未来图景。当与社会有机体相呼应的文化有机体依照"不忘本来，吸收外来，面向未来"的原则

---

① 李泽厚：《中国近代思想史论》，天津社会科学院出版社，2003，第 435 页。
② 马克思、恩格斯：《马克思恩格斯文集（第 5 卷）》，人民出版社，2009 年，第 10-13 页。
③ 习近平：《深化文明交流互鉴　共建亚洲命运共同体——在亚洲文明对话大会开幕式上的主旨演讲》，《人民日报》2019 年 5 月 16 日，第 2 版。

进行建构时，就必然能够在坚守中华文化立场、立足当代中国现实、结合当今时代条件的前提下，融合传统、现代与外来的文化元素，创造和形成新时代后小康社会背景下，具有中国特色、中国风格和中国气派的崭新文化样态，也必然能够在人类命运共同体的建构中贡献中国智慧。

第五章

文化遗产保护：世界经验与中国智慧

第一节 文化遗产：经典化与价值重估

从广义上说，人类创造的一切有形无形的文明成果都可被视作文化遗产，但若想被公众普遍认可，则要由联合国教科文组织世界遗产委员会或各国中央政府与地方政府评审并认定，才具有权威性。这种评审和认定的行为，事实上是将既已存在的文明创造通过确认而实现经典化。如果说文学领域的经典是"指那些具有极高的美学价值，并在漫长的历史中经受考验而获得公认地位的伟大作品"，"它代表着一种历史文化秩序、美学价值规范，代表着人类的思想力、想象力和表现力所能达到的高度"，① 那么文化遗产经典就是指那些具有珍贵历史、科学、文化和美学价值的文化创造，体现着一个民族所具有的科技文化创造能力与高超造物水平。但文化遗产的经典化与文学领域的经典化不同：前者是由专门的文化组织机构或者各级政府来认定的，后者则主要是由文学史家或文学理论家个人来承担的；前者一经确认基本上便成定局不再更易（除非遭到人为破坏而被相关认定机构取消相应级别称号），后者则随着政治格局、时代风气和审美趣味等的变化而更易，其经典序列始终处于变动之中。二者都可称作"文化遗产"，但产生的方式和认定的途径各不相同，如同文学"经典的确立并

---

① 刘小新：《经典、经典重估与人文教育》，《福建论坛（人文社会科学版）》2020年第4期。

不是单纯的文学问题,而是一个文化政治的命题"① 一样,文化遗产的确认与诞生也涉及诸多时代与历史因素,其中蕴含着一些耐人寻味与值得探讨的问题:人们世代创造的精神与物质文明在被权威机构确认为文化遗产的过程中,文化自身的特质与发展规律起着怎样的作用?它与政治经济、社会文化之间存在着怎样的复杂关系?文化遗产是文化经典吗?文化遗产领域是否也存在类似文学领域"经典重估"的问题?我们怎样把握文化遗产新经典的确认标准?这些问题,尤其是文化遗产的经典化及其与文化经典之间的关系,目前学界鲜有涉及。究其原因,除了文化遗产研究起步晚、积累少之外,主要在于众多研究还停留于应用性、实践性探讨层面,缺乏理论化、批判性和争鸣性研究;研究范式趋于单一、学理性探寻欠缺,如文化遗产与人类学、历史学、社会学、民俗学等之间关系,这应当成为今后文化遗产研究努力的方向。

"文化遗产"概念自诞生起经历了曲折的演变过程,遗产保护理念也随着实践发展而变化:从保护建筑艺术精品,如宫殿、教堂、寺庙,到保护与普通人生活密切相关的一般建筑,如乡土民居、工业建筑等;从保护文物到保护文物的环境;从保护单体的文物古迹扩大至保护历史地段、历史城市;从重视古代文化遗产到重视近现代的文化遗产;从保护与当今生活已无关联的古建遗址到保护现代还有人继续生活、继续使用的建筑遗产、历史街区等;从保护单一要素的文化遗产到保护多种要素的综合性文化遗产;从保护物质文化遗产到保护非物质文化遗产;从专家保护、政府保护到民众保护、社会保护。在此我们无意于对其理念演变和概念内涵做系统分析和探讨,而更感兴趣的是"文化遗产"概念内涵的演变规律。从以上遗产保护理念八个方面的转变中,值得我们思考和探讨的问题是:这些转变是如何发生的?有没有内在的规律性和准则?文化遗产范围不断扩大对于文化本身的意义何在?是否会导致遗产认定的泛化和边界的模糊乃至消失?文化遗产价值与经济社会、科技发展是怎样一种关系?网络与人工智能时代文化遗产保护与利用将发生哪些革命性变化?

从界定文化遗产基本逻辑的角度,我们认为,文化遗产应是那些在各个历史时代不同领域中创造并被普遍认可的具有代表性的文明成果,包括那些历史上创造的纯粹功能性的器物与设施,以及具有改变人类历史进程、发展走向与形态的机构组织所在地和承载重要历史事件的建筑(群

---

① 刘小新:《经典、经典重估与人文教育》,《福建论坛(人文社会科学版)》2020年第4期。

体）等。然而，不论是文化遗产的具体确认，还是已经被认定的文化遗产具有怎样的经典性，都是一个复杂的历史文化与社会政治命题。就现存的大量历史文化遗存和民间非遗而言，其作为"文化遗产"身份的确立，有赖于专家的筛选举荐、民众的认可和政府制度化的确认，这个过程事实上就是一种经典化，即将现存的那些相对具有较高历史价值、审美价值、科学与工艺价值的文化创造"甄别""选拔"出来，使之区别于一般的文化创造而拥有跻身人类文化遗产殿堂的身份资格。文化遗产的经典性也是一个不断建构的过程，社会名流、文化精英的推崇、阐释，学校人文教育、社会传播的普及、强化，则是文化遗产获得更高经典性的重要途径。如同有学者指出"非遗的经典性总是与时代性结合在一起的，它总是一定的历史语境和文化语境的产物，它的接受和传承，也是在一定的历史语境和文化语境中实现的"[1]那样，文化遗产的身份确认与经典性建构，不仅离不开特定的历史和文化语境，也离不开特定的经济和科技发展水平。当人类社会普遍进入工业社会之后，农耕时代的文化创造就从日常性和普遍状态逐步进入稀有性和特殊状态；当网络时代乃至人工智能时代成为普遍的社会形态之后，工业社会时期的文化创造就会逐步淡出人们的视野，而逐渐成为"21世纪文化遗产"遴选的对象。遴选与确认的结果，客观上呼应了全球化时代对文化多样性的诉求，因为"正是由于现代化的工业文明导致了传统日常生活方式的急遽消失和文化全球化的加剧，人们才意识到了保护文化多样性的紧迫性和必要性"[2]。科技进步带来生产方式、社会结构的变革，也由此构成对文化遗产判定标准的调整与改变。人们不难设想，如果将时光倒流至传统农耕社会，福建土楼还有可能成为世界文化遗产吗？这个隐藏在大山深处、适应农耕时代聚族而居的生活生产需要、依照天人合一的理念、运用传统建筑工艺方式就地取材建造起来的客家围屋，处处体现着农耕社会的家族文化传统与建筑语言及装饰风格。这一具有历史和地域表征性的建筑群，在急速发展的现代化进程中，随着人们现代人伦观念的确立和生产生活方式的改变，以及现代建筑材料和技术的普及，已然失去了持续建造的现实需要与可能，逐渐成为一种具有独特历史内涵与符号的建筑样式，更因其不可再生性而获得乃至凸显出新的价值——文化遗产价值。换句话说，福建土楼作为文化遗存，其价值来自或者说是生成于

---

[1] 林继富：《非物质文化遗产经典的"味道"》，《中国文化报》2014年8月18日，第8版。
[2] 白瑞斯、王霄冰：《德国文化遗产保护的政策、理念与法规》，《文化遗产》2013年第3期。

现代化工业社会的成熟和后工业社会的来临，是在工业文明、网络时代的反衬之下显露和浮现出其当下的文化价值的。但我们还应当看到，既往的文化创造被确认为文化遗产，只是对其基本的、固有的历史文化价值的认定，这种价值并非固定不变，而是一个包括符号、元素和精神等因素在内的开放体系，还会随着社会历史的发展和创意设计的介入产生新的价值。

事实上，文化遗产具有多方面的价值，如维护文化的多样性、支撑公共文化服务、服务文化产业发展、推动科学研究、助力中国话语建构和增强文化自信等。其中，确保文化的多样性具有特别的意义，因为文化多样性是一个社会富有创造力资源的表现。随着现代化进程的加快和网络、人工智能时代的来临，这种价值将愈发凸显。如果一个民族没有自己的文化遗产，社会将变成"文化沙漠"，因为我们的语言、文字、宗教、文艺、工艺、价值观、家庭制度、礼仪、节庆、民俗、传统医药、传统知识等构成了我们赖以生存的文化系统和精神生活依托，让我们拥有了丰富的心灵世界，对自己的立身处世有了人格要求。当然这种价值实现的前提，绝不是将遗产保护封存起来，保护遗产的根本目的在于传承文化价值、审美精神与人类文明。因而，要以现代科技和手段去传播，使遗产再现；以现代观念和设计去激活，使遗产重生，让文化遗产通过再造获得新的生命。此外，文化遗产还有一个被忽略而鲜有论及的价值，那就是寄托人们心灵情感的作用，这一诉诸深层心理需求的面向，或将成为文化遗产的价值内核所在，有待我们深入发掘。

第二节 保护利用：影迹勾勒与经验概述

现代社会如何确立相对统一的全球文化遗产认定标准和权威机构，如何处理好文化遗产保护与经济社会发展及推进城市化进程的矛盾，是人们探讨文化遗产保护绕不开的问题。就前者而言，人们已经形成共识并建立了较为完善的认定机构层级体系。联合国教科文组织作为评审、认定世界文化遗产的国际性权威机构，已确立了科学的标准，即众所周知的世界文化遗产六项标准；同时，还确立了文化景观遗产、自然遗产的评定标准。更重要的是借助这一国际组织制定并出台的一系列的文化遗产保护的国际公约和条例，我们可以看出，世界文化遗产保护在联合国教科文组织的努力下不断完善并走向系统化、系列化，逐渐涵盖了文化遗产、自然遗产、人类口述和非物质文化遗产等，更加全面、完整地推动了文化遗产的认定与保护工作，甚至对如何通过文化遗产的保护促进世界文化的多样性制定了相应公约。欧洲各国悠久的历史和文化传统，使之在文化遗产保护方面面临着相近的问题和挑战，这促成了区域性国际联盟组织——欧洲联盟（以下简称"欧盟"）参与到文化遗产保护中来，借助自身的立法机构，制定相关协定、法律，在欧洲范围内形成文化遗产保护的共同体。自20世纪70年代以来，欧盟颁发了一系列法律法规，如在2007年颁布的《欧盟基本权利宪章》中就有部分条款涉及文化与文化遗产问题。

上述国际性和区域性国际机构制定与颁发的各种公约协定、法律法规，确立了全球化时代世界文化遗产保护的国际框架。联合国的重视与保护措施形成了良好的引领与示范作用，促进了各国政府不仅积极参与国际文化遗产保护事业，还努力推进本国世界文化遗产的申报，并对本国各级文化遗产的认定与保护工作给予了法律、政策等方面的系统支持。纵观近年来世界文化遗产保护利用的实践与理论探索，具有如下特点与趋势。

第一，尊崇法律，各有倚重。因各国政治体制和政府管理机制的不同，中央与地方、政府与民间在文化立法与文化管理上形成不尽相同的模式。美国与英国基于中央与地方、政府与民间相对独立的政治体制与文化背景，形成了以地方为主导的文化遗产保护法律体系。美国的文化遗产保护可分为地方政府主导型、私有非营利型和市场盈利型三大类。美国政府于1966年10月制定的《国家历史保护法案》作为美国文化遗产保护的主要法律依据，构建了美国文化遗产保护的各级组织机构：联邦政府、州政府及各地方政府。但联邦政府层面的法规多以鼓励性政策为主，而各地方政府有其独立的保护系统，不仅可以提供规划指南、建设与保护咨询，还有权制定有关法规对文化遗产进行直接保护，形成了以地方为主导的文化遗产保护法律体系。英国文化遗产立法基于的是英美法系的价值观。因此，立法基于对文化遗产的认同后上升到法律高度来实现法律和文化传统的统一。法国与日本采用的则是国家与地方立法结合、并存的方式。法国作为世界上第一个立法保护文化遗产的国家，通过一百余年的司法实践，构建了相对完善的文化遗产保护制度体系。法国注重文化遗产配套措施的实施，采用国家与地方立法充分结合的方式，将完善的国家立法框架与灵活、详尽的地方立法相结合，明确了保护对象、方法及资金的原则性内容，形成了更具针对性和更深入详尽的保护、管理、控制性法规与法规性文件。日本也早在19世纪便开始对文化遗产进行保护。日本于1950年颁布实施的《文化财保护法》将日本文化遗产保护的范围进行了拓展，将无形文化遗产、地下文物一并列入文化遗产的保护范围，在全世界文化遗产保护的法律上开了先河，并逐步形成了日本市町村级、都道府县级、国家级三级并存的文化遗产保护制度。在日本全国性法规的框架下，各都道府县、市町村可根据当地实际情况，制定适合的大纲和条例，调动全社会力量参与到文化遗产保护工作中来。中国则将文化遗产保护与利用上升至国家宪法层面，宪法第 22 条中明确规定："国家保护名胜古迹、珍贵文物和其他重要历史文化遗产。"在宪法的指导下，我国相继出台了《中华人民共和国文物保护法》《中华人民共和国非物质文化遗产法》等。在行政层面，文化遗产保护被纳入社会发展总体格局，从省、市、县三级层面上制定了一系列关于文化遗产的地方性保护条例。

第二，多元主体，勠力同心。从保护机构主体来看，政府、社会组织、民间机构是文化遗产保护的主要力量。法国文化遗产保护以政府主导为主，国家借助政策与行政手段进行文化遗产保护的力度明显大于其他国家，法国"遵循国家干预的文化保护传统，强化政府对文化遗产的干预和扶持，建立了完备的文化遗产法律体系，通过制度激励，吸引了基金会和协会等主体共同参与到文化遗产保护中"[1]。美国与法国则不同，其政府主导性相对较弱，主要依靠和发挥社会力量与民间组织保护文化遗产。美国实行的是"半官方"式保护机制，即构建了三足鼎立的"民办公助"的运行模式，而民间组织"史密森尼学会"在文化遗产保护方面发挥重要作用。第二次世界大战以后，德国在文化政策上"一直倾向于文化遗产的公共化和社会化，即把文化遗产看成是属于社会的公共财产，它的保护与繁荣也应尽可能地由社会力量特别是私人和民间团体来支撑"[2]。不同模式下保护主体的地位与重要性之差异，源自各个国家政治体制和历史传统的不同，各有其合理性，但实践中呈现的效果则各不相同。政府主导性强对文化遗产保护整体规划发展更具效力，社会民间主导性强相对有利于文化遗产个性特征的发掘与利用。从总体上看，欧美国家更注重非营利、非政府组织的第三部门的作用，并形成了文化遗产保护的潮流与趋势；中国则在发挥政府主导作用的同时，积极调动和发挥社会力量与民间组织的作用，且各级地方政府也致力于借助政策推动地方性文化遗产保护及其与地方社会发展相结合。世界范围多途径保护所形成的丰富经验，为密切国际交流

---

[1] 杨炼：《在传统与现代之间：法国文化遗产的保护之道》，《湖南行政学院学报》2019 年第 6 期。

[2] 白瑞斯、王霄冰：《德国文化遗产保护的政策、理念与法规》，《文化遗产》2013 年第 3 期。

构筑了基础，有望在互补互鉴中推进形成文化遗产保护共同体。

第三，保护优先，合理利用。如何科学处理文化遗产保护与利用之间的关系，是对当代人智慧的挑战。法国与日本积极鼓励支持社会力量的参与，通过对参与内容和方式的多样化探索，形成文化遗产保护与利用的良性循环。法国十分注重遗产保护的专业性，其非政府性、非营利性民间社团组织的成员均由专家、学者组成，而民间组织的独立性和公益性也很大程度地提高了民众的保护意识与传承利用精神。日本在强调整体性保护的框架下，注重地域认定标准的差异性，强化地方政府之间、政府行政机关与民间的关系，通过对民间"文化遗产保护利用支援团体"的指定，实现文化遗产保护与利用的社区参与，使文化遗产保护与利用融入在地居民的文化生活中。英国更注重文化遗产的创新性转化，强调从设计的角度实现文化资源的再生，以博物馆、画廊等创意产业实体作为主体，大力开发文化遗产的附加值，以工业化的生产创新产品形式，使之适应现代化市场的需求。

第四，理论深耕，体系初现。文化遗产保护水平的提高，既依赖于法律完善和管理科学，又依赖于文化遗产保护理论研究与学科建制化程度。法国从20世纪60年代的文化遗产大普查开始，便注重大学、科研机构、博物馆等专业部门中的专家学者在文化遗产保护工作中的主导作用。时至今日，从文化遗产学到文化遗产保护学再到文化遗产法学、农业文化遗产学、非物质文化遗产学等，这些交叉学科的建立，打破了传统学科对象的条状模式，以跨学科方式实现在专业精细化基础上的新发展。法国政府在艺术学下设非物质文化遗产学专业方向，使作为非遗之类型的音乐文化遗产实现研究、保护、传承、传播和发展的一体化，从而实现活态化传承、创新性发展。农业文化遗产因具备农业生产复合性和交叉性特征，故其必然要从历史学、农学、生态学、考古学、民族学、民俗学、旅游管理学等多学科资源和研究方法中学习和借鉴，这也就形成了这一学科的复合交叉特点。中国高度重视文化遗产保护学科化建设：从2007年《关于文化遗产保护科学建设的议案》的提出，到2017年天津大学中国文化遗产保护国际研究中心入选"2017年度中国核心智库"，文化遗产保护的理论与智库研究不断深入；而文化遗产数字化保护、文化遗产预防性保护与关键技术研究、文化遗产展示利用等一些新的学术增长点相继出现，进一步推动了文化遗产保护学科体系的建设和人才培养制度的完善。

第三节　中国实践：保护特色与利用升级

中华人民共和国成立尤其是改革开放以来，中国在文化遗产申报与保护利用方面成就显著，尽管还不同程度地存在城镇化导致的遗产遭受破坏与毁损的情况，但总体而言在遗产保护意识、遗产保护立法与管理、遗产保护方式与利用手段等方面都取得了很大的进步，积累了许多的宝贵经验。作为拥有数千年文明历史和丰富文化遗产的国度，中国文化遗产保护利用有自身的历史和现实语境，在吸收世界各国文化遗产保护经验的基础上，经过不断探索、实践，走出了一条独特的文化遗产保护道路，积累并形成了许多新的经验，为世界文化遗产提供了中国智慧与贡献。

第一，从注重保护到关注展示。随着我国文化遗产保护意识和立法的加强，在城市化进程中力求文化遗产保护与城市发展协调同步，越来越成为各界的共识。从世界文化遗产的保护来看，逐渐杜绝了基础建设与旅游开发对文化遗产的威胁与破坏，绝大多数世界文化遗产项目能履行申遗承诺，树立必要的国际信誉；相关保护机构在管理效能与专业能力方面有明显提升，对遗产的监测促进了遗产保护管理工作的规范化、制度化。武夷山市不仅成立行政执法局世遗行政执法大队，实行常态化管理，还成立全国第一个世界遗产监测中心，由专业技术人员进行监测，取得了良好效果，被曾任世界旅游组织执委会主席的巴尔科夫人称作"世界环境保护的典范"。保护工作的不断完善，为遗产的价值实现与社会效益的释放构筑了坚实基础，通过加大展示利用资金投入（2017年我国文化遗产展示利用工程经费投入首次超过本体保护工程经费），探索多途径、多形式的展陈方式，运用传统和现代多种手段，最大限度地凸显文化遗产历史与审美价值，实现文化遗产社会效益的最大化。2020年是我国加入联合国教科文组织《保护非物质文化遗产公约》的第16个年头，将非遗与节庆结合进行展示传播是我国非遗展示重要的形式与特色，截至2022年，四川成都共举办了7届"国际非物质文化遗产节"，秉持"见人见物见生活"的保护理念，不仅吸引了全球80多个国家和地区的1100多个项目参展，而且以政府主导、社会参与的保护方式，将非遗保护与日常体验、生活美学和学校教育相结合，让民众和青少年深刻感受非遗蕴含的中华传统生活智慧、美学追求及修身养性的人格修为，同时与文化高质量发展和构建人类命运共同体密切相连，形成具有中国特色的非遗保护实践体系，传递非遗保护的中国声音。

第二，从规范保护到特色保护。自 2005 年我国出台《关于加强文化遗产保护的通知》《关于进一步加强非物质文化遗产保护工作的意见》以来，"文化遗产"作为官方话语进入了公众视野，随之"非物质文化遗产"也逐渐成为频繁出现于媒体的词语，甚至成为人们日常文化生活的重要组成部分。需要特别指出的是，在中国除了有 55 项世界遗产（其中，文化遗产 37 项，自然与文化双遗产 4 项，自然遗产 14 项）外，还有 40 项世界级非物质文化遗产，这是中国文化遗产的显著特点。作为文化遗产的重要组成部分，数量可观的非物质文化遗产的存在，表明中国文化遗产更具独特性、多样性，它在体现民族文化身份、提供丰富文化魅力、凝聚民族向心力和激发文化创造力等方面发挥着重要作用。随着文化遗产保护相关法律法规的健全，以及各地方政府制定的大量专项法规条例（截至 2019 年我国已制定以《中华人民共和国文物保护法》为核心的主要相关行政法规章 12 部），我国已建立了相对完善的文化遗产保护法律体系与法规管理框架，文化遗产保护管理保持良好发展状态，"绝大部分遗产地的总体格局、遗产要素单体及遗产使用功能未变化或发生正面变化，遗产突出普遍价值保持良好"①，实现了遗产的规范化、常态化保护。在此基础上，随着文化产业高质量发展、公共文化高质量保障的新时代文化建设历史命题的提出，作为遗产类型丰富多样、广泛分布的东方大国，特色与差异化保护成为遗产保护的重要特征。对于物质文化遗产而言，各国面临的问题及其解决方式较为相似或者雷同，而非物质文化遗产因地域性更强、独特性更鲜明，决定了保护方式和手段的多样性。中国在非遗保护实践中，除了一些专家总结的党政主导、各方参与，深化宣传、思想先导，多元主体、齐心发力等"中国经验"外，还有一个重要特点就是依托于国情、省情、区情的特色化保护。在政策层面上，各级地方政府因地制宜地制定精准化保护与扶持政策，依据非遗类型类别与现实状况，不断完善和细化管理机制；在实践层面上，探索在地性保护利用、博物馆保护、图书馆模式、教育性保护、品牌开发模式、数字化传播、文创式利用等众多保护利用方式；在研究层面上，从思考怎样确立和铸就当代中国人自己的生活美学与生活方式出发，持续发掘非遗历史文化与艺术审美价值，探究传统工艺与现代设计融合、非遗精神与创新发展等问题；逐步形成具有中国特色的非遗保护利用的政策体系、管理机制、实践内涵与理论视域，走出了一条特色化保

---

① 中国文化遗产研究院：《我国世界文化遗产保护管理状况及趋势分析——中国世界文化遗产 2018 年度总报告》，《中国文化遗产》2019 年第 6 期。

护的中国道路。

第三,从保护提升到利用升级。特色化保护彰显了中国经由精准化的政策支撑与实践路径不断提高文化遗产保护水平,同时还经由相关法律法规的体系化、地方化,以确保实现文化遗产保护力度随着经济社会发展而持续增强。截至2019年,我国55处世界遗产所在地出台了相关地方性立法文件60多部,同时还有160部左右的以自然保护区为保护对象的地方性法规。在此过程中,文化遗产利用水平也不断提高,主要体现为科学合理利用、保护性利用和融合创新发展。各级政府始终秉承在保护中利用、在传承中发展的科学理念,运用各种途径和手段,既大胆探索又审慎实践,力求实现文化遗产精神价值、艺术审美的准确传承、合理运用、持续发展。与美国的博物馆文创注重依托当代艺术作品进行衍生品设计不同,我国的博物馆文创面临的不只是艺术形式的转换,还有传统与现代的转换,需要全面把握传统与现代两套话语体系。故宫博物院探索的以传统文化为母本的文创之路,充分体现了中国传统文化的现代传承从浅表性的符号传递到文化元素、文化精神的发掘和创新的提升过程。朝珠耳机、故宫口红、宫门箱包乃至高清字画等文创衍生品,在传播传统文化、满足大众现实生活需求、形成故宫IP(Intellectual Property,知识产权)及让文物"活起来"方面发挥了重要作用,但从文化遗产的深度意涵角度来看,这些文创产品还停留于符号运用与传播层面,如何让故宫文创产品在更深刻层面体现中国传统造物智慧、美学精神和生活趣味,以及如何以更具现代感的方式传递古代文化精粹,并从建构当代中国本土设计体系角度确立顶层战略思维,还需要持续不断地探寻和努力。这要求我们要立足本土文化,深刻把握优秀传统文化的内涵与美学精髓,根据时代需要进行再挖掘和再创造,实现从符号传播到形态重塑、从基因传承到精神延展的转化升级,使"旧的东西和新的东西""结合成某种更富有生气的有效的东西"。[1] 文化遗产资源的深度转化,一方面要致力于运用文艺创作手段对文化遗产相关符号与元素进行再创造,塑造接续传统文脉且深入人心的新形象、新角色,形成新的文化传统和遗产IP;另一方面要弄懂、悟透传统造物文化和生活美学的东方精髓,运用新材料、新工艺和现代生产方式达到赓续传统的目的,实现造物文化的现代性转化,并在人工智能时代积极探索和构建中国本土智能设计体系。

---

[1] 伽达默尔:《伽达默尔著作集 第1卷 诠释学Ⅰ 真理与方法——哲学诠释学的基本特征》,洪汉鼎译,商务印书馆,2021,第443页。

第四，从本体保护到综合利用。中国文化遗产类型丰富、形态多样，包括古建筑群、古遗址、古代石窟、古代桥梁水利工程、历史文化名城名镇名村、传统村落、历史文化街区、传统民居、历史建筑、农业遗产、工业遗产等，以及大量世界级和国家级、地方各级文化遗产，在保护政策、法律制度、规划举措日益完善的情况下，这些遗产本体得到了越来越妥善的保护与利用。在遗产发掘方面，不仅在文艺创作、文创产品、工业设计上得到了广泛利用，而且与国家战略相联系、与经济社会发展相对接，呈现出综合利用的显著特点。完善的遗产保护使文化多样性得以实现，这不仅有助于促进文化产业发展、增强文化自信、提升文化软实力，而且能在国家顶层制度设计下被纳入城市文化品牌、文化惠民、产业转型、乡村振兴、精准扶贫、生态文明，以及"一带一路"建设、构建人类命运共同体等国家战略的宏大目标之中，在跨领域的综合性运用中实现价值的立体呈现。在现代设计、互联网、人工智能、大数据等科技革命背景下，为文化遗产在专业技术层面拓展发展空间提供了全新的时代条件；文化与科技融合所释放的价值能量，则为国家相关战略的实施提供了有力支撑，使文化遗产保护利用的意义超越本体视域和范式局限，既为全方位建构中国国际话语体系打下坚实基础，又为人类文化遗产保护利用提供"中国经验"。

第四节　网络时代：遗产保护未来之思考

从广义范畴和历史纵深角度来看，任何时代都存在继承与创新的问题——每个时代都在一定程度上尊崇甚至膜拜着既往的文明创造，并由此追随先哲智慧，拓展新兴文明。在新时代，现代性视域下的文化遗产保护利用虽然已有许多成功和有益的探索与实践，但仍然有许多亟待解决的困境与难题，这是由于当下文化传统的延续与农业社会大相径庭：一个科技更新速率和社会变革节奏越来越快的时代，文化遗产保护、继承与发展面临着更为复杂的情景。网络时代既为文化遗产快速传播创造了无远弗届的时空条件，提供了智能呈现、智慧设计等全新的传播与展示途径，同时又带来了前所未有的挑战：唾手可得的来自全球的种类繁多、数量庞大的文化新产品构成了对文化遗产的巨大冲击。文化遗产价值的呈现有赖于传播方式的持续更迭，网络时代提供了数字化、场景化的新途径，但如何确保对文化遗产信息进行有效叙事？如何建立文化遗产内涵的科学阐释框架？如何实现文化遗产历史价值与现实功用的有机结合？众多的问题都将指向一个最基本和最关键的问题：传统精神符号与造物语言如何进行现代转译和重塑？传统与现代融合转化的评价标准和机制该如何建立？这些深层次问题的解决，有赖于文化遗产保护与利用新维度的打开，有赖于相关学理性研究的深入和理论体系的建构。为此，实践上的积极探索势所必然，而对文化遗产学的建制化和"元学科"等问题的研究也刻不容缓。

传承困境：遗产保真与现代认同。文化遗产的价值凸显虽然与现代化背景密切相连，但遗产本体具有的历史、美学、社会等价值依然是其价值硬核所在。这就涉及遗产保护的原真性（Authenticity）问题。遗产保护与利用过程中始终存在一个挥之不去的困扰，那就是文化遗产的保真与现代化转型、创新性转化之间的矛盾，即有学者提出的传统文化保真性问题。文化遗产的原真性通常由遗产本体（表现形式）及其所承载的意义构成，同时与遗产相关的人工与自然环境、习俗与宗教也是遗产原真性的重要构成。并且，不同国家和民族对原真性还有各自的理解。原真性形成于特定历史条件和文化环境，现代化进程中不仅面临文化遗产原真性如何保护的问题，更面临原真性保护与遗产现代传播利用的问题，这涉及遗产与当代社会文化语境的深层关系。严格来说，保存原真性与传播利用是难以调和的一对矛盾：不仅文化遗产存在的历史情境难以复原，而且传播利用过程势必进一步损害仅存的历史情境。与此同时，即便保存了原真性，又如何实现与现代社会的对接并被普遍认同？原真性关涉文化传承、文化身份与文化安全，现代认同关涉国家经济社会和文化的现代化问题，如何处理这一矛盾考验着当代人的智慧。在现代化语境下，速度与更迭成为一种常态，长期历史积淀生成的文化遗产一旦纳入新的传播速率之中，碎片化、浅表化在所难免；在传播速率倍增情况下，如何实现遗产保真与现代认同的无缝对接？

体验悖论：娱乐消费与深度体认。以文化遗产作为母本进行的文创产品设计生产已成为普遍现象，并被认为是继承与弘扬传统文化的重要方式和途径。源于文化遗产的文创产品的确扩大了传统文化的传播范围，一定程度上增强了传统文化现代认同与经济功能；却带来了另一个问题，即浅表化、娱乐化地传播传统文化，究竟在什么程度和范围内是有意义和有价值的？我们该如何从浅尝辄止的表象化体验向深层精神文化认同转化？在文化高质量发展和人民美好生活期待所形成的对文化精品期望值提升的背景下，这种转化、衔接显得格外重要。文化传承的目的远不只是将文化遗产转化为文化娱乐消费，其终极目标是实现文化精神的传承；文化遗产的大众化消费只是途径，最终要指向民族文化核心理念、美学精髓的传递和发扬。当然这种传承和发扬已经具有现代形态与方式（如人工智能在非遗数字创新设计中的运用），带给消费者的也必然是深层的文化体验。源于传统的文创产品有助于增强公众的文化自信，但前提是不能局限于符号层面的表现形式，而要内在地传递文化遗产富有生命力的精髓，使人们能触及文化底蕴而获得深度感悟。

机制重塑：符号呈现与换羽新生。打破体验悖论应着眼于科学的方法和实践，寻求在现代性背景下如何更好地处理传统的当代生存及其与经济社会发展之间的复杂关系。优秀传统是我们进入当代、走向未来的起点和依据，时代性是赋予传统以新生命的现实土壤，聚焦传统与现代的有机融合，立足当代生活的文化创新，才能让传统活在当下，让当下延续传统并创造新传统。传统并非一成不变、缺乏生命的陈旧事物，传统是一个不断演变、发展的开放过程。文化遗产的保护利用，让大量的传统文化符号进入当代生活空间，并被视作传统复兴的象征与标志，这是一定阶段必然会出现的现象，有其合理性；但这种合理性只是相对的，会随着时代发展、社会需求的变化而逐渐丧失，新的合理性则应当拜赐于换羽新生式的传承与转换。而文化遗产的当代适应性与正义原则也应成为思考重点，以摒弃文创产品的"虚假个性"，发掘遗产真实价值和个性。网络时代文化遗产内在精神的转化与呈现，要以更开阔的人文视野去考量科技高度发展对于人的性质改变并重新理解其新内涵，这不仅是文化创意领域各主体致力的目标，更需要政府部门不断完善传统文化转型重塑的机制；这既是新时代文化高质量发展的题中应有之义，也是因应国家文化治理能力提升的时代要求。

中 篇
主体性建构与当代视域

"胸藏文墨怀若谷，腹有诗书气自华"，强调内在修为对人的心性品格、胸襟气度的独特作用；而"最是书香能致远"，则表达了精神蕴含的内在魅力与人生价值。艺术创造唯有形神合一、表里相依，才能达到文质兼备的境界。

现代社会，人们的自我意识不断强化，对容貌形象格外关注。然而，单纯的外表自我观照往往会走向审美的偏颇和伦理的偏差。古代先贤将容貌与礼仪相结合，所谓"玉树临风""仪表堂堂""风度翩翩"，都是对富有内在修为而呈现端庄仪态的形容，是对外在举止与内在修养融合为一的称许。社交是时代风尚的重要体现。《兰亭序》诞生于一次文人的郊野聚会，它不仅创造出曲水流觞的雅致社交方式，也使文人雅集成为中国绘画的重要母题。文人雅集看似是"引壶觞以自酌，眄庭柯以怡颜"的游山玩水，实则是论文赋诗、挥麈谈玄、援琴雅歌、觞咏无算的精神对话和才艺竞胜。

文人艺术充盈着雅正之美、思致之美和生命感悟，其形成的雅尚之风宜陶冶性情、启迪智慧、温润心灵。历代文人艺术既表现为博大雄浑的汉唐气象，又表现为高蹈玄远、简淡潇苏的宋元境界，还呈现为空灵清润之空寂美与万古长空之永恒感。

"纸上得来终觉浅，绝知此事要躬行。"丰赡厚实的美学传统成为当代艺术的灵泉，赋予艺术形象创造以美学沃土与深厚内涵。传统美学智慧赋予我们无限启迪，可以让我们荡去俗世浮尘、美化生活世界、扮靓精神颜值、敞亮灵魂世界、坐拥大美乾坤。

第六章

文化主体性建构的三重意涵

中华文化在迈进后小康时代后,面临着新发展阶段所赋予的历史使命。在历史长河中,文化作为推动文明发展的重要力量,尽管不同时代发挥的作用不尽相同,但始终是决定一种文明兴衰与否的关键因素。在中国发展越来越接近中华民族伟大复兴、越来越接近世界舞台中央的历史阶段,文化作为国家综合实力的核心要素,其意义、价值和功能及发展方式、发展趋势,都发生了许多值得关注的变化。后小康时代,中国业已解决了因落后而"挨打"、因贫穷而"挨饿"的问题,但因失语而"挨骂"的问题还没有得到根本解决。中国的国家话语权和国际传播能力相较于经济地位而言,还存在一定的差距,导致"我们在国际上有时还处于有理说不出、说了传不开的被动境地,存在着信息流进流出的'逆差'、中国真实形象和西方主观印象的'反差'、软实力和硬实力的'落差'"①,因而,中国文化主体性的构建不仅关系到中国话语体系的建设,关系到国家形象的自我塑造,而且关系到传统文化的保护传承和民族文化身份认同,当然也内在地决定着中华文化当代发展的走向与趋势。从文化主体性建构的三重意涵分析入手,梳理、透析新发展阶段文化建设的历史使命,阐发内在的规律,思考文化主体性建构的逻辑理路,有利于促进文化软实力的提升。

所谓"主体性"指的是人在实践过程中表现出来的具有自主性、能动性和自由目的性的一种能力、立场、看法及地位,是相对于他者而言的一种具有自身独特性的存在状态。文化主体性则是指区别于他者且有鲜明文

---

① 中共中央宣传部:《习近平新时代中国特色社会主义思想学习问答》,人民出版社,2021,第 329 页。

化特质和价值立场的存在状态。狭义的文化主体性仅限于文化艺术范畴，广义的文化主体性则包括文化艺术在内的经济、政治、社会等诸领域范畴。文化主体性对于个人而言即区别于他者的文化立场、价值观念及生活态度，对于一个民族、国家而言则是有别于其他民族国家的文化传统、价值体系和制度文化及生活方式；尽管在漫长的历史发展中，一个民族、国家可能程度不同地吸收外来文化，但如果其文化基因、历史传统与核心价值体系保有独立性、自主性，并拥有在此基础上的坚定文化自信，那就具备了文化主体性。在经济、文化交往日益频繁的互联网时代，发展中国家的文化主体性既面临着西方强势文化所构成的文化殖民威胁，又面临着传统文化土壤流失、价值观念混杂等境遇。因而，文化主体性关乎民族文化认同、国家文化安全和国家文化软实力等重大理论与现实问题，在经济全球化深入发展和我国迈向全面建设社会主义现代化国家新征程的背景下显得尤为突出和重要。

一个古老民族的现代化进程，必然充满曲折与艰难，而拥有悠久历史的文化在现代转化中，尤其是在经济全球化时代如何保持其独立的主体地位，不仅是一个需要长期艰辛探索和努力的问题，也是一个至为关键的重要问题。习近平指出："没有高度的文化自信，没有文化的繁荣兴盛，就没有中华民族伟大复兴。"① 这一论述深刻揭示了现代化建设和国家强盛的标准：不仅取决于经济社会因素，更取决于文化因素；经济繁荣解决的是衣食住行的生存需求，文化繁荣解决的是安身立命的精神需求。经由工具理性所创造的物质财富固然重要，但倘若没有价值理性所建立的精神支撑，尤其是源自民族自身文化传统的精神支撑，即便物质再丰富也是建立在沙滩上的楼阁，随时有倾塌的危险。文化主体性作为民族国家的文化传统、价值体系和制度文化等的综合表达，呈现为一种包括历史、观念、制度、实践等在内的多维结构体系，如价值观、历史观、民族观和国家观及制度框架等，内在地体现于政治制度、历史文化和当代实践之中。因而，文化主体性的建构就其主要面向来说，关涉到文化政治、文化本体（美学）和文化实践三重意涵，其中，文化政治意涵体现的是一定文化背景下所形成的政治制度及其价值体系，文化美学意涵体现的是民族传统文化中的美学体系及其内涵，文化实践意涵体现的是民族历史文化的当下实践与发展状态；文化政治意涵确立的社会主义核心价值观需要文化美学提供思想内涵支撑与形象化传播，文化实践意涵则是文化政治的价值向度、文化

---

① 习近平：《坚定文化自信，建设社会主义文化强国》，《求是》2019年第12期。

美学的审美向度的践行与现实表达；三者互为交叉、相辅相成、互动发展，共同构建了一个民族国家的文化主体性。

文化主体性不仅体现为一个民族文化的数量优势，而且要在文化的多维结构中具有精神主导、价值引领的作用。同时，主体性不仅是文化符号外在的表象化呈现，而且是文化精神内在的无形气质展露；主体性不仅是固有的传统文化静止、僵化的存在，而且是具有开放性和生命力的文化传统的鲜活呈现。因此，当代中国文化主体性建构，应从把握和理解文化的政治意涵、美学意涵与实践意涵出发，确立其逻辑理路和实践方向，使传统文化的继承在与现代文化、外来文化的结合中，从文化符号的显性传承走向文化精神的隐性发展，实现历史性的再造与更新。

第一节 政治维度：制度性意涵

考察一个历史阶段的文化发展状况，离不开对政治体制及其相关政策的分析把握。文化虽然内在地决定着政治制度，为制度文化的形成与构建提供观念指导、价值指引，但政治制度一经建立，就对文化发展起到规约和规范作用。从人类文明的视角来看，政治文明体现了一个制度的合理性与运行能力，在当代则体现为国家治理体系和治理能力现代化，它是文化主体性的重要面向与制度支撑。当代中国政治文明是建立在中国共产党领导的以马克思主义为指导、人民当家作主、依法治国、实行人民代表大会制度及中国共产党领导的多党合作和政治协商制度等基础之上的，明显区别于西方资本主义的宪政体制、三权分立、为资本服务的政治制度和政治文明。当代中国的文化主体性，必然要受到现行国家制度的规约，要在国家法律法规和政策制度下展开主体建构，实现自身发展。把握文化主体性首先要从当代政治制度如何内在地规约了文化发展入手，使文化主体性在制度性支撑下获得这个时代所独有的政治意涵。任何时代的意识形态都决定着文化的前进方向和发展道路。在新时代，中国特色社会主义文化发展，一方面要以马克思主义为指导，另一方面要坚守中华文化立场，立足当代中国现实，以传统文化作为滋养和培育社会主义核心价值观的重要源泉，使中国特色社会主义制度拥有坚实的文化根基。

文化的核心在于价值观，并体现于影响人们行为的理想信念、价值理念、道德观念之中，体现于由此形成的政治理想与道德情怀。中国共产党成立以来，将马克思主义的普遍真理与中国革命和建设具体实际相结合，在领导人民进行新民主主义革命时期，创造了伟大建党精神、红船精神、井冈山精神、长征精神、延安精神、西柏坡精神，以及在社会主义建设、改革中创造了雷锋精神、大庆精神、"两弹一星"精神、载人航天精神、北京奥运精神、抗震（洪）救灾精神等，共同构成了革命文化和社会主义先进文化，形成了中国化的马克思主义。革命文化作为马克思主义与中国革命、社会主义建设和改革开放实际相结合的文化创造和文化贡献，内在地包含了中华民族不忘国忧、不屈不挠、自强自立、不甘落后、勇于探索的文化基因。习近平在庆祝中国共产党成立100周年大会上的讲话中进一步强调："坚持把马克思主义基本原理同中国具体实际相结合、同中华优秀传统文化相结合。"[①] 这必将使革命文化涵纳更多传统文化，更具民族特性。而作为中国特色社会主义制度的价值理性支撑，社会主义先进文化的核心价值观所具有的生命力、凝聚力、感召力，也来自深厚的民族文化传统，不论是国家层面、社会层面和个人层面的价值追求，如文明、和谐、平等、公正、诚信、友善等，都汲取了中华优秀传统文化的精华，构成了当代中国现代化进程的精神支撑。中国古代在长期国家治理和制度建设中，积累了丰富的智慧，迄今仍然具有生命力，习近平因此强调："培育和弘扬社会主义核心价值观必须立足中华优秀传统文化。"[②] 梳理提炼传统文化中的治国思想与文化智慧，不仅有助于我们更深刻地理解中国化的马克思主义所具有的民族文化特性，而且有助于深刻领悟社会主义核心价值观的历史渊源，从而更深刻地把握当代中国政治制度的思想根基，在制度层面阐明文化主体性建构的文化政治意涵。

中国古代国家制度的建立与治理是建立在孔孟儒家政治思想基础之上的，从政治角度而言，儒家思想的核心是"仁政德治"。《礼记·大学》中提出"身修而后家齐，家齐而后国治，国治而后天下平"，这一流传千年的"修身齐家治国平天下"的主张，与"格物致知，正心诚意"相融合，将宏大理想的实现与道德修养联系在一起，强调政治理想与抱负的实践应从个人修行做起。孔子学说的核心"仁"所包含的以人为本、仁者爱人、"己所不欲、勿施于人"的思想，即从君子的"以大道为志向，以德行为根基，以仁爱为依托，以六艺为修养"的全面修行出发，达到"大道之行

[①] 习近平：《在庆祝中国共产党成立100周年大会上的讲话》，《人民日报》2021年7月2日，第2版。

[②] 习近平：《把培育和弘扬社会主义核心价值观作为凝魂聚气强基固本的基础工程》，《人民日报》2014年2月26日，第1版。

也，天下为公"的政治理想境界，并提出以忠恕之道作为实现方式。如同有学者指出的，孔子还进一步提出了"君臣共治"的政治哲学思想，君主要"为政以德"，"通过修身成德来获得人才，通过对人才的良好使用"，达到"无为而治"的国家治理效果，认为"社会得到善治是君主和臣下配合的结果"。①从道德修养角度论述政治理想和国家治理，是传统中国文化政治思想的一个鲜明特征，换句话说，在传统中国的政治思想中，政治领域并不被当作权益或权力的冲突折中之场所，而被当作一个道德的社区。经由文化的积累与传承，形成的仁、义、礼、智、信、忠、孝、恕、廉、勇等被全民族普遍认可的价值观体系，"虽然主要是围绕着个人品德修养和行为规范，但同样影响着社会与国家，对今天培育社会主义核心价值观具有重要的参考价值"②。传统文化中这一独特的治国思想，维系了中华民族生生不息的文明发展，也为当代中国文化主体性建构提供了丰富的政治伦理与道德思想资源。

古代经典《尚书》中包含着极为丰富的政治哲学思想，其中深刻总结了中国古代国家治理的理论依据和历史经验，其核心要旨是：提倡明仁君治民之道，明贤臣事君之道。虽然《尚书》在思想倾向上趋向于以天命观解释历史兴亡，但也包含了敬德、重民的理性内核，提出的德治主张对后世影响深刻、久远，构成了儒家政治伦理的基础。儒家思想中对上下和睦、百姓安居乐业理想社会的追求，便是源于《尚书·尧典》"克明俊德，以亲九族。九族既睦，平章百姓。百姓昭明，协和万邦"的阐述。事实上，以人为本、关注人性、注重品德成为古代先贤追求政治清明、大同世界的思想文化基础，诚如有学者指出的那样："自孔子以至荀卿、韩非，他们的政治学说都是建筑在人性上面。尤其是儒家，把人性扩张得极大。他们觉得政治的良好只在诚信的感应，只要君主的道德好，臣民自然风从，用不到威力和鬼神的压迫。"这叫作"德治主义"。③《尚书·周书·周官》还主张"以公灭私，民其允怀"，此一思想沿袭至今而成为"克己奉公、廉洁自律"的廉政道德诉求。而《尚书·五子之歌》"皇祖有训，民可近，不可下。民惟邦本，本固邦宁"，强调亲民近民，以民生为国家

---

① 姬明华：《孔子的政治理想与现实选择》，《汕头大学学报（人文社会科学版）》2019年第9期。

② 张国祚：《习近平文化强国战略大思路》。据人民网：http://theory.people.com.cn/n/2014/0911/c112848-25643796.html，访问日期：2021年10月15日。

③ 顾颉刚：《盘庚中篇今译》，载顾颉刚编著《古史辨（第二册）》，上海古籍出版社，1982，第44页。

之根本，唯有得民心方能使国家秩序井然、稳如磐石。古代先贤强调国家治理的人性与道德基础，强调关心民生、以民为本，成为中华民族历经千年而不辍的文明基因，涵养了当代中国政治思想与清廉文化，成为以人民为中心的政治立场与理想的历史源泉，使社会主义核心价值观根植于深厚的文化基石之上。

悠久深厚的中华传统文化，不仅滋养着当代价值观，而且成为现行社会制度文化的内在智慧构成。仁、义、礼、智、信是中华优秀传统文化的精神内核，也是维护和巩固传统社会发展的稳定力量，"为万世开太平""协和万邦"、尚和合、求大同的思想理念是古代社会的政治理想与处理国家关系的思维方式，这些精神文化传统必然也融注在社会主义先进文化之中。习近平提出的构建"人类命运共同体"所包孕的天下情怀，与"以和为贵""和而不同"等传统理念文脉相通，形成了处理国家之间关系的"和合"思想，即强调邦交正义、和谐共生、合作共赢，这一思想明显区别于西方国家普遍奉行的"零和"理念。"零和"概念源于博弈理论，起初由匈牙利数学家约翰·冯·诺依曼（John von Neumann）于20世纪20年代提出，之后他与经济学家奥斯卡·摩根斯顿（Oskar Morgenstern）合作出版了《博弈论与经济行为》，形成了博弈理论，在理论经济学领域有着方法论意义，但当这一理论从西方经济学的一个公理上升为具有现代性特质的思维方式，即"零和"思维时，就促使各主体之间的竞争呈现出不相容性，其结局不是互补共赢，而是胜者成为主体，其余则成为客体，并为主体所支配，由此导致的弱肉强食、侵占掠夺均是合理的所谓现代性逻辑。而出自《国语·郑语》"商契能和合五教，以保于百姓者也"的"和合"思维，则主张人类整体的大爱、"和合"的社会秩序，以促进不同群体相互尊重、和睦共生，而这一思想亦体现在今天的"人类命运共同体"构想之中，成为具有鲜明中国文化特色的现代性思想。由此我们不难看出，中华优秀传统文化、革命文化与社会主义先进文化之间的内在关联与整体性，三者汇聚成当代中国文化的主流，构成当代中国文化优势的三大支点。不难看出，这三者所构成的整体，具有严谨的历史逻辑、理论逻辑和现实逻辑，内在地统一于中国特色社会主义事业的伟大历史实践中，成为我们文化自信的坚实基础。

在当代，中国特色社会主义制度作为中华民族历史演进的产物和既定的制度体系，其指导思想与理论构架必然决定着当代中国文化主体性建构的政治内涵与属性。马克思主义是当代中国文化主体性的核心价值理念，是构成主体性的内在灵魂。马克思主义虽然产生于异域之邦，却是具有超越时空限域和世界普遍意义的科学理论与真理，不仅其关于人的自由而全面发展、人类解放等思想与中国传统"求大同"的政治理想存在暗合，而且在与中国革命和当代中国现代化建设具体实际相结合的过程中，经由不断本土化和与时俱进的发展而具有了鲜明的民族性与当代性，是中华民族进入现代社会之后形成的新传统，它之所以能成为中国现代化进程的指导思想乃势所必然。中华文化自古具有"海纳百川"的包容性与融涵能力，作为传统文化主体构成的儒、释、道，其中的佛教就是外来文化，但被吸纳融合之后，成为民族自身文化的重要组成部分，从美学角度来说，形成了禅宗美学体系，并与"文以载道""经世致用"的儒家美学、"以物为量""大制不割"的道家美学[①]共同构成了博大精深的中华美学体系。佛教文化的传播还深刻影响了中国传统造物文化，佛教中坐床上的"壸门"装饰及须弥座造型，被运用于隋、唐、宋、明、清的家具之中，形成了大量有"壸门"装饰和束腰造型的家具形制。而隋唐之后形成并逐步趋于完善的高座家具形制的形成，与西域传入的垂足而坐的习惯存在直接关系。被视为中华传统文化重要符号的青花瓷，具有广泛的世界影响，其充满东方韵味的纹饰，如缠枝莲纹、莲瓣纹、卷草纹和回纹等，最初都是来自波斯的民族风格图样，并以波斯钴蓝为原料烧制而成，只是中国工匠充分利用国画笔墨线条形成了独特美感，对波斯纹样进行了本土化加工与改造，化烦琐为简单，使其更灵动，更具韵律之美，并融入松石山水、飞禽走兽和历史典故，充分体现了中国文化的融涵性与创新品格。这种吸纳外来文化、创新融入本土、形成如同己出的中国经典文化符号，充分体现了我们先人的文化智慧。

五四新文化运动为实现国家富强而进行了现代文化启蒙，文化先驱们引进和吸收了大量西方民主、科学思想。他们对传统文化进行的包括推广白话文在内的一系列改造，虽然有过激之处，但骨子里还是传统的，如胡适，"他曾提出过全面西化的主张，但他身上的传统道德修养，我们无话可说"[②]。这个吸收、借鉴西方现代文化的过程，实现了中国以古典诗词、歌赋、绘画、书法、散文、戏曲等艺术形式为主的古代文化，向现代诗歌、小说、散文、戏剧、舞蹈、油画及交响乐、芭蕾舞、电影、话剧等现代文艺转型，形成了中国现代文化形态，但新的文化形式内在地传承着中华传统美学原则与精神，即便是现代国画，虽然受到西方油画表现方式与

---

① 朱良志：《一花一世界》，北京大学出版社，2020。
② 刘梦溪：《中国文化的张力：传统解故》，中信出版社，2019，第303页。

手法的影响，依然显示着独特的东方艺术韵味与风格。吴冠中融汇中西绘画的当代国画，因将西方绘画与中国画做了完美的融合，并显现出鲜明的中华美学气质，成为本土化、民族化的现代国画，不仅实现了国画的现代转型，而且丰富了传统绘画技法与美学风格。诸多事实表明，中国传统儒学的思想及其价值观既有着内包性、中庸、不断复制历史模本的保守一面，同时又有着内在否定、内在超越和自我更新的一面。正是由于中华民族具有开放包容、"海纳百川"的思想理念，使得传统文化具有与时俱进的无限活力，由此我们就不难理解马克思主义经由中国化而成为指导思想这一当代现实。事实上，今天我们所说的作为指导思想的马克思主义，不是马克思主义的教条，而是马克思主义基本原理和活的灵魂，是经由实践证明符合中国革命和现代化建设实际的中国化的马克思主义，是中华文化创造性吸收外来文化而形成的具有真理性的理论。

因此，当代中国文化主体性的构建，就其政治意涵来看，就是要以马克思主义为指导，坚持走中国特色社会主义文化发展道路，以社会主义核心价值观作为推进当代中国文化发展的价值引领，扎根中华优秀传统文化这片沃土，不断凝聚和升华革命文化，推动社会主义先进文化创新发展，使文化主体性的建构有利于民族文化身份认同，有利于社会主义文化强国建设，有利于实现中华民族伟大复兴的中国梦。

第二节　美学维度：本体性意涵

文化主体性的政治意涵，既为主体性建构提供了制度框架与体制保障，又明确了主体性建构的指导思想、身份属性与历史源流。中华优秀传统文化所包含的丰富政治理念、治国谋略，从文化政治层面确认了当代中国文化主体性的民族身份与诉求，而中华优秀传统文化中的美学思想，则能够从文化本体层面确认主体性的本土属性与特质。传统"仁政德治"等文化思想从制度文化角度，不仅滋养着当代中国的国家治理体系和治理能力建设，而且在与时俱进的实践中日益丰富和完善着中国特色社会主义制度，使文化主体性建构获得稳固的政治保障与身份属性。但文化主体性的政治意涵是基于"政治—历史"层面建构的，构成了对文化创造中宏大叙事的主导与规约，这种宏大叙事所形成的"以革命、人民性、英雄主义为核心的国家集体话语"①,还需要有体现"文化—思想"层面的社会个人话语作为补充,以实现马克思在《政治经济学批判手稿》中强调的"人的全面而自由的发展"。"文化—思想"逻辑虽然来自"政治—历史"逻辑,但它不仅是后者的重要补充,而且具有跨越民族、跨越国度的更广阔、更深厚的内涵。从中华民族自身视野来看,传统文化美学不仅能以生动形象的方式传播社会主义核心价值观,而且能以独特的美学风格与气质传播中国文化、讲述中国故事、塑造中国形象,构筑起文化主体性的本体支撑。当然,这个过程必须引入国际视野,即从传统出发吸收外来文化,将中华文化精华与西方文化优长融为一体,为世界提供具有当代文化高度的中国文化创造。

中华美学是中华优秀传统文化的重要组成部分,其博大精深的内涵与完整丰富的体系,不仅是中华文明五千年不间断的活性基因,而且是具有世界性影响的中国古代文化的主要构成,必然能够成为当代中国文化主体性的本体支撑。文化主体性的政治意涵虽然有利于民族文化身份的认同,但那是在制度性层面提供的保障,要将文化身份认同嵌入民众内心,还有赖于中华美学在当代文化创造和满足人们精神需求中所发挥的实质性作用,而传统风俗习惯在当下日常生活中保存的状态也对这种作用的发挥起到至关重要的作用。因而,从文化美学层面,梳理和探讨中华古典美学核心理念及其当代运用、转化与创新的可能,可为当代中国文化主体性建构提供本体性支撑。

中华文化美学在构成上主要是由精神文化美学与造物文化美学两个部分组成的。由古代典籍、文艺名著、书法绘画、音乐舞蹈构成的精神文化美学,是我们今天建构文化主体性可资运用的无比丰富的美学资源与独特体系;而包蕴古建筑、古遗址、器物文化遗产,以及关乎传统技艺的造物文化美学,也是我们今天建构文化主体性可资利用的无比精湛的设计文化思想与独特理念。但必须看到的是,古典文化美学资源中究竟哪些是可资运用的需要有一个时空参照系,也就是说,古典文化美学的现实价值与可能性,应被放到当代社会进步及当今世界文明发展水平的大视野下进行考察,放到当代社会人们物质文化与精神文化的现实需求的背景下加以衡量。事实上,基于这种视野与背景下的考察,古典文化美学大致具有三个方面的价值:一是以原初形态存在就能直接满足人们的精神需求,如文学经典阅读、文物鉴赏等;二是对典籍、文物等的创造性阐释与发现,即以

---

① 张福贵、李存娜:《当代中国文学研究话语体系的建构》,《中国社会科学》2019年第10期。

现代新媒介手段进行的传统文化的现代演绎与表现，如唐诗、宋词与交响乐、京剧、通俗歌曲结合，文物、典籍的影视化文艺叙事，等等；三是以局部元素或以资源转化再造的形式满足人们的现实需要，即运用传统文化作为符号元素进行再创作，或内在地传递传统美学精神而创造的现代文化。在这个意义上，单纯地梳理与阐述古典文化美学是什么不重要，重要的是要在当代时空背景下，引入历史视野去辨析、梳理、发掘古典文化美学的价值。唯其如此，才能真正实现将中华美学作为当代中国文化主体性建构的本体支撑。

不同的历史阶段，传统文化美学的价值与作用不尽相同，人们在文化创造中所依托的资源也不尽相同。一个民族文化主体性建构之本体支撑，按一般的理解应来自本民族的传统文化，或以本民族传统文化所形成的审美追求和思维方式进行文化创造。从这个认知出发，文化主体性的本体支撑不能仅从表面判断援引了何种文化资源，还要从内在本质角度分析以何种审美追求与思维方式去借助、依托各民族的文化资源。如同前述马克思主义作为西方理论资源之所以能成为中国特色社会主义文化的指导思想，是因为中国共产党从其成立的那一天起，就是从探寻救国救民的真理、实现中华民族伟大复兴的家国情怀出发，并与中国具体实际相结合，而非拿一个西方"舶来品"取代和替换中国文化。五四新文化运动是近代以来中国无数仁人志士追求变革图存、复兴中华的文化启蒙运动。白话新诗的倡导，从表面上看是对传统文言诗歌的摒弃，但作为那个特定历史时期的现实需要，五四新文化启蒙主体的初衷是内在地传承了传统修身、齐家、治国、平天下的政治伦理情怀和精神，不断更新文化观念，表现出自觉的担当意识和历史责任感。五四新文学作家们为倡导先进文化观念，以文学领域倡导白话新诗为变革开端，试图推动传统文化的现代转化。一方面，他们阐述和表达以《诗经》为代表的儒家经典，在面对现代社会转型的历史需求时，已失去启迪和塑造现代人的作用，鲁迅就在《摩罗诗力说》中质疑《诗经》的"思无邪"之学说，指出，"盖诗人者，撄人心者也"，"污浊之平和，以之将破。平和之破，人道蒸也"，[①] 力求开辟一片中华文化新生之地。另一方面，其变革的初衷与动力，则是"很大程度上都源于诗教传统的政治伦理情怀"，目的是"开启民智，重振国人精神，重塑民族性格"，[②] 其新诗创作的美学取向亦追求"兴观群怨"的品格，只是融入了更

---

① 鲁迅：《摩罗诗力说》，载《鲁迅全集（第1卷）》，人民文学出版社，2005，第70页。
② 方长安：《中国诗教传统的现代转化及其当代传承》，《中国社会科学》2019年第6期。

多启蒙思想、革命理念、个性诉求、婚姻自由等现代思想与情感,以构建现代诗歌新美学。文化启蒙思想的传播与新文学运动的兴起,使儒家正统文化在这个特定的疾风暴雨的年代暂时退出了时代舞台中央,成为蛰伏于文化启蒙者内心潜隐不显的文化基因。

很显然,五四启蒙者为实现特殊的历史使命,开拓新文化发展的新空间,表现现代社会民主、科学、人性自由、妇女解放、劳工神圣等传统文化所鲜少涉及的思想内涵,必然要将宣扬温柔敦厚、止乎礼义观念的传统诗教搁置一旁。郁达夫笔下一系列"零余者"苦闷青年形象,他们的情感困扰与忧郁心理都是与国家贫弱、民族危亡的大背景息息相关的,其中也凸显了知识分子寻求西方个性解放过程中对自身品性与精神世界的自我拷问与灵魂挣扎,表现出启蒙过程中传统伦理与时代观念之间的冲突。邓中夏则要求诗人应当表现时代精神,"须多做能表现民族伟大精神的作品"①,现代作家们的主张与作品内涵指向,事实上恰与他们表面所摒弃的传统文化具有内在联系,体现了儒家政治伦理文化中的家国情怀、民族悲情与历史担当。

针对这一现象背后的缘由,有学者做了分析论述,认为任何精神传统,"绝对不是一个静态的结构,而一定是一个动态的过程;只是这个动态的过程受到冲击以后,它可能变成潜流;有的时候在思想界被边缘化,但它总是在发展的过程中;甚至有的时候断绝了,但它的影响力在社会各个不同的层级是一定存在的"②。这种情形在五四时期表现得尤为明晰,这与那个急剧变革的时代所具有的特定历史诉求相关联,是贫弱交加、外族侵辱、主权丧失、山河破碎的民族危亡时刻,具有"我以我血荐轩辕"的责任担当的知识分子们的历史选择。文化启蒙者的民生之叹、民族之忧、救国之志,使他们暂时将先哲温柔敦厚的君子修身、人格建构之论搁置起来,而承袭入世观念、政治理想的宏大情怀。事实上,知识分子的入世情怀、忧患意识作为一种传统始终未曾移易,当西方世界以第二次工业革命为契机迅速崛起,而同时期中国则陷于清末政治腐败、经济落伍日渐凸显之际,就已出现一批知识分子致力于引入西学、变法图存,康有为、梁启超、谭嗣同提倡科学文化,推动以政治与教育改革为主的资产阶级改良运动,开始了对传统文化的革新与再造。近代以来的"西风东渐",使不少传统知识分子接受新学,思考旧学的改造成一时之风气,初期主要是对传

---

① 邓中夏:《贡献于新诗人面前》,《中国青年(第1卷)》,1923年第10期。
② 杜维明:《儒家传统与文明对话》,彭国翔译,河北人民出版社,2006,第218页。

统文化进行修正性变革。王国维虽然接触了近代许多先进文化观念与维新思想,但并不排斥从小耳濡目染的传统文化,在对新学的追求过程中,他善于将中国古典文化美学与西方美学思想相融合,并运用西方哲学、美学理论观点阐释中国古典美学,开辟与拓展了传统文化内涵与阐释空间。王国维基于其深厚的传统文化修养和学术造诣,既从时代需要出发,又着眼文化美学本体,将局限于少数文人群体的诗教转而面向现代社会大众群体的美育,并在中西美学的结合中,延伸与拓展了传统美学的空间和内涵。陈寅恪充分肯定了王国维在学术上的开拓与贡献,认为正是王国维以"独立之精神、自由之思想"专于学术研究与思考,才保留和延续了中华文明的文化主体,开创了文化新时代。

五四时期开启的传统文化的现代转型,由于政局动荡、战争频发而未能正常延续,以至中断。中华人民共和国成立后,面临大规模社会主义改造等历史任务,加之与西方世界隔绝,文化转型步伐依旧迟滞。改革开放经历了又一次规模空前的现代转型,这是在时隔半个世纪左右再度开启的以西方现代文化为资源的传统文化的现代转型,而这个时期西方现代文化本身也经历了巨大变革与发展,形成相应的文化理论与学术积累,这使得现代性的重启以对西方文化思潮与文艺理论的大量引进为开端。新时期伊始,"伴随着当时整个社会对'现代性'的追求","一种以西方为参照系、出于对落后的焦虑和对于进步的渴望,并寄希望于凭借快速效仿、掌握的形式和技术来赶超世界的发展"。[①] 短期内超负荷补课使国人在不长的时间里得以跟上世界文化发展的步伐,实现与当代最新文化艺术观念的对接,促进了思想解放、观念更新。但这个过程中也一度忽略了传统文化的价值与作用,且这一次的情形不同于五四时期,那时文化启蒙者大多拥有深厚的旧学修养,在反传统中不自觉地受到传统的深层影响。而新时期以来,文化创造主体的传统文化根基受历史因素影响,多半难以与五四文化先驱们比肩,在此情形下,西方文艺思潮与文化观念成为一个时期文艺领域话语建构的重要因素,并构成广泛影响。在文学领域中,西方意识流、叙述学、符号学、接受美学、结构主义、新批评、文艺心理学等思想理论著作被大量翻译、引进,使新时期小说及其文学评论的发展产生前所未有的变化,新的美学原则与风格层出不穷、更迭频繁,文学批评观念日益更新。在审美现代性的历史诉求下,一大批学者在介绍和运用西方新潮理论

---

① 刘晓希:《两种"现代性"——对1979年三部中国电影的叙事伦理分析》,《文化研究》2020年第1期。

和方法的过程中，推动了当代中国文论建设，不仅富有深度和启发性，也从"社会个人话语"角度，极大地丰富和发展了以往文学研究的话语方式。当然，短期内大量吸纳西方新思潮虽然出于新时期文化主体性建构的需要，但也因此缺乏必要的筛选和细致的甄别，"这种将西方理论与方法直接用于作品分析，并一一对号式的研究，也带来了文章的粗率和模式化，这是此时期向西方学习的共性特点，也是局限性所在"①。更为重要的是，这种研究方式很大程度上忽略了传统文学理论的运用，也缺乏对中西美学融合的持续探索与创新努力。在艺术领域中，西方现代派、后现代艺术及其观念也成为这个时期重要的文化资源被大量引进，印象派、野兽派、达达主义等对中国绘画、雕塑、陶瓷乃至书法产生深刻影响。就绘画而言，西方现代艺术中基于科学技术迅速发展的背景，形成反传统、个性化表达的特点，对中国传统水墨画艺术形成冲击和影响，使中国艺术家对传统水墨画进行了各种现代性探索，尝试了表现水墨、抽象水墨、观念水墨和实验水墨等创作方法与美学风格，在突破传统水墨美学方面开展了有益实践，是民族本土的艺术走向现代艺术当代的必然，充实了中国画的精神意境。但被普遍认可的创造性艺术实践成果还不多，核心的问题是：艺术家对传统水墨艺术精髓还缺乏深度理解，对西方现代艺术本质把握也趋于表象，唯有深入洞悉中西艺术的内在精神，并形成自身独特理解，才能实现原创意义上的突破。这个时期电影艺术的探索与成就，被国际认可的程度明显较高，这是电影产生于近代并直接输入的结果，其艺术形式与美学没有传统根基，相对来说不存在现代转化的困扰，因而与交响乐、芭蕾舞、话剧等成为当代中国文化中现代性较为成熟的艺术门类。

步入新发展阶段，高质量发展背景下对传统文化的转化与创新有了更高要求，主流媒体在这方面有突出的表现。中央电视台将经典文本经由多种形式转化为大众喜闻乐见的视听文本，以适应当代审美趣味的变化需要，创作了一批源于传统文化的高水平视听作品。从《国家宝藏》到《中国诗词大会》，从《典籍里的中国》到《衣尚中国》，无不体现了对传统精髓的提炼、转化和再造。《经典咏流传》则将"和诗以歌"作为核心创意点，摒弃既往类似节目的竞演因素，以历史诗词为依托进行创作改编，谱以新曲，将学者的专业解读与明星歌手的现场演唱相结合，实现专业品位与大众传播、文本阅读与视听表演的完美结合，在立意与创意、形式与技术等方面都实现了新的突破，达到了良好的视听体验效果。难能可贵的

---

① 王兆胜：《新时期以来中国文学研究的理论与方法》，《兰州学刊》2016年第1期。

是，这种对历史原典的再创作，不是以娱乐为导向，而是以传承、弘扬优秀文化基因为旨归。《上线吧！华彩少年》虽然为年轻人提供了才艺展示的舞台，却表现出青少年一代对传统文化的热爱及其在融合现代时尚进行创新的执着与才能，预示着一个秉承传统进行文化创新的时代正在到来。《哪吒之魔童降世》作为动漫大片，运用成熟的数码技术，将浓厚的传统色彩与鲜明的当代审美趣味相融合，荣登中国影史动画电影票房第一，改写了好莱坞动画电影垄断高票房的历史，成为具有国际影响力的中国风动画大片。

从文化本体角度考察当代中国文化本体性的建构，离不开对文化现代性问题的探讨。从上述若干历史转型期中国传统文化美学的现代转化的历史梳理与经验中，我们看到：文化现代性是一个历史过程，每一次转型虽然都存在历史局限与偏颇，但也提供了一定的符合时代需要的美学新质，由此丰富和拓展了传统文化美学，同时体现了传统美学的巨大生命力。历史启示我们，当代中国文化本体性建构的文化美学支撑，应在深度把握传统文化美学的前提下，以当代立场和世界眼光，运用先人的文化智慧、吸纳外来文化优长，进行创造性阐释与挖掘，使本体支撑建立在鲜活的文化美学传统与优质的异域文化资源之上。

第三节 实践维度：驱动力意涵

如果说文化政治意涵是文化主体性政治理想的呈现形态，文化美学意涵是文化主体性理论认知的呈现形态，那么文化实践意涵就是文化主体性现实具体的呈现形态。前两者作为文化政治、审美意识形态的文化主体性，其所确立的文化价值向度、审美取向必须以文化实践创造的成果作为实现形式，同时，后者还将随着社会变迁、时代进步而提出新的问题与诉求，从而不断推动文化政治、文化美学的更新发展，成为文化主体性的动力支撑。

步入新发展阶段，传统文化美学的现代转化必然有其新的时代内涵与任务，如作为人文科学"应积极回应科学技术发展所带来的种种创变及议题，结合历史条件与社会关系评价科学技术的意义"[①] 等。同时，这些内涵与任务依然是现代化进程中未终结的一个环节，正在到来的人工智能时

---

① 南帆：《乐观的前提：祛魅与复魅》，《福建论坛（人文社会科学版）》2020年第1期。

代将赋予现代化新的内涵,传统美学的现代转化也将面临新的问题。正如有学者指出的,传统文化就是这样在不断吸收、变化和更新的过程中发展的。这是一个动态的过程。任何文化传统都不是固定的、已成的(things become),而是处在不断形成过程之中的(things becoming)。它不是已经完成的"已在之物",只要拨开尘土就能重放光华,更不是一个代代相传的百宝箱,只消挑挑拣拣,就能为我所用。传统就是在与外界不断交换信息、不断进行新的诠释中形成的,传统就是这个过程本身。如果并无深具才、识、力、胆的后代,没有新的有力的诠释,文化传统也就从此中断。①因此,从当代实践的角度考察文化主体性建构,更具有动态性和现实性,是传统文化美学价值再发掘、再更新的实践性过程,由此形成文化主体性建构的动力支撑。事实上,一种价值观要真正发挥作用,必须融入社会生活,让人们在实践中感知它、领悟它。

在新发展阶段,文化主体性建构的动力支撑,不仅需要更多源自传统文化的智慧和更鲜明的传统文化底色,而且需要更多源自当代文化实践的探索和更贴合人们高质量文化需求的创造。主体性建构的文化实践意涵,是文化政治意涵、文化美学意涵在现实层面的价值呈现与创造,是文化价值在制度安排和本体认知基础上的实现形式;同时,也是文化政治设计科学与否、文化美学价值认知正确与否的实践检验和评判标准,能为文化制度的完善与文化本体的丰富提供来自实践的经验和启示。中华优秀传统文化的现代价值,唯有"在实践创造中进行文化创造,在历史进步中实现文化进步"②,才能真正得到彰显。相比于文化政治与文化美学,现实领域的文化实践拥有诸多维度、面临复杂情形,既充满着无限的创造可能与活力,又存在着莫测的前景趋向与困局。把握文化实践探索的若干重要维度及其发展趋向,不断进行文化反思,增强理性自觉,将有利于不断完善制度与策略,积累更丰富的传统文化现代转化的"中国经验"。鉴于文化主体性建构实践维度的多向性,在此着重探讨造物文化领域中传统美学的现代转化。

在深厚博大的中国文化遗产中,造物文化是主要构成,并占据极为重要的地位。造物文化相对精神文化而言,具有文化折扣低而易欣赏接受、

---

① 乐黛云:《序二 自由的精魂与文化之关切》,载汤一介编《北大校长与中国文化(第三版)》,北京大学出版社,2018,第7—13页。
② 《决胜全面建成小康社会 夺取新时代中国特色社会主义伟大胜利》,《人民日报》2017年10月19日,第4版。

日常运用广而易融入大众的特点，因而从文化遗产角度来说，造物文化遗产更容易获得除专家学者之外的大众百姓的关注与喜爱。但在相当一段时期里，人们关注精神文化传承远胜于造物文化，在学术领域的研究亦是如此。世界范围内，在以往文化遗产的学术研究中，西方学术界做了很多工作。比如，对明式家具最早的系统研究不是来自中国学者，而是德国学者艾克（Gustav ECKE）的《中国花梨家具图考》。艾克自1923年来到中国，经历了26年的东方异域生活与考察，花费10多年心血完成此书，使该书成为世界第一部有关中国古典家具研究且有重要学术价值和历史文献价值的专著。这部著作的出版恰逢西方工业设计兴盛之时，而其系统阐发的明式家具设计之美，引起西方世界极大关注并产生深远影响，以至于成为丹麦著名设计师汉斯·瓦格纳（Hans Wegner）设计家具时的灵感来源。尽管此后我国也有了一批造物文化研究著作出现，但在实践领域对造物文化传统的继承发展，还缺乏有意识、成系统的探索。今天，这种状况开始有了明显改变，当代中国设计师从传统造物文化中汲取营养，逐步实现从传统审美符号与元素的运用转向审美精神的运用与创造。

当代中国设计是文化主体性动力支撑的重要方面，设计力从某种意义上讲就是软实力。面对传统造物文化的现代转化，如何使现代设计从美学形式层面转向美学精神层面，无疑是高质量发展阶段需要深入探讨和实践创新的问题。当下体现主体性的创造，应从初期幼稚的堆砌、移植传统文化符号，走向成熟的融涵、创化传统美学精神。建筑是一门综合性艺术，是在汲取其他门类艺术美学思想的基础上形成的，并且建筑的审美不是靠简单的个人提升的，而是一个高度社会化、高度综合性的整体社会状态的表达，它代表一个国家的文化达到一个高度的时候，才会产生建筑审美。建筑作为一种嵌入日常生活的文化形式，可以直观地、无所不在地以切身体验的方式，唤起民族情感、增强民族文化认同。为此，我们着重从建筑文化维度，进行主体性建构的实践意涵分析。

在高质量发展背景下，"建筑设计已不应该简单地再现传统的形式特征，如秦砖汉瓦、大屋顶等中国传统建筑的'形似'，而是要在设计中传承中国文化的'神似'，体现中国空间的'意'"①。作为传统文化的一种物化形式的古代建筑，它不仅与精神文化如《诗经》《楚辞》及历代诗词歌赋的诗性审美相融通，而且与其他艺术门类存在密切关系，这使得中国

---

① 董雅、王艺桐：《对中国传统建筑设计文化传承与再生的思考》，《建筑与文化》2015年第11期。

传统建筑设计文化的意蕴深藏于各种古典建筑形态及由雕塑、绘画、民间工艺和各种器物等组成的庞大的文化体系之中。在一个时期里,传统建筑文化的现代转化虽然有成功的探索,如苏州博物馆、中国银行大楼、上海金茂大厦、宁波博物馆与浙江富阳文村新民居等,但总体而言,大规模城镇化过程中涌现的现代建筑,基本上还是对西方现代建筑模板的照搬和移植,部分源于传统建筑文化的设计,同时也存在对传统建筑符号与元素的简单拼贴、生硬挪用、无序混搭的浅表化运用。这种传承或许在现代转化过程的初期可被视为创新,如清末在家具领域出现了融合西方装饰元素的尝试,到民国则出现为数不少的中西合璧的建筑与家具,这些具有现代感的造物有些已被列为文物或为收藏家所青睐,其设计上的对现代性探索的努力与轨迹清晰可见,可以成为当下现代转化的借鉴。但今天的现代性诉求随着技术、材料、审美的发展,不能再停留于传统文化符号的运用上,而是要建立在当代科技和生产力条件上,且要置身于全球文化发展与格局中去把握。况且,一批早期经历过现代性探索的经典作品本身也已被纳入文化遗产之列,如20世纪遗产就是这个时期的创造,如今已成为传统的一部分,如巴黎的蓬皮杜现代艺术中心、20世纪50年代被列为"北京十大建筑"的北京火车站,都已作为文化遗产受到保护。那个时期的现代建筑,体现的是当时的技术与审美,"20世纪建筑旨在表现新的时代精神和创新理念,往往建立在新的艺术风格和空间特点基础上,采用新结构、新技术和新材料加以体现"①。随着当代科学技术的快速迭代与发展,现代性的范式已经发生了转变,从某种意义上讲,今天的现代性不只是对传统而言,甚至是对现代性早期而言,它是现代性的高级阶段(有学者将其概括为"超现代性")。文化现代性新范式,就是要打破传统文化符号体系,经由深度转换与创造,实现对传统文化符号体系和美学精神的重构,同时要融入并体现当代最新、最前沿的审美趋势,使现代性拥有世界范围的普遍意义与美学价值。

在开启全面建设社会主义现代化国家新征程的新发展阶段,文化现代性探索不仅要立足于中华优秀传统文化根基,而且要与当代世界最前沿的科技、最先进的观念和最时尚的审美相呼应,要站在21世纪的角度,以全球视野探索传统文化现代转化。从建筑文化领域来看,对当代中国而言,现代性进程不仅要面对农耕文明创造的古代建筑文化,而且要面对20世纪现代化初期创造的文化遗产,同时还要面对如何开启人工智能时代的建筑

---

① 单霁翔:《20世纪遗产保护的理念与实践(二)》,《建筑创作》2008年第7期。

设计文化。但不论面对何种情况,都必须从传统出发,进而推动超越传统的现代转化实践。中华古典美学中有三个重要的流脉,即儒家美学、道家美学与禅宗美学。儒家美学强调以"仁"为核心的礼乐并重、礼乐相成,主张文以载道、高下尊卑,以及艺术的社会效益。这一美学文脉影响下的设计理念,就体现于古代宫殿与庙宇设计里的中轴线和主次有别、等级差序的空间布局。道家美学强调"以物为量""大制不割"的圆融之美,主张万物平等、无所贵贱,提倡自然无为、浑成为美,这一美学文脉影响下的设计理念,就体现于园林设计中的天人合一、人物相融、纯任自然的空间结构,形成"虽由人作,宛自天开"的美学效果。禅宗美学认为一切声色皆是佛事,强调物我同一、无我之我、空也为空,注重任心自在、无修之修,是一种空灵、感悟美学,影响了后世李贽"童心说"、袁宏道"性灵说"的形成,其对建筑及家具设计的影响与道家有相似之处,形成了园林与明式家具的简约、空灵、静气和禅意之美。事实上,道家、禅宗美学思想都具有"当下圆满体验哲学"①的理论内核。尤其是道家老庄美学思想对后世园林和家具等造物文化影响深远,形成了独特的东方造物美学风格。唐代深受禅宗观念影响的王维,不仅开创了文人山水诗和水墨山水画的先河,还将山水诗画的意境融入园林艺术,成为园林和盆景艺术家。他依据诗情画意建造的辋川别业,秉承了其崇尚自然、营造意境的审美追求,叠山理水师法自然,将建筑营造相融于景,开启了文人设计、意境造园的传统。到宋代,这一美学传统日益丰富。宋代欧阳修《真州东园记》、李格非《洛阳名园记》等都从园林结构角度阐发了造园美学,认为"造园既要遵循其自然性之宗旨,又要考虑到各种结构法则,既要满足其实用的功能性,又要呈现其艺术性和审美性"②。明代,园林美学得到了进一步完善,计成《园冶》推崇园林自然写意的美学风格,从叠山理水到花木景观再到建筑营构,无不凸显自然之美,并以"巧于因借,精在体宜"的方式,实现"虽由人作,宛自天开"的审美宗旨,形成其完整而深刻的造园思想;文震亨《长物志》提出"随方制象,各有所宜,宁古无时,宁朴无巧,宁俭无俗"③的审美标准,"这种审美观受到道家老庄哲学的影响","即老子所谓'道法自然',表现在造园活动之中,体现为追求一种非人工

---

① 朱良志:《论中国传统艺术哲学的"无量"观念》,《北京大学学报(哲学社会科学版)》2020年第5期。
② 刘桂荣、查律:《中国艺术批评通史(宋元卷)》,叶朗主编、朱良志副主编,安徽教育出版社,2015,第316页。
③ 文震亨:《长物志12卷》,清粤雅堂丛书本,第4页。

雕琢的自然天成之趣"。① 而与之相应的明式家具也发展出"简素空明、不事张扬的审美意趣和审美取向","形成尚简、尚清、尚淡、尚精的艺术风貌"。②

这些浸透着老庄哲学思想的美学精神,体现了中国传统造园在空间结构处理上所形成的对开合闭敞、晦明藏露、虚实动静、阴阳有无、远近高低、内外深浅、物我灵肉等多组对位要素之间互为转换融合的美学原则,这是我们今天可资利用的珍贵美学遗产。现代主义建筑大师贝聿铭曾言:建筑就是空间的感觉。建筑不在于屋檐、瓦片等技术方面的东西,而在于内部空间。建筑是一个创造空间的艺术。③ 这可谓深得建筑文化精髓,也由此看出中国传统建筑美学在空间处理上具备的独特美学追求与深厚文化底蕴。苏州博物馆在空间设计处理上,就深得园林美学精华,贝聿铭认为,"在中国做建筑,不能想象不做园林"④。但他绝不是模仿古典园林,而是遵循美学原则进行现代园林式博物馆设计。在空间结构与尺度方面,运用曲折尽致、散点透视的布局方式和适宜的尺度体量,构筑起若干建筑小空间的有序组合,"而且高低起伏,错落有致,移步换景,与中国传统建筑的体验类似"⑤。在园林构筑要素方面,虽然苏州博物馆也运用了回廊、漏窗、小桥、凉亭等古典园林中必不可少的元素,但都在现代性探索思路下做了创新转化,将回廊全部移入室内,既达到贯通整个建筑空间的作用,又符合现代社会人们对室内空间舒适度的需求;将漏窗和凉亭进行简化处理,并采用现代玻璃和钢构材料;将小桥设计成平桥形式,以呼应较大的水系面积与敞开式格局。在外观色调造型方面,选择粉墙黛瓦的协调色,使新建筑悄无声息地融入周边多个古典园林,造型虽然以板块几何形为主,但其体量的小巧玲珑化解了现代建筑的生硬质感,在曲折尽致的布局中生发出各种趣味与惊喜。在材料的选择方面,贝聿铭坚持不用传统的瓦片,而采用青色花岗石材,使现代材料具有传统色彩与质感,在他看来,自己设计的是现代建筑,用上瓦顶如同穿西装戴花翎帽,但他不是将

---

① 朱志荣、刘莉、田军等:《中国艺术批评通史(明代卷)》,叶朗主编、朱良志副主编,安徽教育出版社,2015,第181页。
② 严克勤:《天工文质:明式家具美器之道说略》,江苏凤凰文艺出版社,2019,第144页。
③ 黄健敏:《阅读贝聿铭》,《书屋》1995年第2期。
④ 李菁、贾冬婷:《百年贝聿铭:东方与西方,权力和荣耀》,生活书店出版有限公司,2019,第250页。
⑤ 李菁、贾冬婷:《百年贝聿铭:东方与西方,权力和荣耀》,生活书店出版有限公司,2019,第249页。

石材做成平顶，而是做成小斜顶，使形态与传统屋顶相协调。在景观营构方面，贝聿铭既继承先人"以壁为纸，以石为绘"的传统，又别出心裁地放弃使用太湖石，而以富有现代感的片石作假山，其造型又源自米芾的山水画，将古典与现代天衣无缝地融为一体。一系列园林美学原则的创造性运用，使得苏州的这座现代博物馆具有诗情画意般的美感，基本实现了贝聿铭学习古代诗人、画家把造园当成作画作诗一样的理想。贝聿铭作为一个现代主义建筑大师，虽然没有完整的理论体系，也坚持现代主义审美与几何逻辑，但他在实践中体现出浓厚的东方情怀和素养，追求圆融、和谐、平衡的审美效果，他相信他的建筑自己能说话，能传达出他内心深处的审美追求。

随着越来越多创造性地运用中华美学的艺术家、设计师的涌现，中国文化主体性的实践意涵将不断丰富发展，并为世界文化发展提供美学智慧。早在18世纪，中国园林就受到西方追捧，苏格兰人威廉·钱伯斯（William Chambers）认为中国园林有着杰出的布局，所表现的趣味是英国长期追求而没有达到的；老庄美学亦远播西方，美国20世纪视觉艺术家约翰·米尔顿·凯奇（John Milton Cage），不仅深切领悟了《庄子》中无为而自然的美学思想，其名著《沉默》在美国艺术界产生了巨大影响；日本对中国禅宗思想和园林艺术的汲取更为深厚，形成了日本禅艺术的七性格——不均齐、简素、枯槁、自然、幽玄、脱俗、静寂，以及追求侘寂之美的"枯山水"审美旨趣。不难看出，中华美学生命力从古至今，都能在与其他民族文化融合中显示出旺盛的生命力，成为文化主体性建构生生不息的动力支撑。

改革开放以来，中国式现代化建设取得的举世瞩目的成就，创造了"中国式现代化新道路"和"人类文明新形态"。当代中国文化主体性不仅是构建中国话语体系的重要组成部分，而且是中华民族在现代化背景下创造的人类文明新形态的重要内涵与支撑。在全面建成社会主义现代化强国的新征程上，我们需要以史为鉴、瞩望未来，深刻认识现代化新范式、新诉求，深刻把握新技术革命条件下文化创新发展的规律，全面、系统、深刻地认识文化主体性建构的多维面向与复杂情状，坚持以系统观念谋划、统筹物质文明、政治文明、精神文明、社会文明、生态文明协调发展，凸显中国国家治理体系与治理能力现代化的制度优势与文化特色，高质量推动新发展阶段中国文化主体性建构，更好地讲述"中国式现代化新道路"，不断丰富人类文明新形态内涵，使中华民族伟大复兴的中国梦最终成为现实。

第七章

古典美学：转场与创新

继承与弘扬优秀传统文化已成为新时代文化创新的主旋律，也是文化与文化产业研究关注的焦点。传统的现代性转化无疑需要确立科学的理念，以此进行宏观鉴照，提出战略思路、方法与途径，这是一个不断调整、校正和完善的过程。任何宏观构想与现实境况之间都难免存在偏差乃至脱节，而文化领域的实践探索总是走在理论的前面，构想的形成与完善，离不开对现实的深入考察和分析。理念引导的重要性无可置疑，但这并不意味着可以始终停留于宏观层面，在发展理念确立之后，中微观层面的具体展开成为关键，这个过程本身是一个进入传统、把握传统，又走出传统、转入当代，再到融合传统精华、结合当代需求进行超越和创新的实践活动。

经由理念、构想—实践、创造的多次相与往返和磨合调整，能不断生成新理念、新模式，成为文化创新发展的"中国经验"和"中国智慧"。本章试图在新时代文化高质量的发展背景下，重新进入传统文化之中，通过提炼中华美学的核心内涵与精髓，探讨现代转场的可能与方式，包括转场之后传统美学基因的现代呈现如何适应全球化时代世界对当代中国文化的期待与需求。

第一节　美学基因的选择与提炼

在漫长的农业文明发展过程中，中国创造了五千年未曾中断的文明，良渚古城遗址申遗成功既为中华五千年文明提供了科学的见证，又为古老悠久的玉文化增添了更加丰富的内涵。中华文化的独特价值，不仅表现在令世界惊叹的文明遗产上,而且表现在这些遗产创造过程中所体现出的独特思维方式上——这是一种文明更为内在的和本质的特征。人们感受一个民族文化的伟大,往往先是直观领略其文化创造成果,继而才认同其文化观念及其所蕴藏的价值观与思维方式,后者无疑是构成一个民族独特文化身份的内在因素与核心所在。

新时代文化创新发展的语境中,继承优秀传统文化成为重要主题与学术热点,各种理论探索在不同维度上延伸与扩展,人们就传统文化在现代化进程中的地位与作用有了更多共识,也提出了关于传统再生的各种理论设想,以及实践层面如何实现传统与现代无缝对接等问题——中华传统文化是一个十分庞大的体系,继承与弘扬应从哪里入手?在传统文化生成的社会生产形态和历史语境发生根本性变革的情形下,现代社会如何赓续源自农耕时代悠久厚重的文脉?在互联网、人工智能的技术与生产环境下,传统非遗技艺如何与之对接?批量性生产的产品如何印刻和体现富有地方文化特征的独特符号?凡此种种,亟待文化学者和创意设计工作者深入思考,提出创新思路与可行性方案。

中华艺术是中华文明的重要构成与表征,其独特的美学风格与意趣构成了区别于其他民族文化的价值核心。新时代的文化创造离不开对传统艺术资源与美学基因的选择和提炼,文化创新的过程就是对富有时代生命力的传统文化元素与审美精神的辨识、认知过程,也是对文化基因进行提纯和重新编码的过程。贝聿铭为承接伊斯兰艺术博物馆的设计项目,考察了中东地区与伊斯兰教有关的许多著名建筑,最终选择了来自开罗的清真寺建筑作为母版,因为其造型虽然简洁却代表着伊斯兰建筑文化最原始、最经典的设计基因。因此,继承传统应从文化原点开始,追溯和聚焦中国传统文化的核心内涵与本源,选择传统中最富有代表性和生命力的基因作为创新起点。从中国传统艺术观念关键性概念入手,从中捕捉和把握中华民族独特的艺术思维方式,或许是实现传统文化现代转化的基本进路。因为面对浩如烟海的传统艺术作品以及丰富多样的艺术遗产,如何才能将其与现代人的精神生活打通,无疑也有赖于对传统艺术思想和观念的发掘和阐发。[①] 中国古代学者在文化艺术领域经由长期实践,形成了一套独特的美学概念体系,诸如意境、气韵、形神、中道、和谐等,它既是艺术创作的特征描述,也是艺术观念的特质体现,构成了中华古典审美的重要观念元素。在这些艺术概念下形成的审美意趣与风格,在世界艺术殿堂中可谓孤

---

① 郭必恒:《中国传统艺术观念关键词》,北京师范大学出版社,2017,第5页。

标高致、魅力独具。从总体上看，在艺术领域中，西方既偏重于具象化、描述式、叙事性的表现，是色彩、画面的视觉冲击与场景讲述，又侧重于诉诸外在感官；而东方中国则偏重于抽象化、象征式、感悟性的表达，是意境、韵致的营造与境界构筑。意境美是中国山水画中表现得尤为突出的特征。自唐中期以来，逐步成熟的文人山水画，在笔墨韵致上更加注重依照主体的想象与意趣进行创作，现实形象退居其次，代之以抽象之形和象征之形，并于其中寄寓主体自身的艺术情怀与境界，由此形成了"以形捉神"的独特审美创造方式。这样的艺术表现，通常不以外在的直观视觉感受为审美特征，而以整体气氛的营造构成独特意境，须深度品味方能体悟和捕捉其微妙神韵。这一美学意趣在中唐的诗歌中也有鲜明表现，随着人们观物审美的不断深化，"那种探究山水内在意蕴和意趣的由留意于物而臻于物我交融的境界，已成为诗坛的潮流"，而司空图"超以象外，得其环中"的理想，自此也成为中华文艺百世不移的追求。①

　　对中国艺术史的检视及对相关研究文献的梳理，可以提炼出古典美学的若干主要特征。第一，注重以形捉神。中国山水画自中唐以降，便属意于"以形捉神"的意境表现，这虽然有着艺术本身发展的内在必然——早期山水画更多地运用人物画的勾线填彩手法，但随着"树石云水，俱无正形"等山水审美认知的深化与观念的改变，"造成了山水审美与山水画技法之间'迹不逮意'式的尴尬"。② 为摆脱这种尴尬而进行了技法上的"破墨"革新，水墨画由此兴起而丰富了意境的表现——但这一转变也与中国艺术的哲学思想渊源密切相关，是儒、释、道思想在艺术领域的体现。与西方艺术以逼真描摹、明丽色彩对感官与视觉的冲击不同，中国艺术不那么关注于精细真切的自然物象的绘写，而热衷于捕捉勾画事物微妙玄奥的内在神韵，由此营造的艺术境界便具有"超凡脱俗，静穆闲逸"的独特东方意趣。第二，推崇静谧空灵。传统美学中静气、禅意的意境之美，是古典美学的主要基调。静气与禅意作为一种意境之美的传统，其形成与中华文化的包容性不无关联，这与对外域传入的佛教文化的吸收有密切的内在联系。禅宗避世归寂的境界追求、老子哲学中"为腹不为目""致虚极、守静笃"的精神内蕴，不仅深刻影响着艺术家（董其昌一生都致力于禅学、老庄）的审美观，而且充分体现于艺术创作和表达之中。于是，生命感知、内心体验成为艺术创造的重心，形成中国古典诗词、水墨

---

① 汤哲明：《范山模水》，上海书画出版社，2006，第32页。
② 汤哲明：《范山模水》，上海书画出版社，2006，第46页。

山水绘画含蓄内敛、中通圆和的主要特征。第三，追求动静相生。静气与禅意不是静止不变的，更不是枯涩板滞的，古典山水画中"山静日长"的独特意境，是一种在"极静中追求极动"，进而使"心灵从躁动归于平和"，走向宁静的艺术创造过程。[①] 宗白华也指出："禅是动中的极静，也是静中的极动，寂而常照，照而常寂，动静不二，直探生命的本原。禅是中国人接触佛教大乘义后体认到自己心灵的深处而灿烂地发挥到哲学境界和艺术境界。"[②] 这深刻地道出了禅宗对于中国艺术观念与创作的影响。第四，崇尚自然本真。古典美学崇尚内在真实，不求外在形似，认为神似是更深刻、更本质的真实。中国山水画始终贯穿着道禅哲学"既雕既琢，复归于朴"的艺术理念，艺术家们痴迷于本真、原初与浑然天成的生命感受，并采用"素以为绚"、黑白对比等手法进行表现，以达至"明豁"之效果。中国独有的笔墨技法如浓淡得体、干湿相成，为达臻"虽无色，胜于有色"的艺术妙境提供了绝好支撑。很显然，中国古典艺术并非不擅长客观叙事与描摹、造型与写实，而是更关注如何借助物质形态的提炼、重构与凝定，去表达对整体生命的认知与感受，去寻求诗意栖息的心灵之所，由此，铸就出简括空灵、大巧若拙的独特东方美学旨趣。

虽然中国传统艺术以意境、气韵为主要特征，但也同样有写实一脉传统，彰显出传统艺术既有独特审美基调，又有多样性表达的文化包容特性。张择端的《清明上河图》，仇英的《南都繁会景物图卷》《清明上河图》《汉宫春晓图》，徐扬的《姑苏繁华图》，佚名的《明宪宗元宵行乐图》，计盛的《货郎图》，等等，皆在大空间尺度里进行写实风格的创作，其中所运用的散点透视技法独步世界画坛，成为中华绘画艺术的独特创造，备受当代中外艺术大师的推崇与赞扬。五代南唐画家顾闳中的《韩熙载夜宴图》可视作人物工笔之经典，"全图工整、细腻，线描精确典雅"，整体氛围和气韵透着"一种沉着雅正的意味"。[③] 致力于艺术形式创新与实验的西方当代著名现代艺术大师大卫·霍克尼（David Hockney），也对散点透视技法艳羡不已，他生动地描述了第一次观赏《姑苏繁华图》时的情形：那天他深为所动，跪地看画长达4小时，一面与策展人迈克·赫恩（Mike Hearn）讨论这个长卷是多么神奇地处理了空间、时间和叙事，它如

[①] 朱良志：《生命清供——国画背后的世界》，中华书局，2016，第85页。
[②] 宗白华：《美学散步》，上海人民出版社，1981，第76页。
[③] 顾闳中：《顾闳中·韩熙载夜宴图》，四川美术出版社，2017，第3页。

此激动人心、充满魅力。① 以长卷形式全景式、立体化地展现姑苏城繁华景象，虽时空交错却叙述井然，虽场景繁复却杂而不乱，虽人物众多却形态各异，虽视角散落却结构谨严，无怪乎霍克尼称其为虽具风格化特征，却比凡尔赛宫全景画要真实得多。

中华美学不仅体现在浩如烟海的古代文化典籍之中，也反映在历朝历代的日常生活中，尤其是和平与繁盛时期，更能反映出精神与美学的追求在日常起居及造物中的表现。《红楼梦》作为传统文化的结晶，凝聚了中华数千年古老文化的精髓，其中所"渗透的传统文化的因子异常丰富"，"就反映生活的丰富性来说，确实可以称作传统社会的'百科全书'；就其所包含的文化因子来说，堪称中华民族传统文化的总汇"。② 大观园中的生活，既有抚琴、对弈、书法、绘画之雅好，也有吟诗、作赋、猜谜、品茗之雅趣，还有观戏、游园、赏花、宴饮之雅集。日常起居充盈着文化内涵，休闲娱乐更是文气浓郁。宴席之中，饮馔方式的雅趣和进食时的款仪远远超出了饮食本身，成为艺术享受和生活礼仪的展示。而闲来听戏，更是传递出艺术欣赏中妙悟神解的高雅趣味：黛玉偶闻"原来姹紫嫣红开遍，似这般都付与断井颓垣"等戏文，不免从感慨缠绵到心动神摇，再到心痛神痴直至眼中落泪，细腻微妙的情感共鸣，竟构成日常休憩的一幕。如此雅致的文化生活，集中体现了古代文人的生活理想与美学趣味，虽然《红楼梦》里描写的是那个时代贵族的日常生活，但撇开豪门贵胄的奢靡与浮华，其中相当一部分表现的是富有浓厚文化气息的日常生活与文化活动，就其所追求的生活品质和趣味而言，体现了我们民族独有的生活美学与智慧，是中华民族审美文化在生活领域的重要表现。

第二节 审美延展与伦理精神

中华古典美学不仅融注于社会文化乃至日常的文娱活动中，涵养着人们的精神情感，而且借助器物嵌入日常生活起居乃至生产活动中。日常器用看似与艺术审美相去甚远，甚至与艺术审美无关，但事实上，器物设计源于审美观念、艺术趣味，包含着丰富的美学元素，能在潜移默化中影响

---

① 大卫·霍克尼：《我的观看之道》，万木春、张俊、兰友利译，浙江人民美术出版社，2017，第128页。

② 刘梦溪主编《大师与传统》，中国青年出版社，2007，第61页。

人们的美学趣味、生活品位，提升人们的审美素质，规约人们的礼仪举止，由此塑造出文明古国、礼仪之邦的形象。有学者甚至提出"器物养性观"，认为"家具是生活品质的重要标志，一个国家或民族的文化底蕴与生活水平，也会在家具的型制纹饰、工艺水准上得到充分的反映"[1]。"家具看似民生实用之器，但亦可承载一个国家民族的审美意识。"[2] 器物的历史在某种意义上，也是一个民族文化审美的发展历史，既体现着文人、艺术家的审美理想，又记录着不同时代的审美演变轨迹。

艺术设计既是中华美学进入日常起居的重要方式与手段，也是审美基因在造物领域的延伸与扩展，古代造物也因熔铸了独特审美精神而呈现出迷人的东方神韵。园林山水建筑是山水画之笔墨意境立体、现实的呈现；明式家具是书法线形艺术的气韵转换与抽象表达；瓷器美术是书画艺术在瓷胎载体上的展现；丝绸图案是经典审美符号或具象或抽象的表征；文房清供是文人高洁素雅精神追求的物化体现。事实上，古代造物智慧中，技艺与匠心固然值得称道，但艺术审美意趣的融入与精准表达，使得器物拥有更加丰富的精神内涵与美学价值，成为中华造物最具民族性和审美性的文化创造。作为世界公认的手工艺大国，中国古代造物积累了深厚的造物文化底蕴。关于古代学者对中华传统造物文化的研究、现代学者对造物文化探索的现状，以及古典造物文化所具有的简约清新、流畅灵动，形式功能、巧妙融合，心物相照、巧法造化，文士情怀、丝竹意趣等四个方面的特征，笔者曾有详细梳理和阐述，此不赘言。但针对以往研究之不足，笔者提出若干宏观性思考：第一，造物文化以物质形态呈现，往往被纳入制造业等经济领域，不为文化专家、美学家所关注，甚至被视为难登大雅之堂的奇技淫巧，这是人为将精神文化与造物文化加以分野、忽视造物设计、美学蕴涵的结果，应加以纠偏。第二，造物设计的价值不仅在于提升人们的生活品质和生产效率，而且在今天更成为打通各行各业之间界限、实现产品创新与产业转型升级的不可或缺的要素，对造物设计的强调，符合当下经济与文化、各行业之间融合发展的趋势。第三，以往我们注重精神文化的传播，而忽略造物文化的传播。其实造物文化既是精神文化的物质显现，又是全球化时代讲好中国故事、传播中国声音的重要媒介；优秀造物文化是民族精神的重要载体和集中体现，它通过物质贸易的方式携带

---

[1] 朱方诚：《东方文心：明式文人家具文化研究》，江苏凤凰科学技术出版社，2019，第39页。

[2] 严克勤：《天工文质：明式家具美器之道说略》，江苏凤凰文艺出版社，2019，第145页。

并传播精神文化,因而也是树立国家形象最有效的方式。第四,造物文化的现代转型、变革与创新,需要有先进科技、先进人文思想的支撑与引领,才有望领先世界潮流,成为世界造物文化的策源地。以开放视野汲取先进文明养料,继承优秀传统基因,是我们成为策源地必须具有的姿态与策略。

  关注造物文化,必须深入把握其与精神文化的内在联系。从艺术史角度来看,艺术与造物本就存在互融互通、互渗互鉴的密切关系。就诗歌绘画艺术与园林的关系而言,概括说来,表现在如下几个方面:首先,园林树石成为诗文绘画的主题。隋代之后,以园林树石为山水题材的诗文绘画大量出现,体现出这一时期山水观念的演变与成熟,以至于形成画松石的审美风气。《历代名画记》记载了诸多画家均以山水树石为创作主题:李思训"其画山水树石,笔格遒劲,湍濑溪流潺湲,云霞缥缈";卢鸿"善画山水树石,隐于嵩山"等。① 王维则以画卷表现他的辋川别业,影响了后代不少画家。唐以后不少画家,都创作过以园林为表现对象的画作,如文徵明的《拙政园图》、仇英的《独乐园图》、沈周的《和香亭图》(传)、倪瓒的《狮子林图》、沈士充的《郊园十二景图》等。而山水盆景和石供作为山水树石的另一种山水艺术形态,在唐代已然出现,亦成为诗人摹写的对象,杜甫有诗言:"一匮功盈尺,三峰意出群。望中疑在野,幽处欲生云。慈竹春阴覆,香炉晓势分。惟南将献寿,佳气日氤氲。"其次,园林树石成为文人创作场所。自宋代至明清,"西园雅集"主题在中国古代绘画史上是一个不断被描摹和演绎的题材,马远、刘松年、赵孟頫、钱舜举、唐寅、仇英、李士达等,皆曾以此为主题创作《西园雅集图》,历代画家创作的各具意境的《西园雅集图》竟有47幅之多。这其中确凿地印证和表明了文人雅士们热衷于在山林之中娱乐休憩,而园林作为艺术化的自然山川,也自然成为文人士大夫聚集交流的场所,他们流连于亭台楼阁、小桥流水、竹石山林之中,沉醉于卓然高致的雅逸趣味,或吟诗作画,或抚琴品茗,留下了许多传世名作。刘松年的《十八学士图卷》所描绘的场景便具有典型的园林特征,文人士大夫悠游于园林美景之中,诸多书画诗文创作便由此产生。有学者推断,"竹林七贤的相会之处,必定是在这样的园林"②。而园林艺术大师陈从周也大胆推测:王羲之写下《兰亭

---

① 张彦远:《历代名画记(卷9)》,上海古籍出版社,2002,第445、457页。
② 黎萌:《中国艺术批评通史(隋唐五代卷)》,叶朗主编、朱良志副主编,安徽教育出版社,2015,第176页。

集序》的那场千古盛会,大概也是在这样的园林中发生的。再次,艺术家多重身份现象颇为普遍。自魏晋肇始,文人士大夫便在山水审美观念确立之时,将审美理想延伸至园林建造之中,甚至存在兼具艺术家与匠人双重身份的现象,许多早期园林的设计者要么本身是画家,要么是著名画家的近亲,如被记载于《历代名画记》中的蒋少游不仅"工书画、善画人物及雕刻",而且在北魏孝文帝迁都洛阳之后,"担任了华林苑和洛阳宫殿的工程维护和营造设计工作"。① 张彦远的《历代名画记》还记载了唐代大画家阎立本家族中有多人既是画家又是建筑师,其弟阎立德曾在唐贞观初年担任"将作大匠",设计建造翠微宫、玉华宫。

正是由于文人艺术家深度参与了造物活动,将山水诗画里表现的审美理想,熔铸于各种造物过程,形成全然不同于西方园林的独特美学风格,西方学者也因此承认:"中国人是最有技艺和最有成就的园艺家。只要有一块土地,即使面积很小,缺乏自然之美或地势不佳,他们都会耐心地把它建成袖珍的山景。"② 而置放于园林屋宇之中的家具陈设,也具有相同的审美意趣,形成了东方独有的简括、洗练和写意的美学特征,营造出禅意的氛围。书法绘画里运用自如的线的艺术,也融入家具设计而形成独特气韵。明式家具以线形基本元素进行型廓、间架、杆形、材径等比例结构的匠心设计,形成中通圆和、清逸静气的独特韵味,其简约秀逸、流畅灵动的审美风格,深得书法绘画中所凝练出的抽象与还原的艺术精神,构成其生命力的深层文化诠释。感悟性不仅是中国古代艺术的重要特性,也是包括明式家具在内的器物设计的特质,如"明代文人家具利用人们对果实、马蹄的追念,用片段式的语言装饰腿足,这纯属一种感悟性的设计,目的是简明扼要地提醒人们对看点的认同。而同时期的西方洛可可家具,善于用丰富的形象细节,以工艺精确再现,讲述自然美景春去秋来的故事,来唤起人们的赏析"③。借助这种艺术方式,古典造物达到了以器构境,营构出一种简洁质朴、高雅绝俗的整体情景与氛围。④ 园林之中的盆景艺术是中国人居美学的独有设置和独特创造,它以取法自然、顺乎自然的美学法

---

① 黎萌:《中国艺术批评通史(隋唐五代卷)》,叶朗主编、朱良志副主编,安徽教育出版社,2015,第179页。

② 威尔逊:《中国——园林之母》,胡启明译,广东科技出版社,2015,第241页。

③ 朱方诚:《东方文心:明式文人家具文化研究》,江苏凤凰科学技术出版社,2019,第97页。

④ 朱志荣、刘莉、田军等:《中国艺术批评通史(明代卷)》,叶朗主编、朱良志副主编,安徽教育出版社,2015,第163页。

则，营造出山水画之卧游效果，形成了不下堂筵、坐穷泉壑的意趣。这种浸透着浓厚艺术审美趣味的造物，是古代文人以物为寄、托物言志，将自我的品性、情感和审美意识投注并外化于物中，进而实现人与物的沟通互动，正是文人意趣的集中体现，也是文人对于造物艺术最为看重和讲求的方面，这使得器物高度艺术化而成为文人精神审美的另一种表达和存在方式。①

不难看出，传统造物尤其是由文人直接主导和参与的造物，不只关注由工艺和技术所造就的功能性，更关注器物两个层面的精神属性。第一是审美情感。物以传情的造物理念，使得古典造物不仅注重器物的艺术视觉美及其对生活的装点美化，而且注重借助器物表达人格理想、品德情操的精神功用。第二是礼仪伦理。虽然古代造物也关注器物与人之间关系的相宜性，讲求舒适性、便利性与科学性，但在功能性与伦理性发生冲突时，总是倾向一定程度地牺牲功能性，而突出伦理性，这使得古代家具往往拥有规范行为、礼仪建构的礼制功能。于是，熔铸着审美与伦理双重文化蕴涵的器物，不仅能借助"物以传情"形成超越物质层面的审美感染力，而且能凭借"器以载道"传递社会伦理规范内涵，甚至还能通过"器以构境"营造出清雅绝俗的审美化生活情境。很显然，古代艺术与造物之间事实上已形成彼此交融、互为鉴照的密切关系。精神文化与造物文化之间的互为融通，使得精神生活与日常生活形成一个彼此连接、和谐契合的整体，由此构成中华文化完整而独特的美学体系。事实上，贝聿铭就指出：建筑和艺术虽然有所不同，但实质上是一致的，他的目标就是寻求二者的和谐统一。②谢灵运营造始宁墅，就在空间创造中充分运用了借景艺术手法，"体现了他对建筑园林艺术中时空美学法则的思考，同时也反映了他在自然生态、人居环境、园林景观等'天人关系''物我关系'问题上的批评认识"③。而正因为在园林建造中熔铸了艺术设计和审美理想，使得园林建筑本身成为艺术。

很显然，"天人合一"的哲学理念在传统造物中有着鲜明体现，中国古典园林及乡村民居在空间营造、审美意趣上，始终遵循人与自然相融合的构建法则，如同古代山水画中房屋建筑总是显得渺小而又恰切地与自然

---

① 朱志荣、刘莉、田军等：《中国艺术批评通史（明代卷）》，叶朗主编、朱良志副主编，安徽教育出版社，2015，第163页。
② 黄健敏：《阅读贝聿铭》，《书屋》1995年第2期。
③ 袁济喜、何世剑、黎臻：《中国艺术批评通史（魏晋南北朝卷）》，叶朗主编、朱良志副主编，安徽教育出版社，2015，第398页。

山川相融合，构成自然的组成部分，从不抢自然景观的风头，使得建筑与自然浑融一体，形成心物相照、巧法造化、顺乎自然的美学特征。园林所具有的"虽由人作，宛自天开"的境界，与诗词绘画的"师法自然"如出一辙，以至于黑格尔（Hegel）认为中国园林作为建筑而言是一种不完备的艺术，甚至不是一种正式的建筑——这正道出了古典园林追求人造空间与自然景观的畅达沟通，达至"尽得周围之美"的诗情画意的意境营造和意趣生成的审美特性。除了造物实践与审美建构外，古代文人还建立了一套独特而完备的造物艺术批评话语体系，文震亨《长物志》中的讲求自然、推崇如画、追求适宜及文人意趣等造物艺术批评思想，黄成《髹饰录》中的注重天人合一、力戒淫巧夺目和崇尚古雅的造物艺术批评要义，宋应星《天工开物》中提出的"天工开物""贵五谷而贱金玉"等系统性的造物批评理论，"蕴藏着丰富的造物艺术批评资源"，成为传统造物文化的重要组成部分，"值得我们去提炼、归纳和总结"。[①] 我们今天要创造美好生活，既要继承古代精神文化美学基因，又要传承造物文化精粹，从传统造物中提炼凝定出韵致之美，汲取养分，为当代中国设计文化发展提供卓越的美学资源，探索并实践现代条件下艺术与造物的有机融合。

第三节　现代转场与当代创新

古代中国在精神文化和造物文化领域取得辉煌成就，形成独步世界的东方审美风格，但农耕时代创造的审美典范与话语体系，在工业、后工业乃至人工智能时代如何实现现代转型，进入新时代的文化场域，是我们今天要深入思考的重要时代命题。这其中涉及传统文脉赓续、审美语境转换、艺术生产方式转变、当代文化特征塑造等问题，关系到新时代中国语境下如何实现文化高质量发展，如何以古典审美为美好生活打底色，以东方审美智慧为当代世界文化发展提供文明鉴照。

新时代文化高质量发展的重要目的，是为美好生活的建构提供基于传统文化根基的当代美学支撑，在文化资源的援引、选择和汲取上，既不能以古典审美与生活模式为样本，又不能以西方的美学与生活方式为模板，而应从当代文化发展和生活需求出发，以传统审美为主基调，融合域外优

---

① 朱志荣、刘莉、田军等：《中国艺术批评通史（明代卷）》，叶朗主编、朱良志副主编，安徽教育出版社，2015，第141页。

秀文化，创造属于当代中国、具有鲜明中华美学特征的文化艺术，为创造美好生活提供支撑。这无疑是一项关乎传统延续的重大系统工程，而要在"现代主义成功地编织出一种新语言"，并且能满足所有的变化性需要，"形成了这种现代社会的主流语言"之后，实现传统的创新发展，更需要长时间的艰辛探索与努力。① 但不论前路多么遥远和崎岖，我们都必须从深入感受和领悟传统精髓开始。这是因为20世纪六七十年代成长起来的现在的中青年一代，长时间身处于大小传统齐遭破坏的环境，没有机会接受传统文化典范的熏陶，他们身上的文化含量积累得不够，难免精神气象显得单薄而不够从容、不够厚重。② 唯有根植传统，才能行远自迩，继而拓展宏图。

物换星移，渤澥桑田。传承历史，开创未来，是每个时代尤其是历史转折时期必须面对的问题，而赓续传统文脉应尊崇先进理念与科学方法。第一，要对古典美学遗产有正确的认知，端正态度。面对先人伟大的创造，既不能厚古薄今，又不可厚今薄古，因经典的难以企及而顶礼膜拜或以今日科技的发达而忽视轻慢传统，都是不可取的。我们要顺应当代经济与科技发展水平的需要，汲取前人精神与造物智慧，进行融汇传统与当代的实验性探索、创造性实践，不断完善、提高创意与设计水平，是实现新时代中国语境下的文化高质量发展的必然选择。第二，从深刻把握传统文化内在本质与精神内蕴层面上维系历史根脉。互联网时代高度发达的资讯与丰富多样的文化产品，构成对民族文化及其个性的极大消弭，文化安全与文化同质化危机日趋严重。从游戏主题到影视偶像，从流行音乐到时尚消费，从饮食文化到交往习惯，西方价值观念与文化符号占据了年轻一代文化生活的重要空间，表面的文化兴盛与娱乐消费之下，隐藏着民族审美元素的流失与价值观的迷惘，无根的潜在危机始终困扰着民族身份认同。虽然在今天保护与继承传统文化的意识不断提升，但仅仅以表面的符号呈现与消费来表达对传统的礼敬，或者以传统的简单移植和借用来实践对传统的继承是远远不够的。事实上，"民族性不是某些固定的外在格式、手法、形象，而是一种内在的精神，假使我们了解我们民族的基本精神……又紧紧抓住现代性的工艺技术和社会生活特征，把这两者结合起来，就不

---

① 殷智贤主编《设计的修养》，中信出版社，2019，第129页。
② 刘梦溪：《中国文化的张力：传统解故》，中信出版社，2019，第303页。

用担心会丧失自己的民族性"①。那种浮于表面、浅层化的传承方式，既不能实现对传统的真正继承，又无法创造这个时代所需要的高质量文化产品与服务。第三，要在主体人格层面实现传统与现代的融合。现代人是实现传统文化现代转场的实践主体，其自身必须同时具备传统文化功底与现代文化修养，偏倚任何一方都难以实现真正的传统再生。"文化传统的更新与重建，是民族文化血脉的沟通"，"如果我们能够把继承传统当作生存的需要，传统就活在我们中间了，我们每个人既是现代的又是传统的，优秀者必成为涵蕴传统味道的现代人"②。具备这种素质的现代人，必然将思考诸如当代中国文化特征如何塑造；文化高质量发展背景下，传统文化要素进入当代的状态应当是怎样的；在世界范围里，中国人的东方现代思维方式如何形成；当代中国工业设计如何依托不断壮大的经济而形成传播优势、价值观优势等问题。当然，构建中国当代话语体系应摒弃西方传统的"二元对立"思维范式，尊崇传统的"和合"理念，倡导多元文化的平等交流与对话，增进世界审美文化的多样性，与西方审美共同构成和丰富人类文明的历史创造，达至"各美其美，美美与共"的境界。

  传统文化的现代转化是一个复杂、系统和连续性的历史过程，涉及诸多理论与实践问题。文化转场存在于任何时代，尤其是文明转型时期往往出现大的转场；而同一文明形态下的文化变革，则可以看作一种小转场，如从唐诗到宋词，从元曲到明清小说，都是农耕时代王朝更替时，主流意识形态发生重要变化，加之生产力发展、社会变迁所导致的文化主体形态的演变，而非革命性的转场。进入现代社会后，工业生产体系的建立，以及与之相适应的上层建筑的根本性变革，必然对文化形态和审美方式产生深刻影响，现代小说、诗歌、戏剧及电影、舞蹈的出现，现代工业设计的形成，构筑了一个与传统社会和生产体系迥然不同的生产机制、传播方式与生活空间，这个时候文化就进入了一种大转场时期，而不是一般的形式变革。事实上，每一个新时代的来临，势必以新的文化观念去观照传统文化，并获得新的发现，这种发现之所以产生，在于从新的时代诉求出发，进行全新的评价与阐释。我们要善于把握时代转型之间的内在关联性，当代是对传统的赓续、延展、超越，而不是隔绝、阻断、取代。中国文化中以《诗经》为底本的古代诗教传统，凭借"尽美矣，又尽善也"，"质胜

---

① 朱方诚：《东方文心：明式文人家具文化研究》，江苏凤凰科学技术出版社，2019，第97页。

② 刘梦溪：《中国文化的张力：传统解故》，中信出版社，2019，第304页。

文则野,文胜质则史。文质彬彬,然后君子",以及作为诗教核心的"温柔敦厚"等思想观念的传播,具有规范人们意识与行为、构建社会政治与伦理的作用。虽然诗教传统于五四时期的现代性变革中,曾一度"在向西方学习的整体性反传统语境里""失去传延的固有土壤","但在主体意识活动深处还是得到承认与欣赏"。① 在当代诗教实践中,需要诗人开阔现代文化胸襟,以历史视野参与世界不同文明对话,关注思考当代中国社会发展,创作具有大格局、高境界、厚情怀的表现现实人生的作品。很显然,历史转场是一个不断探索、适时纠偏和持续完善的实践过程。同时,传统继承本身还存在一个评价标准的问题:什么样的传承是对的?如何传承才能实现传统保真与优秀文化基因的延续?对此,任何一个时代都会有不同的评判尺度。辨析、讨论、争鸣在所难免,正确的认知与科学的路径正是在这个过程中产生的。

中华优秀传统文化具有很强的历史适应性和生命活力,更具有对其他民族文化的包容性。中国古代从佛教文化发展出禅意的美学,唐代更显现出对其他民族文化开阔包容的胸怀,由此铸就了中华文化一个时代的辉煌。这种包容厚重的文化赋予我们文化自信的底气与根基,但这种底气与自信不是来自简单的挪用传统,而应当建立在对文化基因甄别与提炼的基础之上。继承传统应有符合当代发展需要的理念指引,在进行宏观鉴照的同时,不能停留于凌空蹈虚、华而不实的泛论,而要深入传统内部进行微观质析。古典审美中一系列传承有序的美学观念是中华文化基因的内核所在,经典则是承载这些基因的文化母本,而文人艺术家对于经典的形成具有举足轻重的作用。从历史上看,由文人艺术家创造的文明,往往代表着一个时代的高雅文化,也标志着一个时代的文化高峰。宋代推崇文人治国,从书画到瓷器,铸就了一个个艺术史上的巅峰与奇迹;文人山水画的出现,经由王维等诗人画家的倡导与实践,融入了更为浓郁的田园诗意,并进而从"田园之乐"走向"山水之赏",使宫廷画师的创作相形见绌,成就了中国画尤其是文人山水画独步世界画坛的鲜明特色。古典诗歌艺术需要我们深入感悟和把握其意境营造与审美意趣,在新时代的历史坐标中去阐发新意,创造符合当代社会审美需求的表现方式。古典诗词善于借助自然景观的摹写与重构,传递出自然事象特征之外的情感与心灵意趣,这种"以形捉神"的艺术方式格外适合运用于表现与营造或寂静空灵,如"小径深山翠微浓,淡雅芳香清谷幽";或超以象外,如"昨夜雨疏风骤,

---

① 方长安:《中国诗教传统的现代转化及其当代传承》,《中国社会科学》2019 年第 6 期。

浓睡不消残酒。试问卷帘人，却道海棠依旧"；或活色生香，如"消受白莲花世界，风来四面卧当中"等艺术意境。这一手法，不仅可以在当代诗歌、小说、散文创作中获得延续，而且可以运用于网络文学，如《凡人修仙传》借助描写主人公韩老魔痴迷于修道成仙的过程，营造出超然物外、空寂豁达的艺术氛围。而现代影视、动漫、短视频等也可以运用这种手法创造电子时代具有浓厚中国风格的视觉艺术，如借助高端数码技术呈现空灵唯美的动漫美图，使画面的技术感与画风的古典味实现完美融合。《大鱼海棠》以电脑动画表现客家土楼、孤岛庙宇与海底世界，视觉的东方意趣、故事的叙事技巧和配乐的民族基调，构织出一个古典审美与现代情愫相结合的艺术世界。传统京剧与动漫艺术相结合，在保持唱腔纯正的同时，以动画形式呈现的表演，赋予这一古老艺术新的视觉感受，不仅突破了舞台空间局限，而且有效地推动了京剧的线上传播和普及。

　　文人艺术家的创造不仅形成了独特的精神审美意趣，而且深刻影响着造物设计，涵养和提升了中华造物的文化品位，使传统造物成为中华文化的重要组成部分，在构建中华文化的世界形象方面发挥着重要作用。素以为绚、以形捉神的美学意趣是中国绘画独特的审美追求，苏东坡"谁言一点红，解寄无边春"、郑板桥"敢云少少许，胜人多多许"，都表达了这一审美理念。这种审美理念也延伸融入古代造物之中，形成传统造物设计大朴不雕、简中求繁的美学精神，如园林设计中所遵循的"白本非色，而色自生；池水无色，而色最丰"① 的美学原则，与现代主义的简约美学具有共通之处。明式家具正是以简约空灵、中通圆和的东方审美超越了时空，成为西方现代设计师时常效法的设计经典。汉斯·瓦格纳推崇明式家具，从圈椅中获取灵感，设计了一系列现代版的"中国椅"，如肯尼迪总统电视答辩时使用的那张后来被称作"总统椅"的圈椅和风靡全球的"Y"字形圈椅；工业设计大师深泽直人也对明式家具情有独钟，设计出传递其古典美学元素的无印良品家具。而明代文震亨《长物志》中秉承的妙肖自然、返璞归真、崇尚简素的造物理念，既与古典艺术审美一脉相承，又与现代主义简约理念和生态主义设计思想相呼应，成为构建当代中国本土设计体系的重要美学资源。

　　当然，我们也必须看到，古典造物美学毕竟是农耕时代艺术实践的产物，其内在精神及造物方式等，还是与当代造物之间存在诸多区别的。当代造物在材料技术、设计手段、工艺流程、生产工具及生产方式等方面都

---

① 陈从周：《说园廿章》，湖南文艺出版社，2021，第47页。

发生了革命性变化。虽然古典造物理念可资传承、美学意趣亦可延续，但也存在如何与当代审美需求、艺术形态、表现方式相对接，既保留文化基因，又能够蜕故孳新、创造性地发展等问题。相形于精神文化，中国造物文化的现代转场更显迟滞，尤其是作为现代设计主体的工业设计，还处于肇创之初。在工业设计迈向高端综合设计服务和人工智能时代，既要以传统造物思想和造物经典涵泳中国本土设计，又要有全球视野和科技意识，把握包括生态环保理念、智慧设计、信息设计及纳米材料、3D打印技术等在内的新理念、新科技，全面提高富有东方审美意趣与时代特色的造物设计水平。

新时代开启了文化创造的新境界，但要形成完整的现代文化观念体系和话语体系，还需要假以时日的探索和经典序列的形成。任何时代的文化繁荣，都必须拥有一批能传之后世的文化经典。新时代需要创造新传统，推出新经典。真正的新经典必须是原创的。"如果一个国家说要有高度，称自己是大国、强国，标志在哪里？很重要一条是有一部分制造一定是原创的，把自己真正有价值的观念树立起来，形成一个时期的文化表达。"①现代背景下新经典的形成，还需要运用最新的传播方式和手段，在实践创造的过程中，进行持续地阐释与多元地传播，唯有在持续地创造和阐释中，才能建构属于当代中国的文化创造形式、概念和范式，形成"中国经验""中国智慧"和中国话语体系，让中华美学辉耀寰宇、流芳万载。

---

① 殷智贤主编《设计的修养》，中信出版社，2019，第131页。

第八章

现代视域下的经典再造

在新发展阶段,随着"中国式现代化新道路"的开辟,对优秀传统文化的继承与弘扬不仅成为当代中国文化主体性建构的重要内容,而且成为全面建设社会主义现代化国家新征程中必须进一步深度转化、全面推进的时代课题。文化主体性建构的核心意义,在于赋予物质现代化以精神价值和思想价值,单纯的物质现代化不仅难以持久,而且可能陷于物质主义的泥潭;唯有赋予物质现代化以灵魂,确立民族自身的文化主体性,才有可能行稳致远、长治久安,实现真正意义上的中华民族伟大复兴。

第一节 美学:从传统经典到现代经典

当代中国文化创新发展不仅要满足人民日益增长的美好生活需要对文化的新期待,而且要不断确立和强化物质现代化条件下的民族文化的主体性建构。文化现代化虽然建立在物质现代化基础之上,却是物质现代化持续发展的内在因素,也是赋予物质现代化以价值根基的核心要素。物质现代化可以解决一个民族的生存问题,文化现代化则能够提供思想观念、价值体系和精神动力,保障物质现代化的发展方向、质量与可持续性,而在更深层意义上,则有助于增强民族文化认同和文化自信。拥有深厚积淀的中华优秀传统文化,不仅创造了古代社会人类轴心文明之一,而且创造了现代社会人类文明新形态。但这个过程还在持续,人类文明新形态还需要不断完善和发展,传统文化的现代转化尚未完成,并且随着科技进步、社会发展,现代转化还将不断出现新的问题、新的趋势,需要我们持续关注和把握。事实上,传统文化的现代转化是一个随时代发展而持续不断的过程，现代化之后还有后现代、人工智能时代，也会由此发展出与之相应的文化，而传统文化也必然要适应新时代要求，不断探索与实践新的传承与再造方式。对优秀传统文化传承与发展所进行的种种探索，使当下中国呈现出精品迭出、异彩纷呈的文化景象，其中，两个方面的实践值得关注和总结。

第一，经典再流传：大众媒体翻转下的传统。文化经典是由长期历史发展形成的，是不同时代精神价值的艺术凝聚和智慧凝结，而历史时间轴上不同时期的文化经典之间，则存在着继承与创造的复杂关系，正是这种关系连接起一个民族的文化脉络，无论社会如何发展，都不应偏离更不可抛弃、割断这个脉络，而要立足于这个脉络（文化基因）进行创新发展，形成新的经典和传统。媒介迭代在人类文明发展中起着至关重要的作用，尤其对古代经典的传播产生了积极影响。现代印刷术既使得先前局限于少数文人士大夫阶层的古籍得以广为传播，又使得文脉传承在广泛的空间得以拓展实现。但对于经典而言，纸质媒体的作用除了便利传播、扩大范围之外，对经典文化的大众普及所发挥的作用并不十分明显，虽然各种注释、解读和研究的图书层出不穷，但依旧限于知识阶层，难以抵达大众百姓。影视传媒的普及一举改变了这种局面，经典的影像化和创意传播更是极大地拓展了经典的流传。当然，经典的丰富内涵与高雅审美要转化成视觉文化的直观通俗与浅显易懂，还必须经由一系列创意手段和方式方可实现。这在中国与世界各国都有成功的探索，积累了宝贵经验。

作为中华传统文化精华的中国古典诗词，以其精湛的语言韵律、独特的审美意境、深邃的精神内涵集中体现了华夏文化的神韵与精粹，也成为人类精神创造的重要典范而辉耀寰宇、亘古流传。传承千年的古代诗词经典如何在现代文化创造中再现其美学魅力，激发和演绎出新的精神文化力量，传承和创造出新的文艺作品，成为新时代的重要课题。改革开放40多年间，我国出版了大量古代诗词集注和阐释论著，不仅为传承文化经典奠定了坚实的基础，而且为影视媒介传播经典提供了有力支撑。如果说《中华诗词大会》是以电视屏幕为载体、以诗词竞赛为手段而创造的一种现代视听传播，那么《经典咏流传》则是以电视媒介为依托而对传统进行再造的文艺作品。前者借助对经典诗词的竞赛式传播，使更多的普通大众重温经典、品赏佳作，达到普及、推广经典的传播效应；后者则不只停留于经典的传播与重温，更注重经典精神内涵的延伸与再造，实现创造性的继承发展。相对于《中华诗词大会》的竞赛方式，《经典咏流传》将"和诗以歌"作为核心创意点，摒弃既往类似节目的竞演因素，以历史诗词为依托进行创作改编，谱以新曲，将专家学者的专业解读与明星歌手的现场演唱相结合，实现专业品位与大众传播、文本阅读与视听表演的完美结合，在立意与创意、形式与技术等方面都实现了新的突破，达到了良好的视听体验效果。如同有学者评论的那样，该节目实现了将重塑经典、沉浸音乐与超越观赏的国人精神坐标相维系，创作出有温度、有力度、有深度、有广度的文艺作品。再如，唐代诗人卢纶的《和张仆射塞下曲》之二"林暗草惊风，将军夜引弓。平明寻白羽，没在石棱中"，是一首表现一代名将"飞将军"李广威猛雄壮、英雄气概的诗歌，在节目中被创作改编为由明星演唱的《将军引》，并融入摇滚音乐以强化威武彪悍之气势，更加凸显出音乐表演的声情并茂和沉浸式体验，而表演前后又穿插专家解读和主持人、音乐家等的对话，从而实现了多维度、多层面、多形式的展现。经由电视节目的二度创作，不仅经典诗歌的主题意蕴得以再度呈现，先人的英雄情怀得以活脱再现，而且其审美精神得以创造性延续，解读、演唱本身成为一个新的文艺作品。同样是取材英雄主题，王昌龄的《出塞二首（其二）》则被演绎为一首具有现代流行歌曲意味的《缘分一道桥》，并荣登音乐排行榜首。这首歌曲的词作者是善于将古典诗词的意境和境界进行转换运用的方文山，如果说他为周杰伦量身定制的歌词主要传递了古典诗词的优美意境的话，那么这首《缘分一道桥》则一改柔美婉约的曲调，而呈现出豪放雄迈的另一种中国风。难能可贵的是，这种对历史原典的再创作，不是以娱乐为导向，而是以传承、弘扬优秀文化基因为旨归。主题意涵的挖掘指向正能量的英雄气质，各种视听手段的运用围绕核心内涵表现、渲染，从而实现以内在精神气概构成艺术感染力的目的，而非以表象化、娱乐化来取悦观众；艺术创作在深入体现原典精神的前提下，富有创造性地融合当代审美需求进行二度创作，把王昌龄的"秦时明月汉时关，万里长征人未还。但使龙城飞将在，不教胡马度阴山"作为导入，先是按原诗主题境界创作了四句和诗"狼烟千里乱葬岗，乱世孤魂无人访。无言苍天笔墨寒，笔刀春秋以血偿"，接着用现代歌词语言进行意境的延伸与拓展，如同在原典诗作母体中生长出艺术新芽，题旨、意趣相承，另有一番风格样态。豪迈、悲凉背景下呈现出的情爱叙事，融入"故事、天涯、战袍和长城谣"相关要素，词简明，意果决，使爱情主题融入雄关漫道、大漠孤烟的宏阔帷幕之下，更为深沉、更具力度，在唤醒、强化与认同中，实现了对中国"文化记忆"的建构。原典之文字文本，经由视觉和听觉的巧妙转换，形成更利于传播和接受的新视听文本，文化基因被激活、传统被活化创新，不失为大众媒体对原典传承、再造的成功实践。

虽然这些源于文化经典的影视作品,其本质属于大众文化产品,在法兰克福学派看来那是由文化工业生产的"同质化的、标准化的、可预知的"文化商品,这种"文化商品被商品拜物教所玷污,不再像真正的艺术,它们的价值不在于它们自身,而在于它们的交换价值","大众文化产品被赋予了一种表面上的差异,一种虚假个性"。① 这一出自20世纪上半叶的观点,在今天文化产业(文化工业)普遍被纳入各国国家战略的背景下,虽因时过境迁而难免论有所谬,但仍然有其理论价值,如对于当下虚拟偶像、潮玩等流行文化而言有一定的批判意义,但对于像《经典咏流传》这类作品,因其对文化原典的专业化阐释、忠实于原作的改编和精心打磨的品质,已然具有了高雅艺术的某些特征,显然不同于纯粹娱乐化的大众文化产品。事实上,大众文化发展至今,已经演化出不同趣味、不同品位和艺术水准的文化产品,已经不能像西奥多·W. 阿多诺(Theodor W. Adorno)等人那样以一种固定的标尺来衡量、评判大众文化。从某种意义上讲,现今一些大众文化产品正在克服早期工业文化的弊端而走向与高雅艺术的融合,未来将出现越来越多雅俗共赏的大众文化产品,而其中的精品也将成为新的文化经典。

第二,新技术重构:从文化原典到二次元。当今世界新技术革命不仅直接提高了生产力水平,促进了经济发展和转型升级,而且有力地推动了文化与科技相融合,为传统文化再造和文化产业新业态发展注入了充沛生命力。在新兴文化产业领域中,游戏动漫从新科技获得的驱动力尤为明显,游戏业的竞争与发展,同时也有力地促进了数码3D技术的不断突破与完善。十多年前人们在《阿凡达》中已充分领略了数码技术形塑虚拟人物的出色表现,现今的3D技术更是日新月异、日臻完美,在给游戏业带来令人瞩目的新发展的同时,也极大地拓展了3D动画电影的表现空间。从文化原典中寻求素材进行全新演绎成为重要趋势,并诞生了许多优秀作品。美国迪斯尼出品的3D动画大片《冰雪奇缘》便是改编自安徒生的名作《白雪皇后》,主人公安娜作为阿伦黛尔王国的小公主,聪明伶俐、勇敢无畏,但在改编中被注入了新的性格特征:性格透彻明亮、温柔善良却又有点一根筋,成为不同于原典人物的新形象。故事情节的铺排曲折有趣,在叙事上运用了角色性别弱化、多角色线索、自我认同的哲学性阐释等新的表述结构,而利用3D技术构建的唯美场景、生动表情更使得这种叙事模式塑造出新的审美趣味,获得了儿童与成人的普遍赞赏,斩获了第

---

① 亚历山大:《艺术社会学》,章浩、沈杨译,江苏凤凰美术出版社,2013,第51页。

86 届奥斯卡金像奖最佳动画长片、最佳原创歌曲奖,第 71 届美国电影电视金球奖最佳动画片奖和第 41 届安妮奖最佳动画电影奖。截至 2014 年 7 月 16 日,该片以全球 12.74 亿美元(约合人民币 90 亿元)的票房成为全球动画史票房冠军,位居影史票房榜第 5 名。这一叫好又叫座的经典大片,也充分显示了科技与文化融合对经典再造具有至关重要的作用。《哪吒之魔童降世》题材源自家喻户晓的中国神话,且先前已有传统动画经典,如何将这一经典借助数码新技术进行再创作、再演绎,形成全新的形象和内涵,需要制作者们具备别出心裁的创意。这部影片充分利用最新 3D 技术进行精细制作,配音演员精挑细选,主人公形象制作淘汰百余个模型后才得以确定,具有反叛精神的"我命由我不由天"主题,凸显出主人公对世俗规范和个性表达的追求,与同是叛逆形象的古典神话人物孙悟空有异曲同工之妙,所不同的是哪吒新形象造型设计更有现代感,其面部采用哥特烟熏妆风格,浓重的黑眼圈时常流露出邪魅笑容,行为举止总是一副吊儿郎当的模样,虽然这与传统哪吒形象相去甚远,却具有适合年轻一代审美趣味的炫酷风格,以此形象所表现的命运主题及亲情、友情、师徒情等颇具中国人伦意味的观念内涵,使得传统哪吒形象实现了全新的视觉转化,同时讲故事的水平也大有提高,由此创造了票房 49.74 亿元的业绩,在 2019 年国内票房榜中排名前五。但值得人们深思的是,这样一部在国内拥有高票房的影片,在北美市场却只有 400 多万美元的票房,个中缘由除了发行渠道不畅通、营销不给力之外,还在于精神文化产品存在文化折扣、创作初衷未充分考虑跨文化传播特点,如何用国际话语和表达方式讲好中国故事,是高质量发展和文化走出去应予以高度重视的问题。

  随着数字技术日趋成熟,人们越来越热衷于将文字经典转化为视觉文本,甚至将古典绘画文本进行局部性的数码动画改造,如以宋代花鸟画为蓝本,让花儿、禽鸟与树枝活动起来,实现从静态视觉到动态视觉的转化。这固然是一种传承,其意义主要在于拓展经典传播范围,但这毕竟不是原创性的文化生产。当然我们应当看到,数字技术的发展还是为经典的传播和传统再造提供了无限可能,如同有学者总结的那样,计算机拥有两大优势:一是可以使用我们自然语言中不存在的任意精度,来量化各种各样的视觉元素,从图像的颜色到自拍中的微笑程度;二是可以定性地描述图像的特征,或者描述图像中没有表现出明显视觉"元素"的部分,例如波洛克作品中的色彩线条或阿尔贝斯作品中的正方形。[①] 这为文字和图像

---

① 列夫·马诺维奇:《新媒体的语言》,车琳译,贵州人民出版社,2020,第 6 页。

经典作为资源要素的传承与转化创造了更多机会，作为文化研究者，我们既要关注并阐释数码艺术的发展现状与走向，又要分析与预测计算机可能带来的文化发展的未来向度。虚拟偶像作为典型的技术与文化融合的产物，近年呈现繁荣之势，发展出虚拟歌姬、虚拟网红、虚拟主播、二次元虚拟偶像、电竞衍生虚拟偶像、虚拟偶像团体、明星数字形象等多种类别，不仅具有鲜明的二次元文化特征，而且也以不同方式、手法传递着古典美学要素，具有显性与隐性地传播古典美学、形成中国风格虚拟偶像的重要功能特质，从而达成借助数码艺术实现民族文化认同的价值目标。从文化产业的经济维度来看，虚拟偶像已经发展为一个新的文创产业增长点，爱奇艺发布的《2019虚拟偶像观察报告》显示，虚拟偶像正吸引着越来越多受众的关注，有近4亿人已经成为或正在成为关注虚拟偶像的人群。而艾媒咨询发布的《2021中国虚拟偶像行业发展及网民调查研究报告》显示，至2020年，中国虚拟偶像核心产业规模为34.6亿元，同比增长70.3%；此外，随着虚拟偶像的商业价值被不断发掘，越来越多的产业与虚拟偶像联系在一起，虚拟偶像带动产业规模2020年为645.6亿元。网民的追星现象日渐普遍，将近80%的网民有追星习惯，不断出现和优化的虚拟偶像，成为众多追星者的新宠；不仅如此，"虚拟偶像潜藏的巨大收益和无限前景让更多资本关注并涌入这一赛道，虚拟偶像的运用场景和发展形态变得更丰富多元"①，如延伸产品中的手办、唱片等产品，随着时尚潮流的变化与更迭，形成适合不同时期审美趣尚的消费热点，不断有新的粉丝为此投入精力和金钱，由此构成虚拟偶像流量"变现"的重要渠道。但虚拟偶像在文化内涵上存在创意设计水准不高及审美趣味导向管理不易把握的问题，在商业运作上存在入局门槛低、运营成本高、风险大的问题，需要进一步在虚拟偶像创意设计的过程中，深入挖掘古典美学精华，在深度理解中华美学精神的基础上，把握虚拟偶像建模、形象设计的内在美学规律，不断探索和提升古典美学与现代审美的融合、创新，创造具有世界影响的虚拟偶像，使之成为中华文化走出去的重要载体。

---

① 张大山：《虚拟偶像，未来趋势还是一时之热？》，《世界知识画报》2021年第9期。

第二节 造物：从工艺美术到工业设计

相形于精神文化，造物文化更关乎我们的日常生活，衣食住行用所涉及的物质因素构成了人们生活、生产与人际交往的空间，是一种更贴近生活日常、更融入家常日用、更贯穿社会活动的文化。那么，在物质现代化日益发达的今天，日用器物和公共设施作为一种构成生活方式的造物，应如何体现文化主体性，如何体现具有中国人趣味和情感的生活方式，成为造物文化必须考虑的重要问题。这是因为造物不只是解决生活需要、提高生活水平，而且关乎生活方式、人生观念。我们很难设想，倘若在现代化的中国，人们普遍使用的日常生活产品，以及包括交通工具、建筑、园林、装备器械、通信设施等大多来自西方技术和品牌，我们还能有多少文化自信？还能创造当代中国人的生活方式吗？

从传统工艺到新技能。文化的传承，就其更深刻的意义上而言是生活趣味、生活方式的传承。精神性的文艺作品多作用于人们的情感、思想，物质性的器物产品更多作用于人们的行为方式、生活方式。农耕时代中华民族创造了辉煌的造物文化，今天留存于博物馆中的大量文物和保留在民间的优秀非遗，多半是那个时代生产力条件下创造的造物文化，代表着那个时代的工艺与审美水平，传统工艺美术因此成为中华文明极为重要的组成部分，其中所积累的精湛工艺和造物智慧蕴含着民族文化基因的密码，无疑需要保护与传承，不仅应使之成为当代造物的内在美学支撑，而且要在工业与智能时代以新的方式传承与再造，并由此形塑现代社会条件下中国人的生活方式。

博物馆文创无疑是促进传统工艺美术经由再设计而形成新造物的重要方式与途径，这方面故宫的创意设计树立了一个标杆：从朝珠耳机到故宫雕花口红，从祥瑞蟠龙麒麟摆件到龙凤马克杯情侣套装，以及各类宫廷风文创设计产品，成为引领传统工艺美术融合现代设计进行产品开发的新"国潮"与新文创，其实践与发展方向亦符合新近由文旅部、中宣部和国家发改委等八部门发布的《关于进一步推动文化文物单位文化创意产品开发的若干措施》的精神，即"坚持以社会主义核心价值观为引领，保护传承弘扬中华优秀传统文化、革命文化和社会主义先进文化，深入挖掘文化文物资源的精神内涵，使文化创意产品成为广大人民群众感悟中华文化、增强文化自信的重要载体"。故宫文创的成功，主要体现在以现代设计与审美趣味将代表传统工艺最高水平的宫廷文物进行再创造，适应了当代社会对高品质创意产品的需求，却因此忽略了一个隐而不显的重要问题，那就是设计理念是否科学先进，是否符合广大消费者的真实需求，是否代表着当代设计的趋势与潮流，是否有利于形成具有国际认可度的文化品牌。故宫文物作为皇室宫廷器物，体现的是皇家富贵华丽的审美风尚，是那个时代皇家贵胄等少数阶层生活与艺术趣味的集中反映，其中，绝大多数器物都是依照皇家特殊的审美要求进行设计与定制的，不仅与当时平民百姓的日常消费和生活趣味相去甚远，而且与现代社会普通大众的日常文化消费和审美趣味存在隔阂。尽管诸如朝珠耳机、贵妃口红等文创产品受到一定程度的欢迎甚至推崇，但毕竟不能替代现代人普遍的、日常的生活需求，也不适合作为当代中国大众百姓普遍的审美追求。故宫文物虽然可以代表一个民族的工艺与审美水平，但它只是特定阶层小众化的美学趣味，即便当时的民间也并没有发展出效仿皇家风格的造物体系，如皇家园林与私家园林在审美趣尚上就大相径庭，即便是圈椅这样的日常器物也形成了宫廷、文人和民间等的审美差异与区隔。事实上，皇家建造与器物虽然体现精工匠艺和贵重材料，但未必都能代表最高的文化艺术品位，而文人士大夫审美传统下的建造与器用，则往往具有更高的艺术品格与价值。如此可以说明为什么明式家具被大量西方收藏家收藏，并且名扬海外的诸多古典园林为什么是苏州私家园林而不是皇家园林。在皇家贵族阶层早已退出历史舞台的现代社会，更应倡导一种面向百姓、面向日常生活的设计理念，平民化、生态化设计应成为主导的设计思想，应从中国民间工艺寻求灵感，创造今天日常化、高品质的器物，形成中国人平民化、日常化的生活方式。民间艺术蕴藏的造物智慧与文化内涵，是平民化设计不可多得的宝贵资源，如"梵几"家居品牌就有不少高水准设计来自民间器物的启迪。同时，我们还需要从传统文人趣味的造物文化中汲取养分，文人艺术在艺术史上具有很高的地位，潘天寿评价八大山人、石涛绘画艺术成就，便将"意趣"作为评判标准，在他看来，"谁能真正登上绘画史顶峰，这与其说最终取决于笔墨，毋宁说首先取决于品格、意趣，'意趣'上'高人一等'，其'用笔着墨'也就将'高人一等'"[①]。文人以其意趣主导设计的园林、家具及文房器皿等便具有很高的艺术价值，以此为资源可设计、创造高端的现代日常用品，形成体现当代中国审美趣味的文人化、艺

---

① 夏中义：《潘天寿"霸悍"墨线的三种情味——兼及"艺术史托命意识"》，《文艺争鸣》2020 年第 1 期。

术化的奢侈品，适应不同阶层和消费群体的个性化需求。西方众多引领当代审美和高端设计的奢侈品，多数由知名艺术家和设计师主导或参与设计，标识着现代设计的趋势与走向；而中国设计也应结合传统文人造物美学和当代艺术家、设计师的造物美学创造有代表性的国际知名奢侈品牌，唯其如此，才有可能形成为世界所接受的当代中国造物设计话语体系。

无论是平民化、生态化还是文人化、艺术化的设计，造物文化的当代发展显然离不开对传统工艺的超越，不仅现代造物在工艺流程、材料科学、技艺水平、生产方式等方面都明显不同于农耕时代，而且传统工匠技艺秉承的师徒传授、单向传承的人才培养体制也已经被双师教学、校区合作、项目教学、专业实训等系统化的现代工艺美术人才培养范式取代，更何况还有相当一部分融入了现代设计、工业设计的教学体系之中。由全新设计教育体系培养出来的设计师，是承担传统工艺现代转化的核心主体，其综合素养如何决定了转化的水平高低、成功与否。因此，新一代设计师不仅要深入研究和掌握传统造物文化的精髓，也要深入理解和熟练运用现代设计语言；不仅要跟踪前沿造物技艺和材料科学的发展趋势，还要确立和形成具有前沿性的设计理念与思想，最终形成当代中国设计话语体系。

从工业设计到智能设计。在与工业革命和现代化进程相伴而生的工业设计逐步占据设计领域主流地位的今天，传统工艺美术的存在价值始终处于一种起落不定的境况，几乎伴随着工业化的全过程。但从总体来看，拥有传统工艺造物文化传统资源的国家，不论是西方还是东方，在工业化初期相对忽视了工艺美术的价值，机器美学兴起和不断趋于成熟。1907年德意志制造同盟和1919年包豪斯设计学院的成立，标志着现代设计体系的建立并在造物领域发挥越来越大的作用，这必然导致传统工艺设计被边缘化；但随着现代化进程的推进，人们愈来愈意识到传统文化及工艺的价值，意识到传统造物智慧的当代意义，而更深层面的意义还在于传统造物文化有助于构建民族文化的主体性，增强文化认同感。中华传统造物设计曾经名冠全球，近代之后西方迅速崛起的工业设计迅速改变了这一格局，并引领了百年来现代造物文化的世界趋势。工业设计处于明显滞后的中国，借助改革开放带来的制造业崛起和设计教育的发展，已经具备了一定的基础，为吸收传统造物文化智慧发展现代工业设计创造了良好的机遇。而在这方面，日本对振兴传统工艺、推动其融入现代设计所做的探索，值得借鉴与参考。

日本传统手工艺的生存发展不仅拥有一个良好的政策与社会环境，早在1973年就颁布了《传统工艺品振兴法》，而且强调"美用一体"的理念,善于借助现代设计并融入日常生活,成为活在当下的传统工艺,同时能够持之以恒地不断设计创造新品、提升品质,使传统的老字号逐渐成为国内外知名品牌。公长斋小菅是日本国宝级竹工艺品牌,创始于1898年,其致力于传承以风骨为核心的竹文化美学,立足于为大众日常生活提供精美竹器小物品,将传统竹文化以习焉不察、日用不觉的方式融入大众的日常生活。以用心做好每一个细节的艺术哲学,推崇"美到极致"的工艺和设计,把感性纤细的价值观借助竹器纯、直、缘特性进行创意制作,尽显竹器的纹理之美、弧线之趣和生命气息,该品牌先后数次荣获万国博览会大奖。这一曾经主要为皇室和宫廷制作使用的工艺,在新的设计理念下,走入当代人生活之中,同时与现代设计大师三宅一生合作,设计秋冬巴黎时尚周竹编提篮,成为人们追求雅致生活情趣的一种标志。此外,还有被誉为日本"活国宝"的专注于制造精美和服专用织物的品牌"细尾织物HOSOO",与国际顶级家居品牌及时尚品牌展开合作;由皇室赠予印记的陶艺工坊品牌"朝日烧";全手工打造铜、锡茶桶制品的京都传统工艺品牌"开化堂"等,都充分体现了高品质传统工艺活态传承、创新再生的种种可能。另外,以转化、融合前沿技术,促进跨界协作等创新方式,如以京都国宝级传统工艺"西阵织"的核心工艺开发、生产车内装饰材料和壁纸,打造了有高端质感的产品,从而拓展了市场空间和话语权,成为高品质和高端产品的典范,但如何与工业设计在更广泛、更深刻层面实现融合,还需要不懈地探索与努力。相形于日本对传统手工艺的执着,北欧日用家居品牌——宜家更具有工业设计的特征,其中也大量吸取各国传统工艺的元素,形成批量化生产,成为以现代设计和流水生产方式传承传统工艺的一种重要途径。

拥有深厚造物文化传统和精湛民间工艺的中国,对传统工艺现代转型、转化的探索脚步从未停止。古典造物经典如《周易》《考工记》《天工开物》《长物志》《营造法式》《髹饰录》《园冶》《陶记》《木经》等蕴含的极其丰富的造物美学与思想,是工业设计和智能设计的宝贵资源。"天人合一""道器合一"的哲学造物观,"师法自然""巧法造化"的自然造物观,"格物致用""以身度物"的人本造物观,"物尽其用""敬天惜物"的节用造物观,① 形成与中国传统美学精神相呼应并具有内在一致性的系统造物美学思想,并且在陶瓷、青铜器、丝织品、家具等器物和建筑、园林、桥梁等造物细分领域中,形成源于古典造物基本思想的各行业

---

① 任军辉:《中国传统的造物思想》,《中国社会科学报》2018年9月25日,第4版。

门类造物工艺和审美理想。然而，在现代化背景下，传统技艺与包括数字技术在内的前沿科技之间的关系如何处理，以及手工技艺生产方式如何与工业化、智能化生产方式达成某种默契的融合，始终是缠绕于设计师们脑际的问题，为此所进行的一系列实验性、探索性的传承创新，让人们看到了解决问题的希望与可能。秉承传统造物文化的独特基因，在建筑设计领域，出现了一批实验性的现代建筑设计，王澍、马岩松、张雷等建筑师以不同的方式传承古代民居建筑工艺和美学传统，或尝试了民间建造的现代运用，或探究了古典山水画意境的立体呈现，或实践了江南民居粉墙黛瓦的当代变革，为把传统描刻在华夏大地上交出了一份出色画卷。在家具设计领域，出现了一批传承明式家具和民间家居传统的现代新中式家具设计，蒋琼耳、陈仁毅、高古奇等设计师在深度理解和把握传统家具美学精髓的前提下，融合现代主义简约风格，探索二者之间审美对话与衔接的途径，创造了"春在中国""梵几"等中国风高端家具，而蒋琼耳设计的源于明式家具风格的"上下"系统家具，虽然是国外奢侈品牌爱马仕的子品牌，但其美学风格全然是现代中国风。这些探索为传统造物文化的现代转化开辟了新路，积累了经验，也为工业设计领域建构中国本土设计话语体系奠定了基础。

人工智能的快速发展与迭代，使工业设计领域发生了深刻变革，我们不仅要借助设计文化的普及和教育转型以提高工业设计水平，在该领域确立中国的话语权和地位，而且要充分把握人工智能占据世界前沿的机遇，在智能设计领域抢占先机，实现工业设计的跨越式发展。而这个机遇本身同样有利于促进传统造物文化的传承、创新，促进基于传统工艺的创意产品开发与科技应用水平的提高。有计划地系统性运用影视媒体、AR（Augmented Reality，增强现实）、VR（Virtual Reality，虚拟现实）、柔性电子、智能感知、全息成像、裸眼3D、互动影视、新型材料、泛物联网等技术，全面挖掘和普及传统造物、民间工艺的技艺与美学（如中央电视台制作的《天工开物》《园林》等电视节目，在宣传和普及造物经典、展现园林美学方面发挥了重要作用），逐步增强传统造物文化在大众百姓中的认同度、接受度、喜爱度；设计师则应系统、深入地理解和掌握传统造物技艺与美学精髓，同时还要系统、深入地把握西方现代设计语言，熟练运用智能设计手段，以实现二者的深度融合。从创意美学角度来看，智能设计不仅是个技术问题，更是一个美学取向问题，如同工业设计已经超越传统工艺美学形成自身的美学体系一样，智能设计正处于起步阶段。传统工艺美学产生并建立于农耕社会，属于古典美学；现代文化产生并建立于工业社会，属于工业美学；智能文化酝酿并形成于人工智能社会，属于智能美学。智能美学作为新生事物，需要被不断丰富和发展，有意识地进行前瞻性智能美学构建至关重要。人工智能运用可实现文化与高科技的完美融合。人工智能与传统工艺的结合，初始阶段总是以体现科技功能为主，逐渐实现功能与审美的有机融合，由此形成更加丰富多样的文化创造形式和智能设计产品，拓展传统工艺的应用领域和场景。

第三节 转场：从专业素养到学贯百家

农业文明背景下，文化发展从创造主体与门类划分来看，知识阶层致力于精神文化生产，工匠阶层侧重于手工艺制造，行业壁垒格外分明，形成"隔行如隔山"的现象；而文化消费主体方面，精神文化产品及高端造物产品的消费主体主要是官宦之家、富商家族与文人后裔，日常造物文化产品的消费主体主要是平民百姓。但从总体上看，前现代的文化生产，其门类、行业之间的界线区隔可谓泾渭分明，甚至同一行业也因地域差异而形成不同的工艺体系与美学风格，如建筑方面就形成了北方民居、徽派民居、客家民居、闽南民居等。但在工业文明尤其是互联网时代，这种行业壁垒现象逐渐被打破，日渐趋向于行业融合与创新，也由此产生了新的知识体系和认知方式。如果说古代社会的"学贯百家"是局限于春秋战国诸子百家之哲学领域，今天的"学贯百家"则应是贯通学科、融会文理的海纳百川式的宏大视野。

术有专攻与市场细分。农耕时代无论是精神文化还是造物文化的发展，其门类艺术与技艺基本遵循自身独立发展的模式，在传承中始终沿着专业化、精细化方向发展。古代诗、书、画一体的融合当然是个例外，绝大多数文艺门类如文学、音乐、舞蹈、戏曲、曲艺等，传统工艺如建筑、园林、家具、陶瓷、丝绸、金银铜器等，以及非遗中的雕刻、铸剑、竹编、特色器物制造等品类繁多的工艺美术，无不是技出独门、术有专攻、各行其道、传承有序，行行均可得谋生，行行均能出状元。然而，现代工业化生产方式的建立，使得建立在"经验形态的知识"基础上的传统艺术和工艺，被建立在"原理形态的知识"（现今已处于"交叠形态的知识"时代）① 基础上的现代化背景下的各种文化行业取代，从而失去了生存发

---

① 韩震：《知识形态演进的历史逻辑》，《中国社会科学》2021年第6期。

展的社会条件与市场空间，非物质文化由此成为遗产而被纳入保护范围，能够独立维持自身发展，或融入现代文化生产体系实现再生的毕竟十分有限。幸运的是，建立在"交叠形态的知识"基础上的人工智能时代，由于信息技术的快速发展，世界发生新的革命性改变，其核心特征在于"信息技术不仅是信息技术，它日益与其他学科的知识融会贯通，从而让科学知识呈现出许多新的特征"，同时这一知识形态还呈现出微观上更深入、宏观上更广阔的特征，促使"人们希望从多种层次上融贯地理解世界"。[①] 这种现象与趋势同样影响了文化领域的发展方式，即不论是历史悠久的传统艺术和工艺，还是层出不穷的新兴文化业态，都处于一方面追求术有专攻、精益求精的专精品质，另一方面寻求彼此融合对接、交叠互嵌的创新动力之中。有学者总结了优秀传统文化数字化传承与发展的六大新特征，其中就包括"知识体系精细复杂""时空跨度全面覆盖"，表明专业知识技能的细分与古今各行业门类跨界融合在数字时代已成为重要趋势。因此，面对这一趋向，我们应当在更加广阔的视野下探索传统转型与创新，即确立一种优秀传统文化传承与创新、发展的双重视野，将术有专攻与无容万物的思维相融通，既强调专业性、行业特质，又强调融合性、交叠创新，形成不同于历史上文化传承方式的全新文化创造模式。

精工匠意与跨界破圈。在急速发展的现代化背景下，那些拥有悠久历史与深厚文化积淀的国家，其传统文化在形态上必然具有多样性和丰富性。作为文明古国的中国，非物质文化遗产的丰富多样更是举世无双，在联合国教科文组织评选的人类非物质文化遗产名录中，入选数量居世界第一，成为当代众多设计师致力于提取精华、转化创新的不竭资源，创造了许多适合现代消费者审美需求的文创产品，博物馆文创在国家政策的大力鼓励和支持下，更是借助创意设计形成了一批中国风文创产品。这其中不仅程度不同地继承了传统技艺，而且打破了各类非遗界限进行融合创新尝试。与此同时，一方面，新兴数字文化产业凭借数字技术和数字平台，在越来越广泛的领域和维度，实现了对文化产业从创作生产到消费交易、从创作主体到创意形式、从定向生产到个性定制、从泛众消费到偏好养成的全方位、跨领域的赋能；另一方面，中国消费人口优势与大市场赋能，为多样性、多元化创新提供了不可多得的机遇和发展空间，如得益于数量庞大的观众基数，小众化、个性化的创意均能获得生存机会，具有广阔的发展前景，像快手、B站（哔哩哔哩）等社交网站，只要有百万计数的创意

---

① 韩震：《知识形态演进的历史逻辑》，《中国社会科学》2021年第6期。

与表演，就能寻得青睐于此的受众。

传统文化本身的丰富性、多样性，为现代转化和数字技术的运用提供了极为宝贵的产业资源。据有关学者总结，"按照世界知识产权组织的定义，传统文化表现形式多样，包括语言表现形式，如民间故事、民间诗歌和谜语、记号、文字、符号和其他标记；音乐表现形式，如民歌和器乐；行动表现形式，如民间舞蹈、游戏等；有形表现形式，如民间艺术作品，特别是绘画、雕刻、木工、珠宝、编织、刺绣、服饰等，还有工艺品、建筑形式等"①。这不仅为文艺创新，也为设计创新提供了极为丰富多样的资源要素和创造性转化的无限可能，如借助数字技术可以在现代文创、当代审美创造中融入传统文化，形成传承并寄寓民族文化基因的新型载体和表现形态，使当代受众更好地接受与理解民族文化。事实上，传统非遗之间的融合创新，如福建非遗漆艺与农民画结合形成农民漆画这一新的艺术品类，也使文化产品的多元化在传统之中产生。数字技术则能够对优秀传统文化的再造与创生发挥更重要、更广泛的作用，无论是古典文学、绘画、音乐、舞蹈、戏曲乃至经典古籍如《论语》《史记》《长物志》等精神文化，还是陶瓷、青铜器等造物文化，均能借助数字技术进行传播和再创造、再设计，形成品类繁多的多样化、个性化的文化产品，既满足大众的消费需求，也适应小众化、分众化需要。

多样性、多元化的文化产品，虽然可以满足市场细分、个性消费需求，但从供给侧结构性改革和高质量发展角度出发，还需要有更专业化、更高水平的技能支撑和品质保障，尤其是新技术、新技能的运用，不能因为是最新工艺、最新技艺和最新形态而降低品质要求。就动漫产业而言，高质量的作品得益于先进数码技术和精细化分工。如日本动漫产业，虽然以二维动画为主，但为做到画面与视觉的绝佳效果，对各个制作环节有着精细的分工，并且每个制作流程中的专业人员只专注一个环节而不涉及其他，目的是确保各环节、工序由最熟练、最专业的人员来完成，真正达到术有专攻、精工细作，以高度专门化和细化工序产出高品质的作品；同时，在设计动漫人物和故事情节的时候十分注重细节的描写和刻画。这些都促使精良的动漫产业成为体现当代日本工匠精神的新兴产业。我们必须看到，新技能不断涌现、专业分工日趋细致已成为数字时代文创发展趋势，但专业细分并不会天然产生精工精品，工匠精神的灌注依然是高品质保障的前提。杨宇（饺子）导演的动画大片《哪吒之魔童降世》之所以能

---

① 江小涓：《数字时代的技术与文化》，《中国社会科学》2021年第8期。

在国产动画影视片票房榜上拔得头筹，就是凭借一种"死磕"的工匠精神，是精工细作的结果，他在浮躁的市场氛围下，坚持遵循"只为追求极致完美"的原则，以慢工出细活的淡定，精心打磨剧本，反复推敲画面特效与配音，力求达臻最高标准和最佳效果。但在数字时代不时有爆款产品出现的市场利益的驱动下，工匠精神时常遭遇尴尬。日渐走红的盲盒文创产品，应以富有创意的IP为产品核心，不能只凭借这一特殊营销模式带来的消费新奇感，而将缺乏文化内涵、制作粗糙的产品借"盲"出货，低于消费者的预期，最终损害产品信誉，影响长远发展。

数字技术对文化产业的赋能成为文化发展的新增长点，并被纳入国家战略，有效激发了文化创作生产主体的融合创新意识。张艺谋打造的《对话·寓言2047》观念演出，延续了他在奥运舞台导演的"北京8分钟"的创作理念，致力于将数字技术与传统非遗文化融合，用世界语言表现本土文化。张艺谋经由对人类与人工智能关系的思考，借助高新技术与传统艺术的对话与碰撞，探索一种观念性表演，如单元节目《神鼓·影》中采取古典与现代、东方与西方、技术与文化元素的多元混搭方式，将现代舞、机械臂、优人神鼓、马头琴、呼麦5种元素融为一体，由5个表演团队协同完成，实践了他运用现代数码灯光和影像转换等手段表现对光影迷恋的艺术情怀。张艺谋还将传统技艺仅仅作为一种背景点缀，如舞台主场景是现代舞和灯光秀，在右边安排一个传统织机织布的场景，二者同在一个空间形成的对比、反差，在触动人们对传统工艺的怀旧、眷念情感的同时，也引人深思。再如，以现代舞体现京剧艺术元素，将老生的胡须作为装饰与现代舞服装相融合，以科技梦幻的灯光效果衬托舞台；尝试把陕北说书、泉州南音、西北花儿、彝族海菜腔等现代人难以听懂的歌唱类非遗，借助与现代科技的奇妙组合形成独特音域与意境。在这种融合中，很难说是传统演艺非遗还是现代舞台表演产生的魅力更大，应该说是融合本身构成了全新的视听审美效果，这或许也是非遗演艺现代生存的一个重要途径。文化创意与新技术结合形成的种种应用场景，改变了文化生产方式与表现系统，拓展了传统文化的发展空间，而人工智能对非遗智能化传播所形成的仿真场景，有效促进了大众对非遗内涵的感悟和体验，为非遗发展构筑了更为广阔的前景，这个过程中，多元化、多维度的融合成为至关重要的创新方式。

优秀传统文化的继承与创新，既离不开现代化背景下包括现代创意、文化观念、工业设计、数字技术等在内的当代文化生产方式与审美诉求，又离不开以民族文化为主体的审美精神、价值理念作为内涵支撑。而协调处理这两个方面的关系，则既要善于运用先人的文化智慧与哲学智慧，又要善于提炼现代文化实践和外来经验，赋予优秀传统文化新的内涵与生命，在创造和续写民族文化新的繁荣与新的文明图谱的同时，成为人类文明新形态的重要支撑。当然，这无疑是一个曲折、复杂、艰辛的探索与实践过程，需要我们保持一种既勇于大胆创新又善于自省批判的精神意识，对可能存在的偏差和失误及时进行纠偏与预判，不断优化和完善创新模式与制度体系，走出一条传统文化现代转化的中国道路。当下我们应关注与检视如下几个继承和创新过程中的问题。

第一，大众文化的艺术品质问题。这似乎是每个时代文化建设领域都会遭遇和需要面对的问题。玛莉·温（Mary Wen）等学者认为，大众在没有教育意义的大众艺术上花去了太多时间，并因此在有益的、有教育意义的、建设性的成果上投入太少时间，由此分析，他们得出了一个文化的"格雷欣法则"（Gresham's Law）——坏的驱逐好的，即大众文化取代了美的艺术和民间艺术。① 这个论述直指大众文化日益兴盛背后存在的问题：大众文化消费带来酣畅喜悦的同时，不仅挤占了主流文化、高雅文化的空间，艺术含量也往往随之淡化、流失；其背后还映射着资本对文化的操控与扭曲，这是需要切实予以关注和警醒的。虽然大众文化的兴盛有助于从艺术普及和产业基础两个角度形成对高雅艺术的支撑，但前提是作为文化消费日常的大众文化，也必须在市场竞争环境下不断提升艺术品质，毕竟文化意蕴、审美精神和价值情怀的缺失，最终将使外表的繁盛"昙花一现"。被技术赋能之后，娱乐性、大众化倾向日趋凸显。短视频、微电影等制造了数字文化产业与新业态的文化奇观，诸多理论家从文化产业角度投去赞赏和鼓励的目光，却鲜见切中肯綮的批评与忠告。充实并提升各类文化产品的文化内涵、美学底蕴，应始终成为现代文化生产迈向高质量发展过程中不可或缺的职责与担当。

第二，数字文化的经典凝定问题。文化经典的凝定在任何时代都存在，并且关系到价值观和思想智慧的凝定，文化经典的丰富程度可标志着一个时代的文明高度。互联网、大数据和人工智能支撑下的数字文化产业，因其发展速度和空间的极大扩展而特别需要予以提及。数字文化具有迭代快、黏性低和传播效率高的特征，但也存在碎片化、浅显化和传播价值弱的不足。尽管数字文化平台规模扩张迅速、品牌不断涌现，但如何处理好创新活跃与文化沉淀之间的关系、如何借助优势平台形成内容经典和

---

① 亚历山大：《艺术社会学》，章浩、沈杨译，江苏凤凰美术出版社，2013，第48页。

文化品牌则值得关注。如果传统影视产品在相对较长的历史发展中已逐步形成厚实的文化底蕴，产生了艺术性、观赏性俱佳的作品，那么新兴的数字文化视听产品则显然尚不具有深厚的文化内涵。数字文化产品在创造各种视觉文化奇观方面可谓身手不凡，"数字技术具有创造绚丽景象、惊险刺激场面和奇特角色的强大能力，诱导人们更多关注这种数字化呈现方式而不是文化内涵本身"①。从十多年前的《阿凡达》到突破影史票房纪录的《复仇者联盟4》，从《冰雪奇缘》到《疯狂动物园》，从《大鱼海棠》到《哪吒之魔童降世》，虽然其中贯穿着环保、励志、正义等主题，但在艺术上显然无法与电影史上的一系列经典相提并论。好莱坞和其他数字平台创造的商业大片为文化产业撑起了一片广阔的天地，大众属性与经济属性也因此得到充分的彰显。然而，文化产业作为特殊的产业门类所具有的文化属性，决定了其衡量标准的复杂性与特殊性。技术与文化的均衡、经济与价值的均衡，形成了数字人文、文化经济等相关命题，从数字文化产业作为文化与科技深度融合的体现的角度来看，提升美学含量与文化价值，立足打造精品、追求经典性，应成为创造主体的文化梦想。

第三，实用主义的价值偏向问题。不论是博物馆文创还是数字文化产业，也不论是文化品牌打造还是IP衍生品的制造，资本的趋利性、商业的流通性和数字产品的迭代性，以及部分地方政府的政绩思维，都导致文化发展中实用主义观念依然存在并有不小的市场，功利主义思想也相伴而行。而文化的价值内涵通常需要时间积累、历史积淀，实用观念太强显然不利于文化内涵的提升。在实用主义价值倾向下，人们不再关注精神文化内涵的构建，不再谋划创造经典的长远顶层设计，不再注重考虑面向未来的精神素质养成。为此，从构建当代中国文化主体性宏大目标的根本诉求的角度，我们不但要关注优秀传统文化的产业应用和商业价值，而且要聚焦民族文化优秀基因的文化内涵和精神价值；文化的产业化不是目的而是手段，核心目标是传递审美与精神价值，形塑当代民族之魂。面对新品迭出、业态更替、潮流涌动的文化景象，需要冷静观察、理性思考、坚守初心，立足基础与原创，立足长远与内涵，立足修养与品格，努力营造有利于文化创新的宽容自由氛围，构建和完善以丰富文化内涵、形成价值体系为旨归的文化生产体系与制度体系，形成新时代具有鲜明中国特色的现代文化形态。

---

① 江小涓：《数字时代的技术与文化》，《中国社会科学》2021年第8期。

第九章

虚拟文化空间叙事探究

在人类社会发展史上,科学技术的进步在经济、文化的发展中始终扮演着举足轻重的角色。互联网、大数据、人工智能等数字技术的快速发展,在给数字经济插上腾飞翅膀的同时,也渗透到文化艺术领域,深刻改变着文化发展形态,重塑着当代文化结构与版图,为文化数字化与数字文化产业的发展提供了不竭动力。

为应对新一轮技术变革与产业转型,把握人类文明发展新趋势,国家从高质量发展诉求出发,在战略层面密集部署,不仅涉及传统文化弘扬与文物活化,而且关涉科技与文化的深度融合,还关乎新技术运用与实践拓展。在内涵发掘层面,突出强调对中华优秀传统文化的传承与发展,提出历史、文化、审美、科技和时代五个维度的价值展示,以及融入生活、服务人民、扩大中华文化国际影响力的战略任务。在技术支撑方面,国家提出到2035年建设"国家文化大数据体系""中华文化数据库"等重点任务,其中包括发展数字化文化消费新场景。在发展方向与应用方面,国家提出高质量发展主题下推动虚拟现实技术的突破与行业应用,以虚拟现实新业态推动文化经济新消费。

这一系列政策意见的出台,鲜明标示着数字技术与文化融合发展在宏观政策与实践层面均上升为国家战略,对全面推动文化强国建设与增强中华文化国际影响力将产生深远影响。就文化供给角度而言,高质量发展背景下,文化供给侧的全面提升不仅是时代要求,更是市场需求;更加充分发掘文化的深层内涵、更加精心打造数字文化产品,既是构成文化的多重价值维度的前提,也是文化产品形成自身竞争力、影响力的核心。就技术逻辑层面来说,科技进步必然会向包括经济在内的各领域渗透,作为文化发展重要推手的新技术,在拓展数字经济产业链的过程中必将与文化结成更加密切的联盟，使科技自身的运用途径与发展空间不断扩大；而文化也将借此拓展出新的产品形态和传播形式，形成新的业态和新的空间。就文化发展趋势来看，文化生产与服务将从实体向虚拟拓展，并在文化空间的数字化转向中体现得尤为明显。在虚拟文化空间随着技术进步而不断完善的过程中，人们对其需求和依赖将与日俱增，由此更为频繁地利用网络实现自身文化的参与权利，从而使文化在发展形态上呈现虚实互补相生、场景运用多样拓展的趋势。这些特征与趋势的出现，引起文化研究者广泛关注，并进行多维度探讨。本章从叙事理论出发，关注目前尚未被充分探究的虚拟文化空间叙事主题意义构建及其组织秩序，并阐明其研究价值与意义：叙事学在虚拟文化空间的运用不仅能增强文化传播效果，而且能拓展文化传承与发展边界，可为虚拟文化空间的构建实践提供理论参考；同时，也呼应空间叙事学理论向虚拟现实领域接续拓展的趋势，既为叙事学的理论生长与实践意义的彰显寻求新的视角，又为数字时代虚拟文化空间的品质跃升提供有益支撑。

第一节 虚拟文化空间：技术与叙事

人类文明史表明，科学技术对塑造社会组织形态具有不可忽视的重要作用。与之相应，技术进步对文化生产形态也具有颠覆性影响。数字时代极大地改变了文化生产、传播、服务与消费的形态，开启了新一轮文化变革。实现传统文化的数字化不仅是适应新技术发展的需要，也是顺应当下文化消费的需求。关注技术更新带来的文化消费方式的变革，是创新传统文化转化手段的前提。随着"数字原住民"——"Z世代"成长为文化消费的主力军，数字文化体验内容将会得到极大发展，而以虚拟现实技术为基础，以数字展品为载体的虚拟文化空间，如虚拟博物馆、美术馆、纪念馆等，也将在传统功能的革命性转变与提升中，迎来快速发展的新阶段。传统文化的科技化、数字化展示，既能强化实体文化空间的呈现效果，又能以更新颖多样的方式与形态彰显文化内涵、拓展消费模式。新技术在激发文化能量中所发挥的作用越来越令人刮目相看，尤其是虚拟现实技术的发展为文化的传播与生产提供了更多可能，拓展了更广阔的空间。

一、数字技术与虚拟世界价值彰显

起源于计算机图形学的虚拟现实技术，以沉浸感、交互感与存在感的高度融合为技术核心,可形成一种高度交互的三维数字媒体环境。将其运用于文化空间构建,用户能直观体验模拟环境,获得听觉、触觉及视觉等多重感官反馈,极大地增强了体验感。虚拟现实技术历经概念萌芽、技术探索、突破发展三个阶段,目前已进入第四个发展阶段——产业化应用,消费级虚拟现实产品在市场上不断推陈出新。谷歌(Google)、傲库路思(Oculus)、三星(Samsung)、宏达(HTC)、索尼(Sony)等相继推出虚拟现实头戴式显示器设备。2014年,脸书(Facebook)首席执行官扎克伯格(Zuckerberg)以30亿美元的价格整体收购了傲库路思,他认为,虚拟现实技术能够极大地增强个人的网络体验。虽然,虚拟现实设备是虚拟现实技术蓬勃发展的关键因素,但在虚拟文化空间领域,虚拟现实进一步发展的重点不再是技术层面,而是叙事内容,即"讲故事"。可以说,用户如果无法和"故事"产生连接,就很难在虚拟文化空间中体验到真实的沉浸感。但是,一旦这种连接建立起来,现实和虚拟的界限将被打破,用户将在一个平行于现实文化空间的虚拟空间中,获得逼真的感官体验,进而产生文化审美溢出效应,不断提升文化消费品质。

　　数字技术的不断迭代与发展,使相对于实体文化空间的虚拟文化空间在文化传播与创造中的地位与意义日益凸显。其一,延展与强化了实体文化空间的范围与效果。当有限的实体文化空间无法适应不断高涨的文化需求时,虚拟文化空间可以借助空间延展的无限性,达到扩大文化信息覆盖范围与丰富文化产品形式的作用。有学者从城市空间角度阐发了这种作用,"在传统文化空间实现城市发展诉求、满足居民高品质多元化生活的解释力逐渐下降、承载力愈发有限的境况下,城市虚拟文化空间作为一种独特的时空存在,开始发挥重要的作用",并进而指出虚拟文化空间已"成为一种实现居民有创想的生活、有尊严的就业的载体,一种实现城市成长和居民发展双向交互的容器,它加速了传统叙事的嬗变"。① 这揭示了技术变革对于传统文化叙事方式将产生深刻影响,意味着空间叙事在数字化的虚拟形态下,成为一种需要更新和完善的表现手段。其二,促进知识流动和文化增值。实体文化空间蕴含的丰富元素与符号,虽然可以借助传统印刷和电子媒介进行传播,但虚拟文化空间则能综合各种媒介进行更加自由的传播,并于虚拟世界的特殊"游牧空间"中,在社会组织层面上构筑起更加灵活多样的以社群为单位的受众群体,形成与实体文化空间共存

---

　　① 齐骥、亓冉:《时空转化中城市虚拟文化空间的再构逻辑和文化走向》,《南京社会科学》2021年第8期。

共享的文化场域，从而以更为丰富多样的形式增进文化认同。更为重要的是，在这个过程中，经由虚拟文化空间的延展，不仅能以再阐释的方式实现文脉延续与基因传承，而且能以符号再生产的方式推动文化创造，甚至能以独特创意形成新的文化符号，使传统文化既成为创造之源，又为新时代的文化需求提供新的文化产品。其三，实现物理与意义空间的双重超越。实体与虚拟空间存在的差异性，决定了后者具有独特的建构方式。相对于实体空间，虚拟文化空间不依赖物理实体而具有灵活机动的存在方式，"虚拟场景是让人们打破时间、地理位置的限制，进行文化生产、社交、学习等行为的空间"①。空间的无处不在与时间的无时不有，使之"呈现一种'流动'的状态"②，具有超地域的开放性。脱离实体空间的虚拟空间因不再受由文化遗产等构成的实体文化空间之膜拜价值的约束，而往往能获得更大的意义生产自由。由此，借助实体空间拥有的文化 IP 进行虚拟文化空间的意义建构与生产，将会生成新的意义空间。其四，拓展文化消费与理论空间。实体文化空间通常是既往的文化遗存，而虚拟文化空间则是当下的文化创造，因而更具有建立于"虚构"基础之上的创造性。综合运用数字技术的虚拟文化空间，虽然其中不乏实体文化空间的元素，但更多的时候是对实体文化母本的再叙事、再创造，既充满着虚构性，又展现着由"感觉的真实"带来的无限魅力。由此，虚拟文化空间不仅改变了传统的文化参与方式，增强了文化消费的沉浸感，也改变了文化叙事与意义的建构方式。事实上，当"科学技术已经开始改写审美的密码"③ 的时候，作为具有特殊审美效应的虚拟文化必将在叙事上有新的面貌，并且未来逼真的"虚拟在场"可以显得比物理在场更为"真实"，而且随着技术不断突破，这种情况将更为频繁地出现。很显然，在此背景下，虚拟文化空间的叙事问题显得越发重要，这就在理论上提出了新的课题：如何理解文化空间尤其是虚拟文化空间概念，如何顺应虚拟文化在文化创造与消费中的作用不断增强的现实境况，以及如何通过把握虚拟文化空间与实体文化空间的差异，从叙事学角度分析虚拟文化空间叙事主题意义建构等，以期为不断提高虚拟文化空间的构建水平提供理论支撑。

---

① 陈波、巢雪薇：《文化遗产虚拟场景维度设计与评价——以动态版〈清明上河图〉为例》，《中南民族大学学报（人文社会科学版）》2022 年第 7 期。
② 胡杨、董小玉：《数字时代的虚拟文化空间构建——以网络游戏为例》，《当代传播》2018 年第 4 期。
③ 南帆：《虚拟、文学虚构与元宇宙》，《中国当代文学研究》2022 年第 5 期。

二、理论视域下的虚拟文化空间

"虚拟文化空间"的概念源自西方,国内学者根据实际研究和应用情况,对这一概念进行了拓展和阐释。就空间本身的理解而言,有学者将空间视作场景,认为场景是一种空间,个体在空间内进行着生产与消费,并在此过程中收获情感体验。杜骏飞认为,虚拟文化空间是由具有共同目的和意趣的人聚合而成的"网络共同体"。这一观点是就虚拟文化空间要素及存在形态而言的。陈波和穆晨认为,虚拟公共文化空间可提供数字化的文化资源、文化参与场所及虚拟文化活动,并在此基础上形成特定的空间运行逻辑与行为规范。这一观点已经从对虚拟文化的空间要素、形态的描述深入要素构成所依凭的逻辑层面。在此基础上,陈波、宋诗雨对"虚拟文化空间"做出如下定义:"虚拟文化空间即'科技+文化空间',是以物质文化资源为基础,科学技术为支撑,文化空间为场域的一种空间表达形态。"① 在此,我们不妨将定义中的"空间表达"视为虚拟文化空间的"空间叙事",而叙事是一种复杂的精神文化现象。自人类文明发生以来,人类文化史上的所有叙事作品,几乎都可以用相应的媒介表现出来,虚拟文化空间也不例外。但是,与其他叙事媒介不同的是,空间是一种丰富多维的媒介,因此,虚拟文化空间除了融合多种媒介形式之外,还表现出鲜明的跨媒介叙事的特征,具有独特的叙事逻辑与方式。

罗兰·巴特(Roland Barthes)曾言:"世界上叙事作品之多,不计其数……对人类来说,似乎任何材料都适宜于叙事:叙事承载物可以是口头或书面的有声语言、是固定的或活动的画面、是手势,以及所有这些材料的有机混合。"② 龙迪勇在阐述"空间叙事学"理论时认为,叙事学研究的跨学科、跨媒介趋势日益明显,国内外学者关于"历史叙事""哲学叙事""电影叙事""网络叙事"等跨学科叙事学研究成果"时有所见——'叙事'几乎成为一切人文社会科学共有的概念和共同关心的话题"③。不仅如此,叙事还是人类在时空中展开的文化行为,"任何叙事作品都必然涉及某一段具体的时间和某一个(或几个)具体的空间。超时空的叙事现象和

---

① 陈波、宋诗雨:《虚拟文化空间生产及其维度设计研究——基于列斐伏尔"空间生产"理论》,《山东大学学报(哲学社会科学版)》2021年第1期。
② 罗兰·巴特:《叙事作品结构分析导论》,载张寅德编选《叙述学研究》,中国社会科学出版社,1989,第2页。
③ 龙迪勇:《空间叙事学》,生活·读书·新知三联书店,2015,第2页。

叙事作品都是不可能存在的"①。然而，自20世纪中叶以来，随着科技日新月异的发展，现实生活发生了急剧的变化，这一变化的核心在于时间与空间在人们价值坐标体系中的位置发生了转换，引发空间叙事及其理论的新发展。在高速便捷旅行、即时全球通信日益成为人们生活日常的当下，经年累月的车马劳顿已然缩短为以小时计算的超声速飞行，望穿秋水的鸿雁传书顷刻压缩为网络信息的瞬间传递——时间领域里人们习以为常的节奏与间隔不断被挤压，甚至被压缩成仅隔着屏幕、趋近于零的数字影像。时间在空间迁移中的重要性大大降低，"历史性、序列性"的时间流动变成了"地理性、共存性"的空间存在；空间的社会性、精神性在人们日常生活中的价值日益凸显，逐渐代替了时间在人们感觉上的中心地位。空间不再只是地理概念的维度、事物存在的位置或形态，它更成为文化生产的重要因素。随着时间表征意义对文化行为影响的不断削弱，空间叙事在文化生产中扮演着越来越重要的角色。

从空间叙事学理论来说，一个完整叙事的达成，需要确定作为叙事对象的"事件"，即"从浑沌的'事件之海'中选择出部分有意义的事件作为叙述的对象"②。基于实体文化空间叙事的需要，依照一定的逻辑和法则对"有意义的事件"进行选择和表达，构成实体文化空间叙事主题的意义建构过程。因而，主题是实体文化空间建构的核心要素之一，叙事逻辑则是主题意义得以呈现的内在法则。因此，可以说，虚拟文化空间建构是指在叙事主题引导下，运用虚拟现实技术进行虚拟文化空间的意义叙事和组织演绎，这也是从现实文化空间向虚拟文化空间拓展的一种尝试，其目的是从"以物为主导"转向"以人为主体"的沉浸式空间体验。而"以人为主体"，即强调文化内涵的提升与挖掘，避免人们对媒介与形式的单纯依赖。

三、空间叙事在虚拟现实领域的拓展

由于虚拟文化空间与文学创作具有共同的特征，即这两种媒介都是创作者基于现实的虚构、想象或设计，因此，我们可以借助文学创作领域中空间叙事的考察，寻绎虚拟文化空间的叙事主题理论路径。"20世纪末叶，学界多多少少经历了引人注目的'空间转向'，而此一转向被认为是20世纪后半叶知识和政治发展最是举足轻重的事件之一。学者们开始刮目相待

---

① 龙迪勇：《空间叙事学》，生活·读书·新知三联书店，2015，第4页。
② 龙迪勇：《空间叙事学》，生活·读书·新知三联书店，2015，第170页。

人文生活中的'空间性',把以前给予时间和历史,给予社会关系和社会的青睐,纷纷转移到空间上来。"① 如果说,爱德华·W. 索亚(Edward W. Soja)、米歇尔·福柯(Michel Foucault)、H. 列斐伏尔(H. Lefebvre)等理论家对于空间问题的探究和概括宣布了"空间转向"时代的真正到来的话,那么小说家在创作中的探索则表明这一"转向"在实践层面早已开始。而且,在空间思想方面,"理论家们正是从作家们对'空间性'的探索中,获得了无穷的启示……在某种程度上,我们认为米歇尔·福柯的空间思想也受到注重'空间性'的法国'新小说'的影响"②。因此,在"空间转向"这一大的知识和文化背景下,我们从文学创作这一源头出发,可以看到空间叙事研究在叙事结构、叙事类型、空间书写与人物塑造等方面打开了文学批评的新局面。在文学领域空间叙事研究的启发下,在列斐伏尔等思想家关于社会空间等理论洞见的烛照下,空间叙事研究不断向社会、文化、艺术等领域突进。

空间叙事就是要把展示的"意义"通过丰富多维的叙事媒介以更有效的方式进行传播。"表达各种空间是内心的创造(代码、符号、'空间话语'、乌托邦计划、想象的景色,甚至物质构造,如象征性空间、特别建造的环境、绘画、博物馆及类似的东西),它们为空间实践想象出了各种新的意义或者可能性。"③ 在空间叙事学理论的观照下,学者们对文学和历史等叙事文本、图像(绘画、雕塑、摄影、影视……)等多种媒介、建筑等现实空间,围绕某种"新的意义"进行了空间叙事维度的新阐释——"新的意义"即空间的叙事主题,它是空间存在的意义表达。当下,一些以虚拟现实技术为基础、以数字展品为载体的虚拟文化空间(如虚拟博物馆、美术馆、纪念馆等)正呈现出快速发展的态势,空间叙事理论研究应该及时跟上虚拟文化空间实践发展的步伐。因此,我们从叙事主题的维度切入虚拟文化空间研究,试图以此为理论路径,借助对叙事主题在虚拟文化空间中的意义建构和组织秩序的探究,既呼应空间叙事理论向虚拟现实领域接续拓展的趋势,又为虚拟文化空间的构建实践提供理论参考。

---

① 包亚明主编《现代性与都市文化理论》,上海社会科学院出版社,2008,第109页。
② 龙迪勇:《空间叙事学》,生活·读书·新知三联书店,2015,第24页。
③ 戴维·哈维:《后现代的状况——对文化变迁之缘起的探究》,阎嘉译,商务印书馆,2003,第276页。

第二节　意涵之维：叙事主题的意义建构

在数字时代的文化语境下，虚拟文化空间如何对实体空间蕴藏的内涵进行重塑，如何更好地传播与拓展实体文化空间的美学价值，取决于叙事主题的意义建构。"叙事主题"这一概念从文学创作与评论中生发而来，它聚焦于文学作品内容与现实生活的关联，揭示社会人生的深层意蕴，以此触动情感、拨动心弦，让读者产生共情和思考。如果说，叙事主题是文学作品创作的意义体现，那么空间叙事主题就是文化空间意义呈现的核心要素。叙事主题能够帮助人们深入理解文化空间展陈的目的诉求，引导参观者形成系统性、逻辑性的认知，并且在一定程度上唤起人们对展品承载历史文化信息的感知和兴趣。因此，可以说，叙事主题赋予了文化空间展陈的意义建构和价值呈现的可能。以下我们借助探讨实体文化空间叙事主题的意义表达并分析其与虚拟文化空间的差异，以期为虚拟文化空间的意义建构提供助益。

一、实体文化空间叙事主题的意义表达

如同文学创作的叙事离不开主题一样，博物馆等实体文化空间意义的呈现也必须围绕相关主题展开。一般来说，文化空间通过子主题对中心主题的呼应、时间线性或主题并置的空间布局规划和空间氛围的营造来强化空间叙事主题的意义表达。美国艺术鬼才丹尼斯·塞维思（Dennis Severs）创办的伦敦丹尼斯世家博物馆，便是以时间线性的空间布局表达空间叙事主题的典范。博物馆以一栋四层建筑中的10个房间为空间叙事载体，编撰了"丝绸商人杰维斯家族"从1724—1914年居住在这栋房子里的故事，并以"杰维斯家族"五代人跨越18—19世纪的生活场景为叙事主题，展示了18—19世纪英国社会中的不同阶级在拿破仑战争时期、第一次工业革命时期等不同时代中的生活形态，让参观者身临其境地欣赏了一场生动的历史静物剧。扬州的中国大运河博物馆则采用主题并置的空间布局方式。博物馆以"运河带来的美好生活"为中心主题，将传统展示结合多媒体数字化技术等多元媒介形式，全流域、全时段、全方位地展现了中国大运河的历史、文化、生态和科技。博物馆继而设置了"运河上的舟楫""河之恋"等子主题，采用实体场景结合数字多媒体虚拟体验的模式，让参观者感受到沙飞船在大运河古今时光中穿梭的沉浸式体验。从空间叙事主题角

度来说，展品既是一种具体的物化存在，也是叙事主题的主要表达对象；灯光、声音等媒介形式则辅助性地拓展了叙事主题的意义，充实、完善了空间的叙事内容。随着媒介技术突飞猛进的发展，3D技术、全息成像、VR、AR等相继出现并迅速进入实践领域，多元、丰富的媒介互动形成复杂的空间叙事网络，使得实体文化空间的叙事主题更加鲜明而突出地展现出来。因此，博物馆、美术馆、图书馆等文化空间利用数字技术将实体空间与虚拟空间进行结构整合，不断改造、提升馆舍空间的数字化，已经成为实体文化空间传统服务模式转型的主要方向。

不难看出，借助时间线性或主题并置的空间布局设计，运用灯光、图像、声音等传统媒介形式，以及多媒体技术等数字化媒介形式对文化空间进行辅助性渲染，是实体文化空间叙事主题的主要表达方式。但是，无论实体文化空间中的媒介形式怎样多元、场景互动如何丰富，从空间主题的呈现到空间布局设计的展现仍然是文化空间（博物馆、美术馆、纪念馆等）主观性、宏观性的叙事表达。作为权威主体的实体文化空间，其叙事对参观者而言通常是一种单方面的输出。诚然，数字媒体技术给实体文化空间带来了部分功能上的转型与提升，如近年来许多博物馆设置的"多人多点触控屏幕"便是实体空间企图与参观者实现互动的典型设备，但这类设备提供的所谓"互动"，其实只是展陈主题或展品介绍等颇具科技感的叙事表达形式而已，并未改变实体文化空间的权威主体的本质存在。[①] 因此，参观者作为被动的空间叙事接受者，其观赏活动依旧受限于实体文化空间的布局规划、路线设计和导向系统的引导与规约，无法与空间产生情绪上的互动与情感上的连接。虽然实体文化空间主动通过形式多样的文创产品、诙谐幽默的线上平台推文等，不断释放融入大众的意愿，但"这些微观表达多'置身事外'，并未深入参与到博物馆参观过程——博物馆叙事中"[②]。参观者的感受始终是被动的，与展品之间的互动也处于疏离状态。

同时，我们发现，基于数字技术的虚拟文化空间与实体文化空间存在诸多差异。其一是空间文化意义的传递从自上而下的权威姿态转向平等互动的情感共鸣；其二是从"强调连续性、智性与审美"的逻辑秩序展示方式转向"强调体验、片断、即时所见"的灵活随机呈现方式；[③] 其三是从

---

① 习欣、李剑：《增强现实与博物馆空间叙事》，《戏剧之家》2020年第13期。
② 习欣、李剑：《增强现实与博物馆空间叙事》，《戏剧之家》2020年第13期。
③ 殷曼楟：《从中国数字博物馆观众经验看用户交互之路径》，《文化研究》2017年第2期。

文化母本的原真性展示转向对文化母本的仿真式呈现。这些差异正是虚拟文化空间获得独特性和价值的前提,而其最核心的价值在于能创造出更具个性化和更有感染力的文化产品,更能激发观众的感官体验,这归因于:此种仿真的对象已不再是文化母本的镜像与机械复制,而是如让·鲍德里亚(Jean Baudrillard)所说的"超现实"的一种新形象、新事物,能够实现不受时空制约和权威主体规范的沉浸式文化体验。

二、虚拟文化空间叙事主题的意义建构

相形于实体文化空间,虚拟文化空间的展示将改变用户被动与疏离的感受。在叙事主题的主导下,虚拟文化空间运用虚拟现实技术进行空间的组织、构造和演绎,完成从实体文化空间到虚拟文化空间的创新性转化,使空间叙事从"以物为主导"的展品集合转向"以人为主体"的沉浸体验。叙事主题既可以表达和呈现空间展示的视角,又可以规范和统一多种展示要素,使虚拟文化空间设置获得必要的逻辑性。因此,叙事主题在虚拟文化空间构造和空间展示方面具有重要的先导性意义,是空间内容建构的核心要素。对于虚拟文化空间的创设和营构来说,解决好设置怎样的叙事主题、如何设置叙事主题这些问题,是虚拟文化空间叙事主题意义建构的前置条件。

虚拟文化空间的叙事主题一经确立,随之而来的问题便是如何进行叙事视角的拣择。视角是指叙述者从哪个角度和方向展开叙事,视角的选择能够确定虚拟文化空间叙事主题的内容和路径,从而给线上用户带来完全不同的体验视域。因此,可以说,叙事视角决定了虚拟文化空间叙事主题意义建构的方式与结果。虚拟文化空间叙事主题意义建构通常具有三种视角。

第一,上帝视角。借助对实体文化空间的客观映射建构虚拟文化空间的叙事主题。上帝视角的客观映射是空间叙事者采用全知全能的视角,将实体文化空间的叙事主题原原本本地在虚拟文化空间中进行"主题复制"的过程。运用数字孪生技术打造镜像式虚拟展示空间是上帝视角客观映射建构虚拟文化空间叙事主题的主要形式。敦煌研究院的"数字敦煌"可视为体现这一方式的经典案例,用户通过"数字敦煌"平台可以高速浏览超大分辨率图像,欣赏图像、视频、音频、三维数据和文献数据相结合的数字内容,实现敦煌资源的全球共享。上帝视角下虚拟文化空间叙事主题建构的优势在于:一方面,可以对物质文化遗产本身进行抢救性文物保护与主动性损坏预防,全面保存和重现了物质文化遗产的数字信息,形成的数

字成果可使物质文化遗产的线上传播、跨出国门成为现实;另一方面,可以使叙事主题具有集中性、客观性、权威性特征,以全知全能的模式给参观者真实可信、丰富多样的体验。但同时也存在明显的局限:导致空间叙事主题的封闭和固化,参观者的想象空间和参与程度受到制约;同时,上帝视角在空间叙事主题上表现出的权威意识,容易形成对参观者的强制性说服。①

第二,用户视角。以满足用户线上需求为目标建构虚拟文化空间叙事主题。这里的"用户线上需求"是指用户希望在虚拟文化空间中获得迥异于实体文化空间的多样性体验。"体验的多样性是叙事空间最为重要的特征。"② 从用户角度来看,他们对虚拟文化空间的需求与已有的多类型网络体验及现实世界的经验密切相关。因此,用户视角建构虚拟文化空间的叙事主题,既要彻底脱离对某个具体实体文化空间叙事主题的观照;又要在虚拟文化空间中满足用户完全的线上交互、适度的社交连接、多样化沉浸式体验等需求。2020年成立的VOMA虚拟线上艺术博物馆是世界上第一个完全线上交互的虚拟博物馆,它的外部空间、建筑外观、展区内的艺术作品全部运用数字建模技术呈现。用户可以在馆内自由"走动",任意参观,也可以在馆外的虚拟空间中漫步,多样化沉浸式体验如同参观实体博物馆一样,VOMA还可以实现多人同时参观并进行线上的互动交流。

以VOMA虚拟线上艺术博物馆为代表的虚拟文化空间的诞生,为全球的互联网用户提供了开放的虚拟公共交流空间。与实体文化空间相比,用户视角建构虚拟文化空间的叙事主题完全从满足线上用户需求出发。第一,创造性地建构叙事主题。这一类型的虚拟文化空间从外部建筑到内部展品均用数字建模技术搭建,不以某个具体实体文化空间为叙事蓝本,因而无须依托任何实体文化空间来设置叙事主题。第二,实现完全的线上交互。一方面,用户在线参观时可以从任意角度观察,随意放大数字展品的细节,在很大程度上缩小了艺术品与大众的距离;另一方面,用户在虚拟空间中的互动交流较之现实世界更为开放和自由,可产生基于共同欣赏数字艺术品的适度社交连接。第三,多样化沉浸式用户体验。虚拟文化空间可以根据主题需要不断拓展新的展陈空间,无须像实体文化空间那样受人

---

① 何修传、夏敏燕:《空间叙事:博物馆展示主题的意义建构与话语体验》,《艺术百家》2022年第1期。

② 冯炜:《透视前后的空间体验与建构》,李开然译,东南大学出版社,2009,第12页。

力、物力和时间成本的限制，因此，在前期3D数字建模完成后，虚拟文化空间既可以不断为用户提供异常丰富的数字展品，又可以运用多种媒介为用户提供超越实体空间现场感的多样化沉浸式线上浏览体验。当然，类似VOMA的虚拟文化空间的出现也给人们带来了一些新的思考：例如，怎样为线上用户创造更好的、适度的交互，而不仅仅像是在浏览网站？如何围绕虚拟文化空间的运营、策展，增加用户黏性？在构建虚拟空间叙事主题时，怎样对线上用户开展需求调查，最终形成用户视角？等等。这些问题也是以VOMA为代表的虚拟文化空间在未来发展中需要面临的挑战。

第三，复合视角。通过上帝视角与用户视角的复合联动建构虚拟文化空间叙事主题。这一叙事主题的意义构建模式以贴合实体文化空间的叙事主题为依托，以用户在虚拟文化空间中的自主性、用户与空间的互动性为切入点，借助上帝视角与用户视角联动进行虚拟文化空间叙事主题的生发与拓展，增强了用户选择的多样性和体验的互动性。"虚拟紫禁城"（又名"超越时空的紫禁城"）是国内首个在互联网上展现重要历史景点的虚拟文化空间，可以视作复合视角建构虚拟文化空间叙事主题的典范之作。设计者与历史文化专家合作，运用3D建模技术和动态捕捉技术，以全知全能的上帝视角构建了虚拟紫禁城建筑模型、数字文化藏品模型、动态虚拟导游等，并再现了一些皇家生活场景。用户进入"虚拟紫禁城"时，既可以自主选择系统预设的游览路线，又可以选择跟随一个虚拟导游参观或者自己组织其他在线游客一起参观，还可以选择一个虚拟身份（如官员、武士或宫女、嫔妃等）参加虚拟皇家生活场景中的活动。复合视角的运用，既贴合了实体文化空间叙事主题的展陈实际与精神实质，又力图实现了用户在虚拟文化空间中的自主性、用户与空间的互动性，从而营造出真实可信的用户体验。这是以"虚拟紫禁城"项目为代表的虚拟文化空间与之前一些"虚拟游览"或数字化游览最根本的区别，也是一种叙事主题建构方式的重大突破。但全知全能的上帝视角对空间叙事主题意义建构的权威性、固化性、封闭性，在以3D建模技术和动态捕捉技术打造的虚拟文化空间里没有发生实质性的转变，用户在主题发展线索上的想象空间和参与程度依旧受到限制。因此，受上帝视角的束缚，用户在虚拟文化空间中难以实现高自由度的自主性与互动性，在交互场景中也无法获得高真实度的沉浸式体验。

第三节　逻辑之维：虚拟文化空间的组织秩序

主题是虚拟文化空间展示的核心意义所在，而叙事是意义呈现的必要手段与前提。虚拟文化空间要达成一个完整叙事，首先，要确定叙事主题，这也是用户获得空间体验的要素之一。其次，虚拟文化空间需要围绕叙事主题，按照某种"秩序"，有逻辑地组织空间内容与要素，并以符合艺术审美规律的方式进行展现，这一过程我们称为"组织秩序"。虚拟文化空间叙事主题的组织秩序即一种具有逻辑性、艺术审美特征的空间结构。虚拟文化空间的叙事过程，事实上也可视为一种艺术创造过程，抑或文化意义的编码过程。"所谓艺术家的创造性，不是创造资料，而是创造秩序。"① 组织秩序是虚拟文化空间叙事的逻辑支撑与内在结构，既是空间叙事主题得以呈现的形式框架，也是确保空间展示效果的创意基础。缺乏组织秩序架构的虚拟文化空间，其主题必定缺乏基本的空间叙事逻辑，如此，空间展示的理念、效果和意义也将得不到有效呈现。用户面对这样的虚拟文化空间，将无法了解展品之间的内在展陈逻辑，同时也就无法获得系统、整体的空间体验。

一、叙事方式与组织秩序

从空间叙事学的视角来看，虚拟文化空间叙事主题的组织秩序主要分为时间维度的"因果—线性叙事"与空间维度的"主题—并置叙事"两种，也就是说，虚拟文化空间通常主要通过这两种组织秩序，围绕一定的叙事主题对空间进行逻辑性、艺术化的结构布局。

第一，因果—线性叙事。这是一种"依循因果关系和时间的方向（过去—现在—未来）来组织事件，从而建立叙事的秩序"②。时间维度的因果—线性叙事是由文学作品的叙事方式发展而来的传统叙事方式。在个性创造与表达需求日益凸显的当下，因果—线性叙事依旧是文化空间（实体空间、虚拟空间）叙事主题表达的主要方式之一。尤其对于组成文化空间整体框架的单体空间叙事——子主题来说，只有通过时间维度的因果—线性叙事，才能实现具有一定逻辑关系的空间展陈，并且让观众经由一定的

---

① 姚一苇：《艺术的奥秘》，漓江出版社，1987，第36页。
② 龙迪勇：《空间叙事研究》，生活·读书·新知三联书店，2014，第17页。

因果关系或时间方向了解单体空间的叙事主题。前述伦敦丹尼斯世家博物馆的中心叙事主题——"杰维斯家族"五代人跨越 18—19 世纪的生活场景，及其 10 个展现英国社会的不同阶级在不同时代生活形态的子主题，均采用了因果—线性叙事。首先，博物馆按照 1724—1914 年的时间顺序设置了 10 个子主题，参观者从第一个房间走到第十个房间就如同穿越了一个跨越百年的时间隧道。其次，进入每一个具有时代特征的子主题房间时，展现在参观者眼前的场景与展陈是依据展品之间一定的内在逻辑顺序布置的。丹尼斯世家博物馆的中心叙事主题与子主题的组织秩序均具有鲜明的时间性，符合一定的因果规律，属于因果—线性叙事的典范之作。

第二，主题—并置叙事。龙迪勇教授在其著作《空间叙事学》中，通过对各类叙事作品的考察，开拓性地提出了"主题—并置叙事"这一叙事模式，探析了它的内涵和特征。① 由此，我们可以从文化空间（实体空间、虚拟空间）构建的角度，进一步生发出空间维度的主题—并置叙事所具有的四个特征：其一，叙事主题是文化空间的灵魂或联系纽带；其二，文化空间往往由多个并置的子主题组成；其三，子主题之间可以没有特定的因果或时间关联，但子主题本身的叙事必须遵循时间维度的因果—线性叙事；其四，构成文化空间的各个子主题之间的叙事顺序可以改变，顺序改变后的空间与原空间相比，没有主题意义与实际内容上的差异。

文化空间是实现主题—并置叙事的理想场所。已逝著名建筑师扎哈·哈迪德（Zaha Hadid）的设计工作室为伦敦科学博物馆设计了主题展厅——数学厅，该厅的中心展示主题是"数学如何塑造我们的世界"，在中心主题之下，细分出 6 个子主题，分别是形式和美、金钱、生与死、旅行和贸易、战争与和平、地图和模型。这六个子主题展区采用了空间维度的主题—并置叙事模式，是因为"从逻辑角度而言，这些展区之间没有明显时间上的先后顺序，所以适合以主题并置方法进行布局"，对于数学厅的整体空间建构而言，主题—并置叙事的运用创设了"一个更开放、自由流动的空间结构方式"。②

二、组织秩序的实践应用

有学者指出："空间叙事的价值在于能把展示的'意义'通过'空

---

① 龙迪勇：《空间叙事学》，生活·读书·新知三联书店，2015。
② 何修传、夏敏燕：《空间叙事：博物馆展示主题的意义建构与话语体验》，《艺术百家》2022 年第 1 期。

间'这种丰富多维的叙事媒介更好地传播出去,增进观众与展示对象之间的交流,帮助观众更好解读和理解展示主题,提高观众的体验质量。"① 有"意义"的主题在空间中的传播,除了需要借助叙事媒介外,还离不开空间的组织秩序。与文学作品叙事主题的呈现离不开作品的结构布局、语言渲染、形象塑造等因素相似,虚拟文化空间的叙事主题需要结合空间的构建需求,通过相应的组织秩序,逻辑性地、艺术化地在空间中演绎出来。

第一,因果—线性叙事在虚拟文化空间中的应用。一般而言,用户一旦进入虚拟文化空间,就开启了一个时间线性的浏览过程——人类观察事物和体验场景的过程必定遵照一定的时间顺序或因果规律。因此,从这一角度来说,任何虚拟文化空间的主题呈现都离不开时间维度的因果—线性叙事。从虚拟文化空间的构建实际来说,无论是类似"数字敦煌"项目以单一的上帝视角构建的虚拟文化空间,还是类似"虚拟紫禁城"以上帝视角与用户视角的复合联动方式构建的虚拟文化空间,都运用因果—线性叙事实现了叙事主题的空间表达。

以"虚拟紫禁城"项目为例,设计者在系统中预设了6条游览路线。用户进入虚拟紫禁城之后,可以选择其中一条路线,跟随动态虚拟导游的指引,或者自己组织其他在线游客一起,按照系统设置的先后顺序浏览"沿途"的建筑模型,欣赏空间里的数字文化藏品。无论是从贴合实体文化空间叙事主题的展陈实际与精神实质(上帝视角)的角度,还是从用户在虚拟文化空间中获得的真实体验(用户视角)的角度来说,"虚拟紫禁城"的6条预设游览路线实质上是具有一定逻辑关系的空间展陈,鲜明地体现了因果—线性叙事这一模式组织秩序的特征,并且让用户经由多条方向明确的游览路线,深度了解"虚拟紫禁城"的中心叙事主题。

第二,主题—并置叙事与因果—线性叙事在虚拟文化空间中的联动应用。随着成熟的虚拟现实技术不断进入实际运用,越来越多的虚拟文化空间采用两种组织秩序联动应用的模式。从技术层面来看,虚拟文化空间可以根据叙事主题发展的需要不断拓展新的子主题展陈空间;从成本投入层面来看,新的子主题空间拓展不像实体文化空间扩展那样受人力、物力和时间成本的限制。因此,空间维度的主题—并置叙事这一模式非常适合用来搭建虚拟文化空间的总体框架,呈现空间的中心主题;而对于叙事来说,只有通过时间维度的因果—线性叙事才能实现子主题具有一定逻辑关

---

① 何修传、夏敏燕:《空间叙事:博物馆展示主题的意义建构与话语体验》,《艺术百家》2022年第1期。

系的空间展陈。对于虚拟文化空间的创建来说，两种组织秩序的联动应用与因果—线性叙事这一单一应用相比，前者在空间拓展、成本投入、展陈效果等方面都具有更大的优势。

以赛珍珠文化公园为母本设计的"虚拟赛珍珠文化公园"，其中心主题是纪念获得诺贝尔文学奖、在镇江生活了18年的美国女作家赛珍珠。"虚拟赛珍珠文化公园"由珍珠广场、大地翰墨画室、赛珍珠故居、赛珍珠纪念馆4个子主题展陈空间组成。在"虚拟赛珍珠文化公园"的空间展示里，因果—线性叙事与主题—并置叙事的联动应用体现在设计师对于交互系统的设计上。设计师在系统中设置了两种参观虚拟赛珍珠空间的模式，即导览模式与探索模式。在导览模式下，用户通过点击桌面按钮，跟随系统设置的"广场—画室—故居—纪念馆"的顺序参观"虚拟赛珍珠文化公园"，从而获得与参观实体文化公园相近的体验。用户在导览模式中的参观顺序只可以向前或后退，不能够自由选择路线和方向，这符合了因果—线性叙事的时间维度特征。导览模式可以让用户充分了解"虚拟赛珍珠文化公园"的中心叙事主题和子主题的展示内容。在探索模式下，用户既可以任意点击虚拟赛珍珠故居或赛珍珠纪念馆等，进入子主题空间内部自由参观；同时，又可以在虚拟文化公园的其他空间中自由探索——或者沿着下山石阶去揣摩思乡碑上镌刻的诗句，或者走到珍珠广场中心仔细端详赛珍珠坐像。4个子主题展陈空间的顺序可以交换，空间顺序的改变不会从本质上改变"虚拟赛珍珠文化公园"的中心主题，而4个子主题自身的空间叙事则体现出一定的逻辑性，这符合主题—并置叙事的空间维度特征。探索模式使用户的空间活动具有较强的自主性，与空间的交互性也相对密切。两种组织秩序的联动应用既保证了用户在虚拟文化空间中获得具有逻辑性、真实感、艺术化的参观体验，又创设了更为开放、自由流动的虚拟空间结构。

以虚拟现实技术为基础、以数字展品为载体的虚拟博物馆、美术馆、纪念馆等虚拟文化空间正处于快速发展与转型升级阶段，空间叙事理论研究应及时跟上文化空间在实践层面上的步伐。我们从叙事主题的维度切入虚拟文化空间研究，对其意义建构和组织秩序进行深入探究，既呼应空间叙事理论向虚拟现实领域接续拓展的趋势，又试图为虚拟文化空间的构建实践提供理论参考。虚拟文化空间的价值在于其能够借助丰富多维的叙事媒介，从上帝视角、用户视角、复合视角建构空间展示的主题意义，并通过因果—线性叙事与主题—并置叙事这两种时空结合的组织秩序富有逻辑性、艺术化地呈现出来，增进用户与虚拟空间及展示对象之间的互动。叙事主题的意义建构与组织秩序是虚拟文化空间叙事理论的具化形式，在虚拟文化空间的建构实际中已经转化为展示空间主题的创意表达机制，可以帮助用户更好地解读空间的叙事主题，了解空间的组织形态，提升空间的体验质量。在叙事主题的主导下，虚拟文化空间运用虚拟现实技术进行空间的构造、组织和演绎，是在实践层面从现实文化空间向虚拟文化空间拓展的有益尝试。由此，博物馆等文化空间叙事将从"以物为主导"的展品集合转向"以人为主体"的沉浸体验。

事实上，虚拟现实技术对于虚拟文化空间的革命性影响远不止于此。"'虚拟现实'在这里将要告别它的'摹写现实形态'：通过数字技术建立的对现实的高保真呈现、模仿或拼接、叠加，转而走向未来虚拟现实的'创生现实形态'，虚拟不再是一种简单的技术幻觉，还化入人类的生命经验和感知记忆，成为人类的'另一种现实'。"① 因此，从文化空间的发展趋势来看，虚拟现实技术所创设的"平行文化空间"既不只是对实体文化空间"主题复制"式的客观映射，又不只是实体文化空间在虚拟空间中的生发与拓展，其更多的可能性是建立在虚拟现实技术与文化艺术相结合基础上的完全创造性的虚拟文化空间。

---

① 周志强：《"小故事"的时代——元宇宙与虚拟现实叙事的沉浸逻辑》，《文化艺术研究》2022年第2期。

下 篇
美学智慧与文化创新

雅韵美学在古典美学中具有主导性地位。这一美学旨趣，经由晋唐的扩展与丰富，继至宋代的演变与凝定，再到明清的完善和延传，成为中华审美精神的鲜明特质与优秀基因，深刻影响并启发了当代中国的文化创造。

在当代"国潮"中，不仅各种艺术和创意设计融入了越来越多雅韵、淡雅的审美意趣，人们的日常生活中也日益呈现雅致逸趣的空间陈设，如清玄的茶、香文化和插花艺术等。这一转向透露出人们以幽雅审美提升生活品质的自觉。

中华美学追求雅韵之美的审美趣尚——丰赡厚实、延传有序，是中华文明史中主流价值的重要表现方式。抛却繁复、返璞归真、静谧清雅、彰显风雅之美的艺术作品，往往组成了那个时代的艺术高峰，形成了蔚为大观的文化长廊。

在科技突飞猛进、文明互鉴日甚的现代语境中，要延传、激活和重组这一优秀文化基因，不仅需要对中华文化渊薮进行深度探微与开掘，还要积极辨识与吸纳人类文明的新创造。唯有承百代之流，会当今之变，吸收外来，融贯中西，才能实现文化重铸，构筑"和合"之美，推动品质生活全面超升。

传统文化审美精髓不是简单的符号移植与拼贴，只有做出深刻的精神领悟与把握才能达臻。单纯的中国符号与元素的运用，可以为品质生活提供相应的文化内涵，装扮具有民族特色的生活表象；深度的中华审美精神与气质的挖掘，则有助于品质生活内在意蕴的提升，展现出中国文化的精神气象。

第十章

雅韵美学与审美理想

传承与弘扬中华优秀传统文化是新时代的重要主题。习近平在给《文史哲》编辑部回信中指出:"让世界更好认识中国、了解中国,需要深入理解中华文明,从历史和现实、理论和实践相结合的角度深入阐释如何更好坚持中国道路、弘扬中国精神、凝聚中国力量。"① 在创造性转化、创新性发展的思想理念的指导下,面对浩如烟海、厚重深远的优秀传统文化,既要有准确清醒的价值判断与审美辨识,又要有与时偕行的遴选提炼与探索实践。

在当下关涉传统文化的学术研究及文化创意活动中,人们的聚焦点与关注面主要在三个方面:其一是非物质文化,体现为传统民间文化艺术,无论是学术研究、决策咨询,还是创意设计、大众传播及文化市场,都有大量成果与产品。其二是宫廷文化,体现为历史上皇家贵胄与统治阶层的文化,主要展陈于各类博物馆之中,博物馆观赏的日趋升温、故宫文创的持续走红及"国潮"蔚然勃兴成为突出文化现象。其三是国学文化,体现为传统学术思想和文明智慧,古代经典文献的注释、解读、讲学与出版传播蔚为大观,国学研究机构与日俱增,传统书院复兴态势不减,古代学术经典的互联网传播日益普及。然而,对于传统文化及其文人审美的研究则主要局限于各门类艺术之中,鲜见独立的观照与专门的探究,尤其是对如何将其作为中华文化精华融入当代中国的文化创造,以构建新时代的审美理想尚未做专门和深入的探讨。习近平指出:"如果没有中华五千年文明,哪里有什么中国特色?如果不是中国特色,哪有我们今天这么成功的中国

---

① 《习近平给〈文史哲〉编辑部全体编辑人员的回信》,《人民日报》2021 年 5 月 11 日,第 1 版。

特色社会主义道路？我们要特别重视挖掘中华五千年文明中的精华。"① 古代文人艺术家是创造中华文明的重要主体，文人文化也是中华文明的重要构成，而深入理解中华文明、挖掘五千年文明中的精华，必然要深入研究提炼、传承发展文人文化及其雅韵审美这份珍贵的文化遗产。

第一节 雅韵：文人旨趣与文化精髓

任何一个国家、一个民族，无论处于什么历史阶段，其文化艺术生产都离不开当时具有主导地位的创造主体，而这个主体（或阶层）的精神旨趣也往往决定了那个时代的审美趣味与风格特征，甚至决定了那个时代所能达到的艺术高度。中国古代社会文化艺术创造主体虽然经历了较为复杂的演变过程，但其最重要的主体是作为一种文化身份的"文人"，有学者对"文人"及其历史形成进行了研究，勾勒出一个基本的轮廓。从西周到春秋，贵族阶层具有统治者和文化领导者的双重身份，及至春秋末年，"文化领导权亦逐渐从贵族阶层转移到一个新的知识阶层——士大夫手中。于是士大夫文化渐渐取代贵族文化而成为主流"②。随着士大夫阶层政治和社会影响的拓展，"又增加了一重新的身份维度——'文人'。所谓'文人'就是有文才与文采之人，亦即诗词歌赋、棋琴书画样样精通之人。在今天看来'文人'就是文学家兼艺术家"③。与李春青认为"文人"不是一个社会阶层的观点不同，卢辅圣认为"文人是中国古代所独有的一个社会阶层，其前身是'士'，所以也称'士人'、'士夫'或'士大夫'"，"士作为独立的阶层始于春秋时期"，是一个"拥有文化权力的知识分子阶层"。④ 而在论及文人的社会功能变化时，卢辅圣则持有与前者相近的观点，认为"从士到文人的演变，意味着知识分子的社会和政治属性更多地表现为'独善'而不是'兼善'。这一演变过程始于魏晋，宋元以还，中国知识阶层就以文人为主流了"⑤。由上可见，文人士大夫作为中国古代占

---

① 《习近平的文化情怀》，《人民日报》2022年5月12日，第1版。
② 李春青：《"文人"身份的历史生成及其对文论观念之影响》，《文学评论》2012年第3期。
③ 李春青：《"文人"身份的历史生成及其对文论观念之影响》，《文学评论》2012年第3期。
④ 卢辅圣：《中国文人画史（上）》，上海书画出版社，2012，第3页。
⑤ 卢辅圣：《中国文人画史（上）》，上海书画出版社，2012，第3页。

主导地位的知识阶层，担负着创造、传承主流文化观念的重任。这显示出文人作为创造主体，在中华文明的传承与发展中发挥着独特而显要的作用。

当文人士大夫作为中国古代最有影响的文化艺术创造主体时，其精神旨趣及其所形成的审美趣味，就不可避免地成为中华文化最具主导性、最有影响力的审美传统，而这个传统的核心就是由文人趣味所生成的雅韵审美，它在书画艺术中的呈现尤为显著，因而有学者评价道："文人画是中华文明所孕育的奇特文化现象，是中国民族文化特性的鲜明体现，也是世界艺术史上的孤例。"① 正因如此，它具有很强的纵贯性和生命力，并渗透和延伸至文化艺术各个门类及造物审美之中，成为中华古代文明炳焕千秋与泽被寰宇的重要内涵支撑。

独特创造主体。雅韵审美创造主体自身独特的社会身份与人格禀赋，决定了其文化基因的优渥。《诗经·毛传》言："文人，文德之人也。"将"文人"定义为有道德修养和知书达理之人，也就是所谓的"德艺兼备"。古代文人士大夫作为文化艺术创造主体，其演变分为不同阶段，是从"集体主体"到"个人主体"转化。"士人精神旨趣"在东汉中叶之后，开始转向个人内心世界，"这是前所未有的变化"，"对于中国文学史、美学史来说也有划时代的意义。这标志着士人或者士大夫阶层的一种新的文化身份出现并且成熟了，这就是'文人'"②。以一种文化身份出现并成熟起来的文人，具有与贵族趣味迥然相异的以个体性为特征的文人趣味，并在历史的演进与发展、文化空间的开拓与精神世界的丰富中，日臻完善，渐成大观，使得"从汉魏之际直至清季，在文人趣味的驱动之下，无数优秀的诗文书画作品被创造出来。可以说，如果离开了文人趣味，中国文学史、美术史乃至整个文化史、思想史都将是苍白的"③。文化艺术创造主体个体性的获得与发展，为深入拓展精神空间、探索表现形式、探悉人心微澜奠定了重要基础与前提。山水题材逐渐成为文人性灵表达的绝佳载体，且日受钟爱而冠绝一时，"山水诗画寄托着文人雅士的高尚志向，也表达着不与世俗合流的人生态度，也正因为这种追求自我的精神与灵魂，才使得中国的山水诗与山水画历千年之久而不衰"④。而古代文人所具有的官宦身份

---

① 卢辅圣：《中国文人画史（上）》，上海书画出版社，2012，序。
② 李春青：《文人趣味的历史演变与宋诗风格之生成》，《名作欣赏》2021年第31期。
③ 李春青：《文人趣味的历史演变与宋诗风格之生成》，《名作欣赏》2021年第31期。
④ 陈恩惠：《山水诗画：古代文人的一种文化观和生活状态》，《湖北社会科学》2007年第8期。

或进身官宦的诉求,使之时常表现出"中间人"的角色特征,既为上层社会代言,又为民间百姓代言,表现为一种"担当精神,认真做官,为百姓造福,为朝廷分忧",这在唐代士人身上体现为建功立业的志向,在宋代士人身上体现为主体创造精神。这就在一定程度上冲淡和削弱了文人的自我玩味与独自陶醉,而将个体性更多地指向生命体验与心灵自由,是人生艺术化的表征。

文人身份的确立所形成的文人审美始于魏晋,至唐宋尤甚,产生了一大批文化大师,其艺术成就登峰造极。以雅韵审美为主的传统延传久远,成为中华美学的主流。当然,我们在看到雅韵审美流脉强大的同时,亦不可忽略魏晋六朝之前的美学传统。宗白华先生将中国美学思想划分为魏晋前与魏晋后两大阶段,他认为前者主要体现为"镂金错采、雕缋满眼"的美,后者主要体现为"初发芙蓉、自然可爱"的美,且以魏晋六朝开始的转变为分界,"从这个时候起,中国人的美感走到了一个新的方面,表现出一种新的美的理想。那就是认为'初发芙蓉'比之于'镂金错采'是一种更高的美的境界。在艺术中,要着重表现自己的思想,自己的人格,而不是追求文字的雕琢"①。这"初发芙蓉"的美事实上就是文人审美趣味,即清新雅致之美,苏轼的"无穷出清新"、谢灵运的"池塘生春草",便是一种文人趣味的雅韵审美。宗白华认为,这二者美的理想一直贯穿于中国历史,尽管刘熙载《艺概》中认为二者应"相济有功",但艺术家不停留于"镂金错采"之美,"要如仙鹤高飞,向更高的境界走"。②由此,雅韵审美在一代代文人的奋勉下,获得了更高的艺术成就和文化价值。

殊异文化价值。雅韵审美源于文人趣味。文人趣味是指中国古代一种与贵族趣味、士大夫趣味并列而三并长期占据主流地位的精神旨趣。文人作为古代社会个体性与合法性兼具的文化创造主体,他们的精神旨趣必然会成为一个时代审美趣味的驱动者,并濡染与延伸至各个艺术门类,涵盖与影响到整个社会的精神文化氛围及日常生活方式,成为时代的精神标识。有学者在论及与雅韵内涵相近的"古雅"概念时指出,"中国文学的主体基本上是由受过良好教育的士人完成的",同时认为,"比较言之,古雅主要涉及中国古代具有官方性质的审美价值原则,意境和境界主要涉及古代士人阶层对诗词风格的定位,宋元戏曲则主要涉及民间艺术。可以认

---

① 宗白华:《宗白华散文》,人民文学出版社,2022,第88页。
② 宗白华:《宗白华散文》,人民文学出版社,2022,第91页。

为，研究中国美学史，离不开对这三个方面的完整理解"。① 这里的"比较言之"，表明古雅与意境的审美原则并非泾渭分明、判若鸿沟，况且这二者的创造主体都是士人或文人，由此表明文人在中国美学史建构中发挥着极为重要的主导性作用。

雅韵审美是文人趣味与精神旨趣的艺术化、审美化的表现，有着丰富层次与深厚底蕴，表达的是一系列彰显高雅艺术品位的审美意趣，包含雅逸、清雅、简约、圆融、娟秀、含蓄、内敛、蕴藉等审美范畴。雅韵审美不仅在中国文学艺术中占据主流地位，而且在整个中华审美文化中具有主导性价值。先秦之词"雅"具有"正"的价值含义，周代音乐称为"雅"，《诗经》之"二雅"即来于此，《毛诗序》亦云"雅者，正也"，而"孔子诗教又奠基于西周时期歌诗的'正雅'传统"②，使得"'雅'天然意味着艺术的主流化、正统化和标准化"③，因而获得"正统""正宗"的价值内涵。王国维曾指出古雅之美所具有的"神""韵""气""味"，主要来自学富五车、诗书满腹的文人艺术家的品学修养及其艺术呈现，即一种含蓄蕴藉的书卷之气。在漫长的历史发展中，形成儒雅、雅韵、雅趣、清雅、幽雅、风雅等具有"雅正"特点的审美系统，成为中华美学的主流价值，位居正统之尊。雅韵审美抛却繁复、返璞归真、静谧清雅、彰显风雅的美学追求，成就了历代文化艺术的高峰。这一美学旨趣，经由晋唐的扩展与丰富，继至宋代的演变与凝定，再到明清的完善和延传，成为中华审美精神的鲜明特质与优秀基因，深刻影响了当代中国文化的创造。

雅韵审美源自文人山水诗歌，进而及至文人山水画，流脉深远，积淀渐丰，神韵日臻，成为古典文学艺术的重要观念与主流，彰显出超拔放达、任心自运、淡泊天真的精神理想；但同时它又有很强的渗透性和弥散性，扩展至现实生活各领域。汉末晋魏之时，清雅已成为古代文学审美的核心观念。唐代以降，诗歌绘画中的田园山水题材讲求意境和气韵，王维山水诗和《辋川图》开启了"境界式山水"图式，形成水墨山水画派。南、北两宋，则素被称作"风雅之朝"，理学与禅宗相凑泊使得崇古尚雅之风日盛，不仅绘画在山水墨韵的脱形向意的挥洒中演绎出独具风雅之美的艺术佳品，而且传递至造物领域，使器物雅赏亦成一时之风尚，助推了

---

① 刘成纪：《释古雅》，《中国社会科学》2020年第12期。
② 刘成纪：《释古雅》，《中国社会科学》2020年第12期。
③ 刘成纪：《释古雅》，《中国社会科学》2020年第12期。

中华器物的创造日趋精雅秀逸，并在此后的元、明、清各代日臻完美和勃兴。

有学者在概括中华文化精髓时指出："中国文化有四绝之说，即山水画、烹调、园林和京剧。我国文化精粹虽不仅于此，但这四门艺术的感染力却是被实践所证明的。"① 这其中山水画与园林两项，便主要体现了文人艺术家的雅韵审美及其艺术精神。雅致意趣、雅韵审美对造物领域的浸染与融入，使包括园林、陶瓷、丝绸、漆器、刺绣、服装等的设计，获得了很高的艺术美学价值。瓷器于崇尚自然美中演化出的淡雅简洁的古韵之风，明式家具的书法韵味和简净素雅的美学基调，文人园林简淡潇苏、含蓄蕴藉的山水意境，以及雕刻、茶文化、香文化、插花艺术、室内陈设等，都体现出无处不在的雅韵之美。在这个过程中，不仅形成了文人画的独特表现图式，如不将"自然美"视作"形而上的客观对象"，而重在体现"人情"意境等，而且形成了包括文房清供、园林建筑等在内的造物审美的独特艺术语言，成为具有历史和艺术高度的中华文明创造。

特殊社会影响。雅韵审美的主流地位及对其他艺术及生活领域的弥散与拓展，使得产生于文人趣味、初现于审美范畴的文化因素，深刻嵌入人们的政治、经济和日常生活的各领域，既为皇家贵胄所欣赏，又为黎民百姓所青睐。历代帝王中推崇文人书法绘画者甚众，这不仅由于"帝王与文人士大夫在文化人格方面存在诸多相通处或关联性：他们的兴趣爱好经常是模仿或者追随文人士大夫，而反过来他们的行为与品味（位）也常常会导致或促进一个时期里某种普遍社会风尚的形成"②。帝王喜爱和推崇文人趣味最典型的莫过于宋徽宗，而清代鼎盛时期文治武功、雄才大略的帝王康熙、乾隆，都对文人趣味与雅韵审美情有独钟、推崇备至。历代帝王不乏喜爱具有典型文人趣味的江南园林，甚而频频将其中精品移植到京城。如南京名园瞻园，乾隆南巡时，曾驻跸于此，并题名。乾隆回京后，还命人在北郊长春园中仿瞻园形式建造了如园，足见瞻园园制之精。同时，这种喜爱之情还传递至其他形式的艺术中。雍正一朝的皇后，因品格修养甚佳，雍正便令画师以其为蓝本，绘制出《十二美人图》（原名《古装后圣容》，后定为《胤禛妃行乐图》，今约定俗成为《十二美人图》），以作为后宫嫔妃们的榜样和楷模。此系列图册中的人物活动与场景所表现出的题

---

① 孟兆祯：《孟兆祯文集——风景园林理论与实践》，天津大学出版社，2011，第39页。
② 李春青：《汉代帝王与文人趣味之形成——以〈文心雕龙·时序〉为线索》，《文学与文化》2011年第2期。

旨，就鲜明地传递出娴静雅秀的美学基调：博古幽思、立持如意、持表对菊、倚榻观雀、烘炉观雪、桐荫品茗、抚书沉吟、倚门观竹、捻珠观猫、消夏赏蝶等。其中，《博古幽思》一图博古架上陈列的雅玩就有宋代绝世无双的珍品：汝窑水仙盆、三足洗和葵花托盏，这体现了时至清代，宫廷皇室仍然喜爱文人趣味浓厚、造型简约、色泽温润的宋瓷。此外，乾隆对文人山水画亦钟爱有加，时常命工匠制作山水题材的玉雕和山子摆件，那是由于玉雕作品立体再现了自然的山水，将自然的山水景色搬到宫中，八面围观得来的精神上的愉悦是平面绘画不可比拟的。① 而山水题材的玉雕摆件，其图案本身就是由当时的文人画家设计的，再由苏州等地一流的工匠雕刻，体现了文人趣味对玉雕的渗透及其对皇家美学趣味的影响。

帝王的喜好无形中促进了雅韵审美主流地位的稳固，而皇家贵胄的趣尚也必然对整个社会产生了深刻影响。宋代尚雅风气的形成，更是集中体现了雅韵审美对社会文化氛围的普遍濡染，由此将以雅韵为审美特征的艺术创造和造物文化推向了一个新高度，使有宋一朝的山水画与花鸟画水平登临艺术巅峰，产生了《宣和画谱》等体现辉煌文化成就的鸿篇巨制。书法艺术日趋清韵素雅，步入"尚意"之途。宋瓷以简约雅致的造型、温润恬淡的色泽尽显高逸、秀雅之美。宋代家具在从席地而坐到垂足而坐的转变中，逐步由唐代的富丽厚重转向简朴精雅，形成了与宋代器物雅玩追求素静空灵、恬静风雅文化氛围相协调的雅致物什。建筑设计领域产生了《营造法式》这部中国古代造物文化经典著作，体现出在"格物致知"理念下对器物探究的热衷，并出现了大量研究自然万物的谱录，但在审美精神上则以风雅为主导。宋代文人审美的另一个独到之处，就是将文学的内涵融入艺术创作，将工匠艺术扩展为文人艺术，在此环境下产生的艺术自然就带有"郁郁乎文哉"的浓郁文气。宋代所达成的后世难以超越的艺术高峰，被诸多学者所肯认，陈寅恪曾言："华夏民族之文化，历数千载之演进，造极于赵宋之世，后渐衰微，终必复振。"② 不过，这一阐述虽指出了宋代文化达到的高度，但认为"后渐衰微"则略有些片面。就绘画、家具、园林而言，明代在延传宋代风雅审美的基础上，同样也达到很高的水平，产生了一大批彪炳千秋的文化经典。

---

① 吴中博物馆编《故宫里的江南》，北京大学出版社，2022，第31页。
② 陈寅恪：《邓广铭〈宋史·职官志〉考证序》，载《金明馆丛稿二编》，生活·读书·新知三联书店，2015，第277页。

第二节 渊薮：心源迹化与美学哲思

文人趣味自魏晋而兴，审美意趣渐趋雅驯，到唐代日渐丰盈，至宋代走向成熟，逮于明清则步入雅俗互融。唐宋时期，由文人趣味形成的文化艺术创造，其备受关注并被认为其最重要的成就主要在诗文方面，这一时期产生了韩愈、柳宗元等具有代表性的"唐宋八大家"，这批大师亦被称作"唐宋散文八大家"，足见其核心贡献在文学方面。然而，雅韵审美在诗文领域日益丰裕润泽的同时，必然会向其他领域延伸，逐步扩展至书画、园林、家具等领域。宋元之际，儒、释、道三教相凑泊的趋向日趋显明，导致"批评者倡扬艺之通融、艺道为一"[1]的思想，苏东坡在主张"书画同体"之时，也"力倡诗文、书画、琴艺等融通"[2]，而园林建造，在宋代随着经济的繁荣和文人群体的直接参与，将浓厚的文人意识和趣味融入其中，使得宋代园林成为文人理想的居所和真正意义上的文人写意园。宋代物阜民康的社会环境和右文抑武的制度政策，使其在雅韵审美承前启后的发展中，主流地位更加凸显和稳固，成就了一个风雅之朝，矗立起中华文化的一座高峰。有宋一朝，这一主流地位因文人群体美学旨趣的流布、批评意识的高扬，沾濡艺术门类及日常生活更为宽泛；明清以降，雅俗渐渐合流，江南士民生活益趋精致，这些构成两个鲜明的趋向。

第一，跨越不同领域。雅韵审美的影响远不限于诗词方面，而是渗透到造物文化及日常生活的各个方面。中华文化自古就有各门类艺术彼此相互渗透的特点，"中国各门传统艺术（诗文、绘画、戏剧、音乐、书法、建筑）不但都有自己独特的体系，而且各门传统艺术之间，往往互相影响"，"在美感特殊性方面，在审美观方面，往往可以找到许多相同之处或相通之处"。[3] 而谢赫提出的"气韵生动"美学境界的标准，也不限于绘画，"中国的建筑、园林、雕塑中都潜伏着音乐感，即所谓'韵'"[4]。也就是说，借助诗文中所承载的雅韵审美，始终以各种方式融入其他艺术门

---

[1] 程桂荣、查律：《中国艺术批评通史（宋元卷）》，叶朗主编、朱良志副主编，安徽教育出版社，2015，第7页。
[2] 程桂荣、查律：《中国艺术批评通史（宋元卷）》，叶朗主编、朱良志副主编，安徽教育出版社，2015，第8页。
[3] 宗白华：《宗白华散文》，人民文学出版社，2022，第85页。
[4] 宗白华：《宗白华散文》，人民文学出版社，2022，第104页。

类之中。文人趣味时常以各种形式在园林等造物中得到体现，《红楼梦》中曹雪芹借贾政之口道："偌大景致，若干亭榭，无字标题，也觉寥落无趣，任有花柳山水，也断不能生色。"这显示出楹联题额与书法艺术在中国园林建造和文化内涵提升方面的显著作用，如表现园主趣味、点化景观意境等，园林也因有文人趣味的滋养而具有浓厚的雅致气息。文人画对园林影响尤甚，"几乎所有幸存的中国园林都在某些地方赞美简朴平常、谦逊宁静的古典美德，而这可能受惠于倪瓒的绘画"①。这个倾向在宋代已相当完善和成熟，文人艺术家将风雅审美融入造物文化和日常生活并达到更高的水平。在园林建造方面，不求工巧雕饰，崇尚含蓄清雅，形成简远、疏朗、雅致、天然的美学特点，以致凝定成广被称颂和研究的宋人精神世界和生活美学，这也成为近年学界研究的一个热点。有明一代，雅韵审美传统得到进一步传承，明代士大夫亦是魏晋风度的直接传承者，并助推了崇雅意识的崛起，且形成追求精致生活的趣尚，影响至人们日常生活的诸多方面，直到清代亦未改变。

第二，超越地域空间。雅韵审美涵纳与包蕴了南北方的审美特征，因而具有更广泛的空间普适性。地域辽阔、习俗多样、文化多元的中华大地，自古就存在文化的多样性特征，尤其是北方与南方受地理、气候、物产等因素的影响，形成不同的文化气质。但雅韵审美则能超越地域空间所形成的迥别文化环境，贯穿于南北之间，形成具有包容性、融涵性的审美趣尚。如有学者指出："东晋至南北朝时期的南方文风接近于优美，北方文风显现宏壮或崇高，古雅（或风雅）则以第三者姿态挺立于两者之间，并形成了对优美和崇高的双向统摄和聚变。"② 不难看出，雅韵审美在中华文明中的地位，不仅表现为渗透于各艺术门类，而且融入造物和日常生活之中，同时还覆盖了整个中华大地并发挥了主导性作用。

审美文化在一个民族文化的构建中，始终具有举足轻重的作用。雅韵审美无疑是中华文明大厦主体结构中不可或缺的构成部分，地位尤为显要。雅韵审美彰显的魅力是构成中华美学独特气质的核心因素，同时也是中华文明持续发展的内在动因，不仅关涉深层文化基因，也体现中华民族独有的价值观、宇宙观和哲学智慧，还体现着先人从雅尊时的思想意识。

雅韵审美所呈现出的独特精神旨趣，与其所遵凭的美学价值取向密切

---

① 玛吉·凯瑟克：《中国园林：历史、艺术和建筑》，丁宁译，北京大学出版社，2020，第166页。

② 刘成纪：《释古雅》，《中国社会科学》2020年第12期。

相关。摒弃繁复、返璞归真、简远疏淡、萧散自适的美学价值观，使艺术创造立足于抛却陈规、摒弃功用，将创作主体的真性呈露、自性表达作为艺术旨归，崇尚"欲得妙于笔，当得妙于心"的创作境界，使雅韵审美创造既无须拘牵于外在社会性功利考量，又无须拘囿于物质性的形态束缚，能够在更深刻层面表现人的心灵感悟、挥洒主体的个性创造，使景外之境、韵外之致的审美效果得以达成。文人趣味主导下的艺术批评，也促进了雅韵审美旨趣在品鉴和阐释中叠加累积，逐渐成为一种具有强大纵贯性的传统，并持续不断地融入各门类艺术创造。"逸品"之批评标准在宋代的确立，使得笔简形具、得之自然的创作取向广被采纳，而这一审美旨趣实为延续道家"以物为量""大制不割"的美学理念，包含着中华艺术圆融之美的独特气质，以及"当下圆满体验哲学的理论精髓"[1]。强调艺术不是对外在世界的真实描绘与摹写，而是对内心感悟的体察、对物我交融的体悟，由此造就出浑成、真璞的艺术境界，如王维开启的"境界式山水"、经典文人艺术所推崇的"山空无人，水流花谢"的禅意境界。这一从"繁复引向简便，从写形引向写意，从师造化引向法心源"[2]的侧重主观情思表现的雅逸之美，被西方学者称作"心画"，而同样表现素雅之美的园林则被视作心幻之景。这一审美追求所凸显的是文人艺术从容应物、自然兴会的旨趣，被认为在世界艺术史上具有重要意义。

　　文人旨趣之所以能形成雅韵审美这一充满生命力的美学传统，还与其所依凭的宇宙观及人与自然关系的理念密切相关。中国传统文化拥有独特的宇宙观，古人认为包括人在内的万事万物都有共同的主宰，或称"时空场"（包含金、木、水、火、土五行）等，佛家称之为"法性""法象"，形成了宇宙生命整体论。这一宇宙观虽然从今天的视野看不一定严谨科学，但它成就了与西方艺术迥然有别且意气沛然的独特风貌。而就人与自然的关系而言，古人则尊崇"天人合一"的思想观念，认为人是自然的组成部分，而非自然的主宰，主张人与自然相融合、相共生。这一思想可以使人与自然不那么对立，很适合现在的环保主张。[3]而体现此理念的中国园林，则被认为是一种"宇宙图样，反映了一种深刻而又古老的世界观，以及人在其中的位置"，其价值之一，"是触发这种与宇宙合而为一的内在

---

[1] 朱良志：《一花一世界》，北京大学出版社，2020，第9页。
[2] 卢辅圣：《中国文人画史（上）》，上海书画出版社，2012，第114-115页。
[3] 刘梦溪：《中国文化的张力：传统解故》，中信出版社，2019，第90页。

感觉"。① 庄子所谓"以物为量",既是指不受社会规范、知识认知的束缚,也是指人与世界之间不应有主客之别、对峙之态;庄子倡导"兼怀万物",强调在把握外在世界(包括艺术世界)时生命体验的重要,因而对"知识"观念可能造成的羁绊报以警惕与排斥,主张要以"整体生命去体验世界";"以物为量,即是'以和为量'——从世界的对岸回到世界中,成就人与世界共成一天之境界"。② 而老子的"大制不割",崇尚的是"未有知识分别之初始境界",但他"并非强调原始的和谐,而是要以自然无为取代人工强为","以空灵之心去涵括天下的美。大制不割是人与世界共生之道,具充满圆融之美"。③ 山水画之雅韵审美的获得,便是主体与对象界线消弭、与万物相委蛇的结果。

雅韵审美所具有的超越时空的魅力,也与其所植根的哲学思想密切相关。作为文人趣味和雅韵审美的重要体现,以及民族绘画艺术核心形态的文人画,其"孕育与发展始终是站在哲学层面上的,没有哲学的视野,根本无法触及文人画的精神实质"④。从某种意义上说,书画不是一般的艺术,而是中国哲学、文明史的象征性符码。从哲学角度考量以雅正、正宗为特征的文人雅韵审美,可以溯源至古代哲学思想中的尚中理念,这使得中国美学的中和、中正原则成为世代相承的传统。在中国哲学的空间观里,"'中'预示着天地、阴阳谐和。早期先民从身体出发,将自己居住的'家'作为个体世界的中心,再在此基础上往外推扩。因此,'中'也就自然带上了美好、安善的价值判断"⑤。《礼记·中庸》将"中和"所具有的恰当、适宜的空间意义,与人的性情相关联,提出"致中和,天地位焉,万物育焉",强调了不偏不倚、不乖不戾的哲学方法论,由此而延展形成"在艺术审美领域,中和则是在抒发情感过程中的中节合度,情美相谐"⑥。山水画等文人艺术所呈现出的静穆、清逸、恬淡、和谐统一的美学风貌,便是在深刻的哲学层面体现中和理念的审美表征,这一"文质彬彬,华朴融合"的中和之美,在各门类艺术中都有体现,甚至成为中国古代艺术鉴赏的最高标准。苏轼虽然开创词风之豪放一派,但也并非一味豪放,《水

---

① 玛吉·凯瑟克:《中国园林:历史、艺术和建筑》,丁宁译,北京大学出版社,2020,第14、119页。
② 朱良志:《一花一世界》,北京大学出版社,2020,第10、9页。
③ 朱良志:《一花一世界》,北京大学出版社,2020,第12页。
④ 贾峰:《21世纪以来文人画审美趣味研究述评》,《民族艺林》2018年第2期。
⑤ 詹冬华:《中国早期空间观的创构及其形式美意义》,《中国社会科学》2021年第6期。
⑥ 詹冬华:《中国早期空间观的创构及其形式美意义》,《中国社会科学》2021年第6期。

调歌头·明月几时有》则是在豪放婉约间收放自如、融为一体，表现出中和之美。《营造法式》亦是以中和精神为核心理念，在建筑的艺术形式、色彩搭配、造型设计、线条使用等方面，无不遵循"阴阳氤氲"、万物"和合"的中和之美原则，甚至将中华美学中"镂金错采"与"初发芙蓉"两种美学传统相糅合；同时，还以整体思维考量建筑与环境的关系，认为应将建筑置于"整个天地宇宙当中考虑其存在的，与周围环境、与四时更迭应和是其当然之则"①。园林建造中的理水之法，"以静止为主"，亦是"源出我国哲学思想，体现静以悟动之辩证观点"②。

尽管雅韵审美拥有极为深厚、丰富和完善的价值体系及哲学思想作为支撑，形成很强的历史纵贯性，但古人深知从雅应尊时，在继承传统的同时还需"终日乾乾，与时偕行"。宋代书法的"尚意"，"确切说应当是尚意轻法、书贵自逞"，体现了一种独创精神，"这是以往书家所没有的"。③苏轼不拘泥于由欧阳修等大家所奠定形成的词的典雅婉约传统，融入豪放之风，打破"词为艳科"的美学格局，词作之风走向壮怀旨趣，使词从音乐的附属品提升为一种独立的抒情诗体，从根本上改变了词史的发展方向，开创了"豪放词派"。米芾山水画在前人"境界式山水"风格与图式基础上，更加注重"求意"和自我意识的张扬，形成了独具个人风格的笔墨气韵和"云山"创格，创立出米家山水；其学术论著《画史》中也体现了他鲜明的革新意识，他提倡保存古意，但要脱俗而形成风格上的创新。明代徐渭主张书画以"运笔""入逸"作为"妙品"的标准，欲达此境界，就应摒弃谨守"一定之规"的创作态度，让画家心性自由发挥，鼎新意识彰明较著。

先人们与时俱进、锐意鼎新的精神，让雅韵审美经历曲折的发展而历久弥新，并在传承更迭中日趋丰赡、沾溉弘远。步入现代社会，人们面临与传统农耕社会及其所创造的农耕文明迥然不同的时代，雅韵审美的现代延传亦将迎来新的挑战。

---

① 程桂荣、查律：《中国艺术批评通史（宋元卷）》，叶朗主编、朱良志副主编，安徽教育出版社，2015，第349页。
② 陈从周：《说园（插图本）》，书目文献出版社，1984，第49页。
③ 邓小南、康震、杨立华等：《宋：风雅美学的十个侧面》，生活·读书·新知三联书店，2021，第70—71页。

第三节　跃升：反躬内视与传统创生

作为中华美学精髓的雅韵审美，因其具备源远流长、魅力迥异的历史底蕴和审美高度，成为最被称道的东方美学，在世界文化艺术领域占据独特地位。雅韵审美的重要特质在于其是用人的精神对自然山水加以概括，"在自然物象中获得生命的天然真趣和生机，随之'神与物游''物我交融'，最终进入'物我两忘'的至境"①，由此呈现的简约而不简单、朴拙而不寡淡、绚烂却归平淡的意境化、空灵化审美，突出而鲜明地标识着人类艺术精神的高雅之趣与高蹈之境。由魏晋六朝开启的清雅、素雅、淡雅、秀雅之美的审美理想，之所以被认为是一种比之秾艳、绮丽、奢华、繁复之美更高的美的境界，就在于其内蕴着创造主体更丰富的个性情感、思想品格与精神气质。雅韵审美的背后，既不是浮于浅表、流于感官的"镂金错采、雕缋满眼"，也不是奢华繁缛、富贵堂皇，与权势、财富相联系的审美趣味，而是以文人艺术创造主体自身的认知素养与品格修为作为支撑，是傲岸孤洁的独立精神、性灵清洁的高雅趣味，是"孤云出岫，去留一无所系"的超拔志趣，是清露晨流、新桐初引的高逸人格。事实上，雅韵审美追求的不仅是一种审美境界，更是一种人格境界，或者说是融注着高逸品格、理性哲思的审美境界；而这一境界也是创造主体超越意识和创新品格的体现。不仅如此，雅韵审美作为集体精神意志和民族文化密码，对中华民族包括造物文化在内的各门类艺术产生了深远影响，渗透在民族日常生活的诸多方面，成为民族文化的重要标识，因而具有穿越时空、超越民族的艺术魅力和广泛影响，是今天审美创造需要重点聚焦和传承、弘扬的优秀文化基因。

面对古人留下的珍贵遗产，我们既要抱持一种珍爱呵护与悉心延传的态度，方可不愧对先哲智慧与精神馈赠；又要秉持一种反省意识与创新精神，方能不陷于妄自菲薄与泥古守旧。优秀文化基因如同优质良种，其在当代的萌生和发展，需要有适宜的土壤、气候、温度与养料，也需要不断甄别其质性的退化、蜕变的可能，使优秀基因在恰当的文化土壤中萌发滋长、结出硕果。

---

① 肖鹰：《中国美学通史（明代卷）》，叶朗主编、朱良志副主编，江苏人民出版社，2014，第180页。

历经40多年的改革开放，中国大踏步赶上了时代步伐，在现代化进程中实现了从富起来到强起来的历史性飞跃。习近平在党的十九大报告中指出："没有文化的繁荣兴盛，就没有中华民族伟大复兴。"① 文化软实力是强起来的重要支撑。百余年现代化进程中，具有高远志向和民族情怀的文化人，始终孜孜以求中华文化复兴之道。学贯中西的徐悲鸿，在艺术上依然推崇"华贵""静穆"之美，认为其造诣之道则在练与简，这正是承袭了古人"画家以简洁为上。简者简于象，非简于意。简之至者，缛之至也"（恽本初语）的雅韵审美旨趣。而宗白华先生在评价徐悲鸿时，援引了徐鼎"有法归于无法，无法归于有法，乃为大成"之语，认为悲鸿绘画"已趋向此大成之道"，由此提出："中国文艺不欲复兴则已；若欲复兴，则舍此道无他途矣。"② 这充分阐明了中华美学的独特价值及其对于文化复兴的意义所在。当代学者也从传统文化的现代转化与创新发展视角考察其当代价值："一个国家没有自己的社会文化的消化、转换、创新和超越能力，改革开放也难以激发其发展，甚至有可能会使国家陷入外在论者所说的全球资本主义生产结构困境。"③ 创新与超越显然要建立在深度理解和把握传统文化精神的基础之上，这种把握除了传承与弘扬的姿态，还须有审视和反省的视角，看到其中有待完善和优化的面向，如此才能实现真正激活传统、创新发展的时代诉求。

文人趣味所形成的雅韵审美的体系，涉及诗词、歌赋、书画、音乐、舞蹈、建筑、园林、家具、陶瓷、雕刻等各门类艺术形式，成就了农耕时代的文化辉煌。但这一审美体系及其相应的艺术模式，在相对闭塞的古代社会始终（除了唐朝之外）较少面对开放甚至是一体化的世界，当我们今天在全球视野中去审视雅韵审美的艺术范式时，不难看出其局限性。首先，在文化观念上，中国古人注重在主观意识层面想象和理解宇宙、理解人与自然的关系，形成独特的宇宙观、自然观，但也因此缺乏从科学视角和实证层面观察宇宙、自然现象背后的科学原理和规律，以至于因更多关注对事物的感悟性（经验性）把握而影响了原理性的探究，导致"经验形态知识"领先而"原理形态知识"落后，由此限制了艺术视域的扩展和基于科学原理的造物技艺及其文化的系统总结。其次，在艺术主题上，雅韵

---

① 《习近平在中国共产党第十九次全国代表大会上的报告》，《人民日报》2017年10月18日，第1版。
② 宗白华：《宗白华散文》，人民文学出版社，2022，第130页。
③ 王春光：《中国社会发展中的社会文化主体性——以40年农村发展和减贫为例》，《中国社会科学》2019年第11期。

审美中的比德传统，发展出自然物象表现的偏狭倾向，如对梅、兰、竹、菊"四君子"和松、竹、梅"岁寒三友"等对象的偏执，对山水意象的表现不断深入而延展出一系列的丰富意境，但也因此呈现出"消极循环状态"和某种"艺术性自恋"，使得中国传统艺术存在较多的"持久性"与"相同性"的母题与主题，这既形成传统强大的纵贯性，又导致在拓展新的表现对象和方法上存在固定化和内循环倾向，一定程度上限制了艺术主题和表现对象的拓展能力。最后，在艺术（技艺）手法上，建立在感悟性艺术观念基础上的艺术表现手法，形成不论在精神文化还是造物文化领域以师徒相授的传承方式，一旦某种政治、社会原因导致亲身传授的中断，一切只能从长期模仿先人作品中去体悟，而"以古为雅"的理念又使得艺术手法和技艺创新意识相对淡化；而造物领域中如建筑、家具等中独特的榫卯技艺的运用，在结构层面实现了审美表达和满足了人体工程学，却也因此失去了从触感层面考虑的视角，而"现代家具的发展在设计科学层面的意义，是来自中国家具的结构层面的人体工程学和来自欧洲家具的触感层面的人体工程学的密切结合"，才能"最终形成现代人体工程学的基本构架"。①

中国古人善于自省，并能在自省中完善修为、擢升品格。古人言："吾日三省吾身。"又言："择其善者而从之，其不善者而改之。"面对优秀的传统文化，我们不仅要继承弘扬，更要创新发展。"在解释学的意义上，传统并不是过去式的，而是现在时的，它就'活'在我们持续的阐释和解读行为中。在此意义上，它永远是作为向未来敞开着的可能性，从而不会有一个终结。"② 由此，如何在对雅韵审美的阐释中发掘新意、激活传统至关重要，如何在开放的时代接续传统、吸纳外来更见智慧；如何在现代的喧嚣中充实内在、安顿心灵，需要我们深入探悉和灵活运用传统文化的精髓。追求心灵依托、生命感觉和精神充裕而非声色绚烂、气势宏阔的雅韵审美，不仅因其活泼韵致的内在之美体现的正是中国艺术的内在精神，而且其简约素雅、精致清新的审美取向有利于为文化的高质量发展提供优质资源，为构建当代中国审美理想新境界提供内涵支撑。

第一，撷英拾萃，吸收智慧。文明的核心价值不仅在于其曾经创造的历史辉煌，更在于其所提供的超越时空的独特智慧与思维方式。雅韵审美

---

① 方海：《太湖石与正面体——园林中的艺术与科学》，中国电力出版社，2018，第138页。
② 何中华：《开辟马克思主义基本原理同中华优秀传统文化相结合新境界》，《新华文摘》2021年第1期。

作为中华文明与审美文化的重要构成与资源，具有整体把握对象世界的思维特征，它以独特的审美智慧与心智哲学，在农耕文明时代造就了"好雪片片""山静日长""苇岸泊舟""寒潭鹤影"等独特的审美趣味与精神境界。在现代化背景下，如何创造能够代表今天中国审美高度和精神气象的文化精品，成为重要的时代课题。传统文化的当代传承，既不能停留于浅表与皮相，又不能满足简单的符号移植与拼贴，而必须对其内在精神有深刻的领悟与把握。单纯的中国符号与元素的运用，可以为当代文化创造提供一定的民族特色，装扮具有中国风格的文化与生活表象；独特的中华审美精神与气质的挖掘，则有助于文化创造获得更深厚的蕴涵和高雅品位，展现出中国文化的精神气象。正如有学者指出的那样，中国特色、中国国情取决于对传统文化的深度塑造。这种塑造是从符号表象到精神气象的转换，是创造性的继承，是古人所推崇的"收百世之阙文，采千载之遗韵"，唯有如此，才能让传统文脉之根绽放出新时代的灿烂之花。

第二，承前启后，与时偕行。古人云："纸上得来终觉浅，绝知此事要躬行。"以实践精神继承、弘扬传统文化的精华，应以融入当下社会实践为前提。在一个物质相对富足的时代，我们的生活和社会不需要更多的基本必需品了，需要的是更高品质的生活、服务、内容、产品、协同创造等。人们对美好生活的新期待，必然产生不同于以往的新期盼、新需求。关注和融入当下社会实践发展和民间文化创造，有助于提供阅读生活的能力，不断发掘更多代表时代精神的新现象新人物，也有助于从新的社会实践与民间文化中寻求鲜活的当代内容，创造出具有时代特征的雅韵美学艺术形象和艺术形式。文明进程中不乏此种例证：在中国文学史上，词就是始于民间、成于文人，"词最早开始于民间，所以在语言上有些粗糙，也很直白、大胆，而文人写词就比较典雅、迂回和含蓄"①。而现代西方也有类似现象，踢踏舞原本是流行于北美都市街头的民间艺术，经由艺术家吸收和改造而成为经典并风靡全球。艺术家从民间汲取的虽然是娱乐化、通俗化、浅显化的艺术形式，但其真切、自由、无所羁绊的情感表达方式往往充满鲜活色彩与盎然生机，经由文人艺术家的提纯、淬炼便能形成高雅的艺术形式。承百代之流，会当今之变，可使我们既赓续传统，又与时偕行，实现古典美学精神与时代气息相融合，成就中华文化的新气象。

第三，涵纳万方，萃取精华。东西方文化在诸多方面存在霄壤之别，

---

① 邓小南、康震、杨立华等：《宋：风雅美学的十个侧面》，生活·读书·新知三联书店，2021，第143页。

但差异性中又有互补性。如果说就艺术家个人创作而言，具有"非尽百家之美，不能成一人之奇"的艺术传承创造规律，那么各民族不同文化体系的发展及其相互之间的关系，也遵循着类似的发展规律。孔子所谓"叩其两端"表达了不可执于"一"的理念。注重汲取不同国家、不同民族的优秀文明成果，取长补短、兼收并蓄，以文化交流取代隔阂、以文明互鉴摒弃冲突，可共同绘就人类文明的美好画卷。当然，产生于农耕时代的雅韵审美，要在今天社会文化发展中呈现其现实意义，成为一种精神性价值动力，还须紧密对接当代审美需求、汲取世界先进文明。中华优秀传统文化曾经在数百年间影响了欧亚各国，形成了东风西渐的态势。近代以来，西方现代文明渐成主流，中华文化却因长期闭关锁国失去创新活力。唐朝的开放成就过中华文化的鼎盛，当代的改革开放使汲取世界先进文化成为可能。立足自身文化基因，顺应时代潮流趣尚，吸收外来为我所用，既是全球化时代的必然选择，也是重铸民族文化辉煌的新机遇。正如有学者指出的："保卫民族主体的时候，模仿对手同样可能成为一种文化策略，所谓'师夷长技以制夷'。"① 而更深层的意义在于，理解和把握不同文明体系的认知模式，对于丰富拓展自身认知空间极为重要。时下悄然兴起的"国潮"，映射的不仅是古典美学的回归，也是当代审美追求和世界文化潮流的折射，它正悄然改变着百年来西风东渐之态势，推动着民族文化审美的现代转化与创新发展。

第四，拓宽视野，广博瞻望。天下观念是中国古人独特时空秩序和宇宙观的表达，由此形成深厚的天下情怀。胸怀天下主要表达的是一种宇宙观照及从礼乐秩序到政治理想的演变，而作为文化审美主体来说，同样要有天下意识和人类视野，要在置身世界文化图景的宏阔视域中，以他者文化作为参照与坐标，把握和确认自身审美的精神价值。"当代中国文艺要把目光投向世界、投向人类"②，唯有如此，一个民族才可能更深刻、更正确地认识自己，而更深刻地认识自己恰恰是世界意识带来的另一个收获。要以世界视野看待中国雅韵审美——只有在宏大视野中，才能更深刻感悟民族文化的独特性和价值意义。世界各民族在历史发展中形成的文化遗产，同样是人类文明的珍贵宝藏，而精神产品存在深远广阔的呼应范围，

---

① 南帆：《以文学这门"世界语言"沟通心灵——文学视野与人类命运共同体》，《光明日报》2022年3月23日，第14版。

② 习近平：《在中国文联十一大、中国作协十大开幕式上的讲话》，《人民日报》2021年12月15日，第2版。

一部经典著作仿佛时刻在播撒精神的种子，使得这些各异其趣的文化在人类文明舞台上形成彼此交汇互渗的格局。中华文化基因必然要在这样的世界文化场景和版图中，经由与域外文化的彼此鉴照，从而选择、提炼出最适合当代文化发展的优秀基因加以发扬光大，这不仅可以淬炼出雅韵审美新的艺术形态，而且可以涵育出更丰富的美学旨趣与风范，构筑当代中国审美理想的新境界。

在当今互联网、人工智能等高新技术飞速发展、文化形态日新月异、文明互鉴日趋频繁的全球化文明语境中，延传、激活和重塑中华优秀文化基因，既"要有学习前人的礼敬之心，更要有超越前人的竞胜之心"[①]；不仅要对中华文化渊薮进行深度探微与开掘，还要对人类文明新创造积极辨识与吸纳。

"江山无限景，都取一亭中。"这是古人形容园林亭子在观景时具有舒卷自如、推挽自得的独特作用。在此，我们也可将雅韵审美视作中华文化大观园中的一座清雅秀逸、气质卓然的亭子，祈愿它以"消受白莲花世界，风来四面卧当中"的活色生香与从容超逸，在全球化时代吐纳风云、涵纳万方，实现文化重铸，构筑"和合"之美，开启新时代踔厉骏发的精神审美新气象；以日趋彰显的中国气派、中国风范，为人类文明新形态铺就厚重的中华美学底色。

---

① 习近平：《在中国文联十一大、中国作协十大开幕式上的讲话》，《人民日报》2021年12月15日，第2版。

第十一章

文人艺术的多元形态与当代价值

中华美学积淀深厚、内蕴丰赡，其美学精神所具有的宽度、深度与高度，以及从整体上所体现出的自由与和谐二元变奏的特性，使其在中国文化中占据重要地位。这决定了中华美学在当代中国不仅是文化创造的重要资源，也是中华民族伟大复兴的智慧源泉。其中，文人艺术及其所呈现的文人审美，相较于宫廷与民间美学，具有鲜明的艺术特征和极高的艺术价值，不仅在古典美学中居于主导性地位，而且构成当代文化高质量发展的重要资源，也是丰富人民精神世界的文化富矿。

中华文明作为人类四大文明之一，在物质文明与精神文明两个向度上都达到一个很高的水平。当代中国文明是古代中华文明的现实延伸与崭新创造，其精神文化层面的创造及其所达到的高度，不仅决定着中国式现代化能否实现丰富人民精神世界的价值诉求，而且决定着当代中国文明能否再次成为人类文明发展史上一颗耀眼的明星。深入挖掘中华美学资源，传承与运用中华美学资源及其智慧，既关系着文脉赓续，又关系着民族复兴的伟业。

丰富人民精神世界不仅是中国式现代化的本质要求，而且是顺应人类文明发展的未来趋势，表现出鲜明的时代诉求与当代文明特征。其一，随着人工智能时代的到来，物质生产力及其规模将得到不断释放与扩展，消费社会在超越生产社会的同时，正悄然发生新的变化——从符号消费向虚拟消费转向，使消费对物质实体的依赖持续降低，而对基于数字技术的非物质实体的虚拟文化消费日趋"着迷"，体现出更为突出和广泛的精神性特点。如同有学者指出的那样："精神世界活动逐渐增多，成为全球性趋势，人类社会终将达到这个'奇点'。随着元宇宙社会到来，物质生活的吸引力、重要性或将被精神生活超越"，而"精神生活的主要方面逐渐在虚拟社会场域进行"。① （当然，物质生活应是第一性的，精神生活可以在物质极大丰富的前提下变得更为重要，而不存在超越问题。）其二，从空间概念角度而言，精神世界具有无限性特征，而满足精神需求便是一个永无止境的过程和无限宽博的动态延展。无论是消费社会依凭物质实体与符号概念之间发生的联系来满足人们的精神需求，还是数字消费时代通过虚拟文化空间来满足人们的审美期待，都离不开既往人类文明的辉煌创造，离不开源于传统的当代文化创新。并且，在文化消费日益个性化的今天，人们越来越不满足同质化的文化产品，也越来越不满足以符号和元素运用为主的"复制传统"的文化产品，包括那些简单模仿传统的虚拟文化空间。于是，拥有高度创意含量的原创性文化创造，以及具有多元个性化形态的文化产品，便成为新时代文化发展的聚焦点和发力点。其三，当不断提升与完善的技术、工艺和日趋完美的人工智能艺术创作，与人们持续增长的个性化需求遭遇，便会形成文化创造与消费的一种新趋向，即越来越多的人将不满足于单纯的、被动式的文化消费，而更热衷于自主创造型的文化消费，进而形成研赏式的消费，实现文化创造主体与消费主体的合而为一、高度融合，致力于在文化创造中丰富精神世界，从而达臻精神生活的新高度、新境界。本章将以中华美学中文人艺术及其审美的多元形态与当代价值为考察中心，从文艺美学、造物美学、生活美学等方面，探讨新时代如何以中华美学润泽与丰富人民精神世界，谱写中华文明的当代华章。

第一节 文艺美学：无形的精神滋育

文艺美学作为审美意识形态，既能直接作用于人们的心理情感，又能塑造人们的精神世界，是中国精神在审美面向上的重要体现；而中华美学和当代审美追求结合，则是激活中华文化生命力的重要方式与途径。在数字时代各种现代艺术、外来文化纷繁杂呈、唾手可得的今天，中华美学精神的传承显得尤为重要，"在一个迅猛现代化的时代里，实在需要努力保持一份对传统的了解、体认和珍爱"②。当代中国文化本土性与主体地位的

---

① 吕鹏：《元宇宙技术与人类"数字永生"》，《人民论坛》2022年第7期。
② 邓小南、康震、杨立华等：《宋：风雅美学的十个侧面》，生活·读书·新知三联书店，2021，第195页。

确立，既是更加鲜明地体现中国式现代化文化表征的需要，也是中华文化在世界获得广泛认可的重要前提。

数字时代人们精神世界的丰富，离不开中华美学的支撑，关键在于其拥有独步世界的审美特质与审美精神，即"讲求托物言志、寓理于情，讲求言简意赅、凝练节制，讲求形神兼备、意境深远"①。这三个"讲求"既集中概括了中华美学的优秀基因，又揭示了构成中华美学独特风范的内因所在。

首先，作为人们思想情感、人生感悟之精神承载的文艺作品及其艺术思想，在人类文明史上占据重要地位，也是各民族独特审美运思的集中体现。中国诗学所具有的"诗言志"与"诗缘情"两个重要传统，均表现出独特的审美运思方式。"诗言志"出自《尚书·尧典》——"诗言志，歌永言，声依永，律和声"，阐明诗歌的主要功能在于表达思想感情，但"志"的表现往往不直接明示，而是借助比兴的方式"托物言志"，使理性内涵以生动的比拟、比喻的形式进行表达。同时，思想的理性色彩与情感的感性特征并非截然分离，而是可以寓理于情、融合为一，所谓"情志"是也。这一传统在先秦至魏晋之间尤为突出，处于主流和优势地位。但中华美学总是因主干坚实强盛而具有开枝散叶的旺盛生命力，在历史烟尘中不断延伸、嬗变与拓展。自汉代始，对诗歌情感表现的诉求与主张逐步浮现且渐成流脉，形成"诗缘情"的传统。继《毛诗序》提出"情动于中而形于言"，陆机《文赋》则进一步从儒家言志说的束缚中挣脱出来，提出了"诗缘情而绮靡，赋体物而浏亮"的"诗缘情"艺术思想，深化了对诗歌艺术特征的阐发，对后世产生了深远影响。刘勰《文心雕龙·情采》中将情视作诗歌的本质特征，提出"情者文之经"的主张；白居易《与元九书》中也强调情感对于诗歌感染力的重要性，提出"感人心者，莫先乎情"的观点，并认为"诗者：根情，苗言，华声，实义"，把情视作诗歌的根本。同时，情的表现方式不同于西方的直接抒发与表达，而是借助外物触发进行托物抒情或托物言志，是一种间接的、物我融合的情感抒发方式，形成了中华艺术含蓄蕴藉的审美风格。刘勰《文心雕龙·明诗》言"人禀七情，应物斯感，感物吟志，莫非自然"，体现出民族文化审美中感兴思维的鲜明特征。比兴的创作方式必然形成诗歌摒弃理性而趋向情感，形成"诗有别趣，非关理也"的"寓理于情"的独特审美运思方式。

其次，独特的审美运思方式必然形成与之相应的审美表现方式，即

---

① 习近平：《在文艺工作座谈会上的讲话》，《人民日报》2015年10月15日，第2版。

"言简意赅、凝练节制"。所谓"审美表现的方式,主要是指文学艺术的物化表现,也即运用不同艺术门类的艺术语言或媒介进行构形,从而创造出具有物性的文学艺术作品"[①]。历代文艺理论家对此进行了充分阐述,刘勰强调文学语言以简约凝练表现丰富蕴含,即"物色虽繁,而析辞尚简,使味飘飘而轻举,情晔晔而更新",将"析辞尚简"作为一种美学原则。司空图则提倡"不著一字,尽得风流","浅深聚散,万取一收",以最简括的文字表现最丰富的意蕴,达到"以一驭万"的审美表现效果。中国文人画之所以在艺术史上具有独具一格的魅力,也与运用简笔素墨、追求简淡潇苏的风格密切相关。文人画杰出代表倪瓒、八大山人等,都以简约凝练之风而著称,倪瓒所标示的"逸笔""逸气"就是以一总多审美旨趣的集中体现,其山水画作通常以简素空灵的萧疏林木、槲木竹石出现,却具有连"沈周、文徵明、董其昌等一代大师都感叹难以穷其奥妙"[②]的美学深蕴。而八大山人的简率笔墨虽然很大程度源于禅宗思想,但也可视为简约凝练的审美表现的一种极致运用。钱锺书在论及南宗画时对"简约"有精到阐释:"以经济的笔墨获取丰富的艺术效果,以减削迹象来增加意境。"[③]由此成为中华美学中重要的美学观念。

最后,独特表现方式的运用,必然形成有别于其他民族的审美形态与存在方式。以形捉神而达致形神兼备、气韵生动而达臻意境深远,既是中华美学的重要基因,也是涵育人格气质、滋润精神世界的文化精华。中国古典诗词、绘画不乏对客观事物的精细摹写,如白居易的《琵琶行》《卖炭翁》、杜甫的《登岳阳楼》《旅夜书怀》等,张择端的《清明上河图》、徐扬的《姑苏繁华图》《金陵繁华图》、袁江的《山水楼阁图》、袁耀的《阿房宫图》等,都是伟大的写实主义作品。同时,强调形神兼备、意境深远,如东晋的顾恺之《论画》中提出"以形写神而空其实对,荃生之用乖,传神之趋失矣",强调于实在的物象基础上的传神。明代莫是龙主张"传神者必以形,形与心手相凑而相忘,神之所托也",突出强调了形神兼备的美学观念。但占据中国古代绘画高峰的文人画,则更多的是以"逸笔"勾画物象之概貌大要,目的在于以形捉神,抒写心绪情怀。这种以含蓄内敛为主要特征,不长于追求状物的精细真切而善于摹写内在神韵的微妙玄奥,构成文人艺术的独特传统,也成为中华美学的最高艺术追求。宋

[①] 张晶:《三个"讲求":中华美学精神的精髓》,《文学评论》2016 年第 3 期。
[②] 朱良志:《一花一世界》,北京大学出版社,2020,第 431 页。
[③] 杨全红:《钱锺书译论译艺研究》,商务印书馆,2021,第 260 页。

代文人画日臻成熟，画论更加强调精神气韵和意境构筑。苏轼甚至将"重神轻形"的观点推向极致，提出"论画以形似，见与儿童邻"。虽不失偏颇，却道出文人艺术的真谛。

以上论述只是拣择和勾勒了中华美学精神的基本轮廓与核心要义，显然无法囊括中华美学精神的全部内涵，其中蕴含的纷繁艺术流脉与审美形态更是远未穷尽，但寻此路径去深入探究中华美学精华，我们不由得将目光投向中华美学三大主要传统之一的道家美学及其重要载体——文人艺术。倘若从哲学源流角度来考察，中华美学在历史演绎中形成了儒、道、释三个主要美学传统。儒家美学主张文以载道、文以贯道，道家美学推崇自然朴素、浑一圆融，禅宗美学追求虚静空灵、象外之象。但儒、道、释之间并非泾渭分明、难分轩轾，而是互相融合渗透，形成多样的美学风格与艺术流脉。

中国古代文人艺术创造的雅韵审美，是以"初发芙蓉，自然可爱"为主要审美特征的，被认为是比"镂金错采、雕缋满眼"另一美学流脉更高的美的境界，这是由于它体现的不仅是单纯的文人趣味与精神旨趣，而且内在地彰显了古代先贤的哲学之思和思致之美，并以此为内蕴创造了在人类文明史上足以独步世界的艺术精品，被认为"是中华文明所孕育的奇特文化现象，是中国民族文化特性的鲜明体现，也是世界艺术史上的孤例"①，堪称中华美学的瑰宝。自魏晋六朝以来，雅韵审美以其抛却繁复、返璞归真、静谧清雅、彰显风雅的美学追求，成就了历代文化艺术的高峰。其所具有的超拔放达、任心自运、淡泊天真的精神理想创构出隽永超逸、简远疏朗的独特美学境界，成为流脉悠久、泽惠历代的主流文化传统，也是中国古代文化在世界上被广泛接受和认可度最高的艺术，吸引了众多西方学者探究的目光——柯律格（Craig Clunas）《雅债：文徵明的社交性艺术》《明代的图像与视觉性》，E. H. 威尔逊（E. H. Wilson）《中国——园林之母》，卜寿珊（Susan Bush）《心画：中国文人画五百年》，詹姆斯·埃尔金斯（James Elkins）《西方艺术史中的中国山水画》，詹姆斯·高居翰（James Cahill）《图说中国绘画史》《不朽的林泉》，乔迅（Jonathan Hay）《石涛：清初中国的绘画与现代性》，理查德·班宗华（Richard Barnhart）《行到水穷处》，旅美学者巫鸿《重屏：中国绘画的媒介和表现》，罗伯特·H. 高罗佩（Robert H. Van Gulik）《中国书画鉴赏》，等等，都将中国文人艺术纳入研究视域。由此观之，文人艺术已然成为中

---

① 卢辅圣：《中国文人画史（上）》，上海书画出版社，2012，序。

华美学海外传播最具影响力的文化使者之一,其鲜明的国际性与认知度,也从另一个角度提醒我们,文人艺术的当代价值不可低估。当然,在中华美学的庞大谱系中,即便是文人艺术这一传统,其宝藏之丰富、底蕴之深厚,也足以令人叹为观止、难以企及。唯有辨析文人艺术各家风格精要、细品深悟,方能把握精髓,为今日之审美创造提供优秀文化基因,为精神世界的丰富输送优质养料。

文人艺术所彰显的美学特征,除了"初发芙蓉,自然可爱"的雅韵审美(多半体现隐逸山林的文人趣味)外,还有昂扬豪放、遒劲刚毅的雅正审美(多半体现入仕文人的美学趣味),二者之间亦非截然分离。而雅韵审美在不同的文人那里,又演化出诸多极富个性的美学旨趣与风格,形成文人审美的多元形态。这不仅得益于文人艺术注重个性表达与自性绽放,而且得益于艺术家个体独特的"艺术掌握世界的方式"。自然清新、超逸脱俗是文人艺术重要的特征之一,也是创造主体心性特质的艺术外化。倪瓒所追求的在艺术中传达胸中之"逸气",其"大要在逸出规矩,超越表相,落在直接的生命觉悟和对生命真性的觉知上"[①]。倪瓒绘画对"逸气"的表现自有其独特的源自具有物态、空间和动态的视觉形象,但又超越物象空间的物理形式,在"骊黄牝牡之外"寻求生命气韵,并以情感、意度、感知去组织空间序列,创构超越造型空间的意度空间,这个"绝对空间"是"生命空间,而非物理空间;虽托迹于形式(如物态特征、存在位置,相互关系),又超越于形式"[②],并在此过程中体验瞬间感受与生命圆满具足。相形于倪瓒绘画之蕲向,苏轼作为文人艺术的思想领袖与旗帜人物,在绘画主题与风格上也倾向于荒寒冷寂、枯木萧疏,延续、丰富着白居易等文人艺术的"冷风景"传统,但他则从"物本无物"的虚空与虚白中,超越物我的对境关系,荡涤世俗凡尘,复归自我真性,致力于"无一物中无尽藏,有花有月有楼台"的哲学之思与境界追求。苏轼"谁言一点红,解寄无边春"的寓意于物思想所展现的"琅然清圆""孤鸿灭没"之意境,与后世倪瓒绘画的以"乾坤一草亭"的把握世界方式所呈现的"冰痕雪影"境界,可谓异曲同工。所不同的是,苏轼追求的虚静平宁,更多的是一种砥砺生命的信心所致——苏轼一生的宦海沉浮并没有泯灭他的文

[①] 朱良志:《纯粹观照下的绘画"绝对空间"》,载叶朗主编《观·物:哲学与艺术中的视觉问题》,北京大学出版社,2019,第171页。

[②] 朱良志:《纯粹观照下的绘画"绝对空间"》,载叶朗主编《观·物:哲学与艺术中的视觉问题》,北京大学出版社,2019,第171页。

人心性，而是成就了他无数体现文人审美的千古绝响；而倪瓒则远离仕途凡尘，浪迹天涯、行踪飘忽，涉足寺院、广交僧人，在行云流水、游戏自在中寻求生命图式的创构。徐渭画风承文人画传统，主观色彩格外浓厚，沿袭倪瓒逸气之表现，更加放纵挥洒，其所开创的大写意画派，将"无色而具五色之绚烂"的美学意趣发挥到极致，如他的墨荷、紫藤，尤其是以水墨绘就的牡丹，脱去华贵绚丽的色彩，赋予其清雅高洁的气韵格调，如同他诗中所言"从来国色无妆点，空染胭脂媚俗人"。而他的《杂花图卷》则将南瓜、扁豆、芭蕉和石榴等寻常植物纳入表现对象，打破传统以梅兰竹菊等自然物象进行对比表现的束缚，体现了他等量齐观的自然观与平等意识，并超越寻常绘画程式，体现出笔法的自由运用与天才运思，开拓了文人画的崭新空间与境界。

文人艺术与中国隐逸文化传统密切相关。受历代政权纷争、藩镇割据、战乱频仍的社会环境所致，文人艺术家的避世隐逸难免有消极之处，但避世、隐居等寓意题材数量可观、趣味高逸、影响深远，纽约大都会艺术博物馆近年来甚至举办了"幽居有伴：中国画中的隐逸与交游"特展。但个体意识、主观感受的日渐增强与凸显，导致文人画题材数千年来独钟山水、花鸟，宝爱梅兰竹菊、木石，难免拘牵了心性、限制了视野，少有如徐渭、八大山人那般高致绝俗、天趣灿发的艺术创造。但文人画所体现的雅韵美学，以及涵蕴的人品、学问、才情和思想，甚至如苏轼那样在困顿人生中沉淀和铸就出的审美智慧、旷达精神和人格气度，则可以成为今天人们提升艺术涵养、丰富精神世界的珍贵资源。

第二节　造物美学：雅物的日濡月染

作为文明古国，丰赡粹美的中华美学不只体现于艺术领域，也体现于造物之中，这种精神文化在造物中的体现及溢出效应在人类文明史上无疑是普遍现象，而中华造物与艺术之间的关系显得更加密切。艺术与造物融合始终离不开文人与艺术家的介入与参与，并且"在中国文人的内心世界里，器物之中浸透着更为深广的人文情怀"①。而正是由于人文情怀的浓厚，在造物方式上，如园林建造，便融入包括诗词、楹联、匾额、书法、石刻等大量的精神文化，这在世界园林艺术史中是独一无二的，由此使功

---

① 严克勤：《天工文质：明式家具美器之道说略》，江苏凤凰文艺出版社，2019，第76页。

能性的造物成为美学的新载体,并潜移默化地影响着人们乃至整个社会的文化品位:上至皇家贵胄、富商大贾,下到黎民百姓,无不喜爱有加。丹麦学者曾言:"人时刻被自己创造的设计物品塑造着。"器物成为审美载体或媒介,发挥着传递美学精神的独特作用;于是器物同书画等精神文化一样,也"成为研究中国传统文化的'标本'",并且器物在中国精神文化的海外传播中还发挥着特殊作用,如"爪哇人了解中国山水画风格的中介是中国流传海外的青花瓷"①。文艺作品中蕴含的中华美学,其传播范围、渠道乃至所需的时空条件,即便在今天互联网和数字时代都存在一定的局限性——人们每天总是需要耗费大量时间在工作、社交等事务上,而分配给纯粹的艺术欣赏的时间毕竟有限。当人们为满足衣食住行的需要而创造的器物被赋予审美与艺术价值,并使功能与审美合而为一、难分彼此时,器物的使用与审美的效用便融为一体。古时文人造物,更多追求的是审美意趣与精神寄寓,文人的所谓"玩物""涉事",正意味着在物事之内寻找自我真性的一种"玩涉"。在设计文化日益繁荣、设计美学日臻精雅的今天,器物之美带来的审美感受甚至高于精神审美。文艺作品传递的审美意象是一种抽象的、无形的存在,而"观念如果通过文字的抽象描述,不可能达到诸如在空间场域中感受得到的巨大凝聚力与影响力"②。这就是说,物质实体及其所构筑的空间可诉诸人的体感、触觉、味觉和视觉等多重感官的体验,具有感知的直观性、可触性,以及更强烈的现场感与沉浸感。因而,丰富人民精神世界,显然不可忽略造物美学日濡月染的滋育作用。

同托物言志、状物寄性相关联的审美感兴,"是贯穿感性、理性与灵性即整个精神成长过程的一种内在文化机制,是与宇宙节奏根本契合的生命图式"③,也是中华美学的核心理念,其作为文艺创造发生论的意义不言而喻,而当这一审美运思方式进入造物领域时,便与古代哲学有了源流关系。造物设计既是一种基于满足功能需求的创造活动,也是一种将审美趣味融入器物制造的审美行为,而且随着人们精神需求的旺盛,造物的审美考量占据着越来越重要的地位。由此,审美感兴在对美器雅物的创造与追求中,从对器物美感的一般性需求到日益凸显的以器物创造体现审美精神与价值的创造欲求,不断走向超越对物的占有与获取,在"物我融合"

---

① 高罗佩:《中国书画鉴赏》,万笑石译,湖南美术出版社,2020,译序,第 6、7 页。
② 金秋野、王欣编《乌有园(第三辑)·观想与兴造》,同济大学出版社,2018,第 145 页。
③ 张晶、刘洁:《中华美学精神及其诗学基因探源》,《江苏社会科学》2022 年第 6 期。

"与物为宜"甚至是天人合一的追求中,更注重生命价值与意义的呈现,更热衷体味和感知宇宙旋律与生命节奏的美妙。在这个过程中,中华造物美学蕴含的优秀基因与智慧,无疑是不可多得的精神资源。

文人艺术的创造典型地体现了凝练节制的审美观念,但并不意味着中国艺术家拙于对客观事物的描摹、造型与写实,而是有意识地借助于物质形态的提炼、重构与凝定,传达出心性情感与生命体验,寻求灵魂栖息的诗意之所。文人真性的表达,实为去除一切知识、观念、规范和世俗的牵绊,还人与世界的本来面貌,因而具有"天然去雕饰"的大朴之美、超越俗世礼制规范的"清凉"境界,由此成就永恒的艺术魅力。从中国艺术的海外传播视角来看,正是这样一种具有浓厚创造主体自性情感的艺术所蕴含的审美特质,才使其焕发出跨越国度、超越时空的隽永魅力。

目前在现代化进程中,中国传统建筑因现代社会生活方式与建筑技术的发展,逐渐淡出主流地位,成为一种文化遗存和历史记忆,这使得造物领域如何传承优秀文脉以建立本土现代造物理论体系并付诸实践运用,始终是一个需要不断探索的问题,而探索必然要建立在对传统造物美学与智慧深入阐发与挖掘的基础上。先人留下的造物美学丰富浩瀚、丰赡粹美,值此民族复兴之际,转化再造之风日趋兴盛。然而,若欲"致广大",还须"尽精微",深入传统内部洞幽入微地爬梳剔抉、独申创解,方能传承中华美学精要、激活时代生命。

中国古代造物秉持天人合一、万物一体的哲学理念,如"将庄子的'天地与我并生,万物与我为一'的观点融进佛家的'芥子纳须弥'中,成为'人即宇宙,宇宙即人'的精神建构"①,由此在审美上形成顺应自然、心物相照、巧法造化的美学原则。其中,因文人士大夫的广泛参与和介入造物领域而发展出的文人造物体系,极尽雅逸韵致和脱俗气质,凸显大朴不雕、中通圆和的造物美学。简括中求无限、无色中显绚烂的传统设计精神,在构筑中华文明过程中扮演着极为重要的角色。千百年来安居乐业的观念深植于中国人的脑海,对美好生活的向往离不开对诗意栖居的想象,迨至现代社会必然要将这种想象转化为对良屋美居的祈愿。有关中国造物美学与智慧,笔者在另文中已有阐发,如致用有度的造物思想、物我互融的空间构筑、整体论的思维方式、物尽其用的生态理念等,此不再赘述。这里我们将从更微观角度去深度发掘古代造物美学之精要。

中国古代人居美学底蕴丰赡厚实,在建筑、园林、家具、装饰、文玩

---

① 计成:《园冶》,倪泰一译注,重庆出版社,2017,代序。

等造物领域形成一整套完整的美学体系，体现出先人对建构美好生活的不懈努力和精神追求。古典建筑美学的精华集中体现于皇宫、寺庙、园林和民居之中，而以园林成就最高。虽然建筑在园林中并不占据主角地位，却在园林设计时被纳入叠山理水、园艺盆栽等系统中进行审美构筑，成为园林美学不可或缺的要素：亭、台、楼、阁、轩、榭、馆、堂、斋、室，此外《园冶》"屋宇"篇中所列的还有门楼、卷、广、廊等，以及与屋宇建筑结构及装饰有关的列架、栏杆、门窗、墙垣等。值得探究的是，同样都是建筑，何须要有如此繁复的名称呢？其实这些建筑的命名本身便足以显示园林美学底蕴之丰厚与成熟。亭在园林中是必不可少的建筑，用于停留歇息，因四面无遮挡而显得通透空灵、精雅挺俊，所谓"亭亭玉立"是也；而轩与榭等都具有亭的基本结构，只是在亭的结构上演变而出，多半亦无墙体围合，并以在园林中的置放位置而得名。如置于水边的亭状建筑为榭，"榭者，借也。借景而成者也。或水边，或花畔，制亦随态"①。轩亦为开敞精致、小巧玲珑的建筑，既是景观性建筑，又是赏景之处，但与榭不同的是，轩通常建造于园林高旷之处，以增加建筑空间的轩昂之气。

如果说亭、榭、轩与景观的欣赏密切相关，那么堂、馆、房、斋、室则更多地具有功能与伦理的特征。"堂者，当也。谓当正向阳之屋，以取堂堂高显之义"②，而室则不同于堂，室四壁相对封闭，适合人居住。但在一些经典文人园林中有出人意料的创制，如拙政园的远香堂，虽为堂屋却颇具新意地运用了四周为窗的做法，形成"落地明罩"的既空透明亮、又私密隐蔽的效果。"斋较堂，惟气藏而致敛，有使人肃然斋敬之意"③，因而多半修筑于隐秘的地方，不适宜明显敞露。楼阁则须根据不同用途来确定其形制与位置，"作房闼者，须回环窈窕；供登眺者，须轩敞宏丽"④，即用作居所的，应小巧玲珑；专供登高望远的，须宽阔敞亮。凡此种种，都充分展现了古人对屋宇建造的理解和想象，寄寓着丰富的审美意涵，以及功能与美学互融相宜的独特运思智慧，使建造远非停留于遮风避雨、舒适便利的功能性需求上。同时，这些各异其趣的建筑构制不仅彼此间同中有异、统一和谐而互映增胜，还能与遍布园中的众多植物形成复杂而井然有序的美学构织，使之浑然天成、相映成趣，既充分体现了随方制象、各

---

① 计成：《园冶》，倪泰一译注，重庆出版社，2017，第83页。
② 计成：《园冶》，倪泰一译注，重庆出版社，2017，第71页。
③ 计成：《园冶》，倪泰一译注，重庆出版社，2017，第72页。
④ 文震亨：《长物志》，胡天寿译注，重庆出版社，2017，第16页。

有所宜的美学原则，又生动诠释了"虽由人作，宛自天开"，"巧于因借，精在体宜"的园林美学精髓。

文人艺术崇尚的简素淡雅、空灵秀逸，必然影响至造物领域。园林之建筑固然能在小桥流水、林木植被与花卉盆景的掩映下，尽显立体画般的山水意境，但倘若屋宇之中四壁空无一物或缺乏雅器点缀，则会品味尽失，难获相得益彰、对映成趣之美。宋代是文人艺术高度繁荣的时期，此时文人审美推崇的简约素雅的美学趣味深刻影响着造物领域。"简约，是宋代艺术的重要特点之一，在绘画、瓷器以及其他许多器物上都渗透浸润着简约之美。"① 宋人通融丰润的审美文化意识，赋予汝窑釉色单纯、器型雅致的美感品位，而天青色、梅子青等清雅素洁的色调，历经数百年时光而魅力不减。明式家具之所以能成为中国古典家具的代表，源于传承了宋代家具基本制式且日臻完善，最终成为世界公认的家具三大体式——明式家具、哥特式家具、洛可可式家具之首，这是人类文明创造的重要文化财富。由于现代设计文化的普及不尽如人意，当审美内蕴丰厚的明式家具淡出人们生活的视野，而现代中式家具尚未传承再造出成熟的本土家具风格时，多数人依然只是将家具视为日用品。事实上，家具艺术同其他艺术一样，是人类社会由科学、文化、信仰等衍生的艺术品的一部分，其作为一种日常用具及沟通传达的视觉工具，实际上已经成为文化的载体。在中国历代家具发展中，由于明清之际"文人的气质、学养、审美理想加大了影响和塑造了世俗生活，更重要的是文人的介入提升了世俗生活，精神世界的物化现象就极为鲜明，明式家具就是典型的代表"②。

以此观之，明式家具的审美功能不可小觑：其一，文人雅士深度参与了家具设计，将书法、绘画等精神文化意涵融入其中，尤其是文徵明、唐伯虎等江南文人总是不遗余力地将飘逸洒脱、清雅秀丽的美学趣味寄寓于家具之中，如明式家具里的圆、展、方、守四大形制之不同美学韵味，分别源自书法之篆、隶、魏、楷四种书体的美学特征；明式家具运用线形基本元素进行型廓、间架、杆形、材径的设计，形成具有中通圆和、清逸静气的传统家具风格，由此获得经久不衰的艺术魅力。其二，文人艺术追求"宁古无时，宁朴无巧，宁俭无俗"③，有着清新雅致的天然情趣。饱含文

---

① 邓小南、康震、杨立华等：《宋：风雅美学的十个侧面》，生活·读书·新知三联书店，2021，第33页。
② 严克勤：《天工文质：明式家具美器之道说略》，江苏凤凰文艺出版社，2019，第163页。
③ 文震亨：《长物志》，胡天寿译注，重庆出版社，2020，第22页。

人意趣与审美品位的明式家具及文玩等关联性精雅造物,因其已然上升为实用艺术品而具有很高的精神文化价值,此时器物与审美达到难分彼此、相与相恰、物我同得的境界。其三,文人造物出于真性表达,形成待物和赏物的独特姿态,那就是不以占有为目的的"真赏"。以物的可见的在场去把握蕴含其中的不可见的在场,才是文人造物、赏物的内在旨归。唯其如此,才能"令物的真性不再受到'物质化'的拘缚"[①]。马丁·海德格尔(Martin Heidegger)曾思考如何以一种诗与艺术的语言澄明出"本己的真理性"从而实现理想地栖居于世的问题,而陶渊明、白居易、苏轼、文徵明等文人推崇的待物之"真赏"姿态,就是要"去弊以存真",留得一片清雅的天趣。文人融书法、绘画的抽象与还原的艺术精神于居家器物之中,使之富有笔墨韵味,正是明式家具作为线性艺术获得简约秀逸、挺俊灵动的美学气质的关键所在,也是文人钟爱于此的主要原因。不难想见,日常生活中能有雅器时刻伴随左右、形影不离,人的美学趣味和品位自会于潜移默化中获得滋育润泽,器用之物也就成为散发艺术魅力的一种精神存在。而明式家具所承载的文人艺术底蕴,可为中国现代家具设计和美好生活提供丰富资源,发挥丰富人民精神世界的独特作用。

第三节　生活美学:道器的融通创化

无论什么时代,日常生活空间所容纳的事物可谓无所不包,人类文明各领域的发展成就都会在生活空间里存在与呈现。因而,如果说文艺美学与造物美学共同构成了生活美学,那么生活美学既是文艺美学与造物美学所构筑的空间场景,也是一种内涵上更为丰富的动态性和生成性存在。因为无论是文艺美学还是造物美学,一旦进入社会生活领域,被纳入复杂的社会结构、组织阶层和人际关系之中,便会形成纷繁多样的形态与评价尺度,成为一种变动不居、因时而异的文化环境。从这个意义上说,生活美学的构筑离不开文艺美学与造物美学,但要使二者发生作用、产生意义,必然要通过人的价值立场与行为来实现,因此,更重要的是人们如何拣择、萃取艺文之精华,如何欣赏、善处美器佳物;既不耽溺、醉迷于艺术,又不沉迷、拘牵于器物,始终秉持超然脱俗之心、寓意于物而不留意于物之姿,在创造艺术之美中享受艺术,在构筑生活品质之中品味生活美学。

---

① 李溪:《清物十志:文人之物的意义世界》,北京大学出版社,2022,第8页。

中国古代不乏生活美学的著述，除尽人皆知的《考工记》《长物志》《园冶》之外，还有《遵生八笺》《考槃余事》等。古人生活美学历史积淀的形成，除受惠于深厚的文艺与造物美学之外，还与中国美学一个重要特征密切相关："与西方美学精神突出的理论旨趣相比，中华美学精神最为突出的特点，就是其鲜明而强烈的实践旨趣"，且这种实践旨趣"指向人的生命和生活，具有突出的人文意趣、美情意趣、诗性意趣。这也构筑了中华美学最为重要的理论内核"。① 在此，我们依然从文人艺术视角探讨古代生活美学。在精神与造物文化领域中，精雅秀逸的文人艺术为今天人们的生活提供了无比丰富的美学资源；在人工智能时代，人们虽然可以坐享先人的文明创造，却不能始终流连于此、驻足不前，相反，人们需要创造新的文明，包括如何创造与享用。中国古人既有"腹有诗书气自华"的说法，又有"生活艺术化，艺术生活化"的传统。从山水诗、山水画而致文人园林，进而出现园林绘画，正是古人在精神与造物文化的互融互补、相与往返中不断延展与创造的结果。

文人艺术中不仅有大量成为传世精品的描绘园林的绘画，还有海量的吟咏园林的诗词。文人绘画与书写的过程不仅创造新的精神文化财富，而且其本身就是一种提升生活美学的最佳方式。古人的园林咏纪纷繁多样，佳作如星斗绚耀。王维在安史之乱后久居辋川别业，与友人浮舟往来、弹琴赋诗、啸咏终日，并留下了许多与园林有关的著名诗文篇章，除了人们熟知的《鹿柴》"空山不见人，但闻人语响。返景入深林，复照青苔上"外，还有《山中与裴秀才迪书》所记述的他在辋川的生活，其中写道："春山可望，清鲦出水，白鸥矫翼，露湿青皋，麦陇朝雊，斯之不远，倘能从我游乎？非子天机清妙者，岂能以此不急之务相邀。然是中有深趣矣！"园林风景摹写清新秀丽，而所蕴含的禅意则又透露出"色空无碍"的生命感悟。白居易不仅对人居美学有很高的要求，而且形成丰厚的人居生活美学思想。在园林设计与营造中获得人居美学和精神修为的提升，是白居易一生从未中断的追求。他设计园林讲求因地制宜、量力而置，属意在于美化生活、怡情养性，在道器融通之中实现精神的超升。白居易在《幽居早秋闲吟》写道："袅袅过水桥，微微入林路。幽境深谁知，老身闲独步。"他向往一种"幽僻嚣尘外，清凉水木间"的诗意栖居；园林中山石流水是构景要素，唐代文人中，对石钟爱与欣赏的，白居易算是第一人，如他写道："苍然两片石，厥状怪且丑。俗用无所堪，时人嫌不取。"

---

① 金雅：《中华美学精神的实践旨趣及其当代意义》，《社会科学辑刊》2018年第6期。

石虽为物，在白居易看来却因其丑与怪而另有审美意趣，它"意味着对形式标准的超越，保持着石之本真境界"①，体现出独特的生活美学境界，他写作的这类园林诗文有300余篇，赏园、品园的闲适诗亦有数百首，其中表现了他极为丰富的园林建造、室内陈设等精神性建构，是生活美学的珍贵遗产。宋代苏轼的《江城子·梦中了了醉中醒》《前赤壁赋》《后赤壁赋》，欧阳修的《浮槎山水记》，等等，皆于吟咏山水中表达寄情自然的生活意趣，而欧阳修的《醉翁亭记》抒写了醉翁亭与山泉林壑构织的曲径通幽之大美佳境，无异于一篇构园理论和园林美学论文。明代文徵明体认到的"在园林审美活动中，只有进入心与物会，情与景融的状态，乃得园林之真赏"②，则道出了园林美学的真谛。另有王世贞、文震亨、邹迪光、李流芳、祁彪佳等文化大师同样也留下了吟咏园林、记写山林情思与人居之美的丰富诗文名篇，成为生活美学的思想宝库和文艺美学的独特篇章。

很显然，文人艺术所追求的生活美学离不开园林构织的空间，而园林与文学、书画、史学、思想学术有着密切关系，使得这个充满艺术元素和氛围的大美生活空间所标示的美学高度与趣味，成为不同阶层人们向往的理想人居之境，不仅形成崇尚雅韵的美学风尚与传统，而且成为后代文人士大夫品质生活的样板与自觉追求。其中，以宋代最具代表性，宋人在三个方面均体现出对雅韵的追求和对文人气质的尊崇："诗、词、歌、赋、书、画、琴、棋、茶、古玩构合为宋人的生活内容；吟诗、填词、绘画、戏墨、弹琴、弈棋、斗茶、置园、赏玩构合为宋人的生活方式；诗情、词心、书韵、琴趣、禅意便构合为宋人的心态"，这些都成为一种进入审美层面的清赏性、体验性的生活态度，"成为对明代中后期美学最具影响力的范畴"③。在此崇尚雅韵的审美风气的影响下，宋代社会崇文重教，平民的文化修养、审美情趣普遍提升，甚至出现了"孤村到晓犹灯火，知有人家夜读书"的文化昌明盛况。

不难看出，先人在生活美学的追求上，既讲求物质的富足，又讲求消费的适宜；既是一种物质层面的生活，也是一种精神领域的生活；既把生活艺术化，又把艺术生活化，在道器的融通互动中创造出平淡而优雅的生活美学。步入数字时代的今天，宋代生活美学之风愈演愈烈，正展现其超

---

① 曹林娣、沈岚：《中国园林美学思想史·隋唐五代两宋辽金元卷》，同济大学出版社，2015，第73页。
② 夏咸淳：《中国园林美学思想史·明代卷》，同济大学出版社，2015，第91页。
③ 曹林娣、沈岚：《中国园林美学思想史·隋唐五代两宋辽金元卷》，同济大学出版社，2015，第113页。

越时空的迥异魅力。当然，随着科技的进步与社会的变迁，先人生活美学的优秀基因必然要适应当代生活需求，只有适用于今天人们的生活习惯与美学追求，方能充分释放其生命力。而在构筑新时代生活美学、丰富人民精神世界的过程中，应着力聚焦古人创造生活美学的智慧及其所体现的生活姿态与价值观念。在物质生活日益丰富的今天，选择怎样的生活方式，不仅关系到物质生产的发展走向，而且关系到文明进步的未来趋势。

古代文人雅集作为一种社交生活，不失为生活美学的至高境界，虽然这种宾朋盈座、焚香煮茗、吟诗作画、种竹养兰、博古抚琴等活动构成了晚明以至清代文学艺术活动的主要方式，但从另一个视角来看，此种艺术化的生活，不仅成为诗词歌赋、书法绘画与音乐舞蹈的传播场所，而且生成了众多文化精品：王羲之的《兰亭序》即诞生于文人雅集；以画入园、以园入画的互动又产生了一系列园林主题的绘画，如倪瓒《狮子林图》、张宏《止园图》、沈周《东庄二十四景图》、文徵明《拙政园三十一景图》、仇英《独乐园图》等，成为一个独立的园林绘画体系；而"西园雅集"本身也凝合成一个长盛不衰的绘画主题，成就了诸多传世名画；由此还延伸出《十八学士图》经典主题绘画系列，最早始于唐代阎立本《十八学士图》，宋代有北宋宋徽宗等仿本、南宋刘松年《十八学士图》，明代有杜堇《明十八学士图屏》、佚名《明人十八学士图》，清代有孙祜等合绘的《十八学士图》等，更是集中体现了充满文人雅趣的生活场景与生活方式，甚至陈枚所绘的表现宫廷女子生活的《月曼清游图》也以雅玩活动为主题。可见，尚雅之风濡染下的生活美学能够起到在日常性、生活化的情景中接续中华优秀传统文化的重要作用。

如何超越对物的依赖与过度追求，是当代构建品质生活与生活美学需要面对的问题，而文人艺术所彰显的智慧深具启示意义：先人擅长借助人格境界的构筑以超越物质日常的羁绊。陶渊明的美学思想集中体现为他的存在之思和"物我一体"的思想：第一，物与"我"都是自然的组成部分，不分彼此、不分主客，超越主客相对之关系，亦无"以人律天"的人对自然的主宰之观念；第二，人是万物中的一分子，物与"我"都遵循盛衰枯荣的自然规律与法则，并无根本性之区别；第三，物与"我"时常是相与往返、相与相恰、彼此交融的，物"我"共同构筑一个意义世界，这是一种"心物冥合"的境界，如其名句"采菊东篱下，悠然见南山"即为此一境界的艺术呈现。缘此思想，陶渊明在当下日常与自然之中寻求与艺术审美密切相连，以"顺应大化腾迁"，从而"通万物之情为一己之情，会世界之乐为自身之乐",达至"心安宁,处处都是桃花源"的超然境界。①

生活美学关涉精神文化与造物文化,待物之道决定着人们以怎样的审美立场对待物质日常。先人对待物质生活有深刻的思考与美学建构,其在本体意义上确立的待物姿态值得传承与弘扬。如果说"园林审美最高目标在于超尘拔俗,涤襟澄怀"②的话,那么先人从园林美学延伸出的生活美学就标志着超然物外、深远雅淡的高雅化审美取向。苏轼崇尚的"平淡"美学观念,可作为古人关于如何让精神超越物质而获得心灵自由和惬适生活的智慧范型。苏轼虽然在长期的禅学浸润中,获得了内心的一种坚定和安顿,由此形成的日常审美生活观念却具有跨越时空的当代价值。其一,苏轼追求一种平淡简单和休闲的生活美学,在物质方面唯求"一丝可衣也,一瓦可居也",且满足于"读书可乐也",他主张在简单的生活中获得自由的人格与丰富的精神价值,而这种价值显然是借助读书形成的心性修为与内心丰富来获得的。因而,物的存在作为日常生活所需有其必要性,却不是苏轼留意之处,"寓意于物,而不可以留意于物",东坡所谓"长物扰天真"便是"认为留于物,必然会美恶横生,引起忧乐感受"。③而以审美态度看待世界,则可以超越物质的有限性而获致无限的精神乐趣。李渔亦有类似观点:"若能实具一段闲情、一双慧眼,则过目之物尽是画图,入耳之声无非诗料。"④其二,苏轼强调"物我相融"的闲适,而闲适则来自节制与淡然,以此达到"我适物自闲"的无穷生活乐趣。这一思想之要义在于摒弃内心得失、优劣之念,使心境清净无尘、了无挂碍。在苏轼眼中,常以"不囿于一物"的随物赋形的游动观来看待人与物的关系,并将水视为道的象征,形成一种"物外之游"的优游闲适之生活姿态。苏轼《曲槛》诗言"流水照朱栏,浮萍乱明鉴。谁见槛上人,无言观物泛",强调随物婉转、相与往返的自在与永恒境界。其三,苏轼以独特生活美学而达致随缘任适的审美人生境界。苏轼的美学旨趣已然将道器融为一体、化作日常而难分彼此,如同有学者指出:苏轼的"'文'不只是文艺,而更是人生的艺术,即审美的生活态度、人生境界和韵味"⑤。将文艺审美融入

---

① 朱良志:《一花一世界》,北京大学出版社,2020,第300、295页。
② 曹林娣、沈岚《中国园林美学思想史·隋唐五代两宋辽金元卷》,同济大学出版社,2015,总序。
③ 朱良志:《一花一世界》,北京大学出版社,2020,第405页。
④ 李渔:《闲情偶寄》,郁娇校注,江苏凤凰文艺出版社,2019,第157页。
⑤ 李泽厚:《美学三书》,安徽文艺出版社,1999,第395页。

物质日常，并视一切世间之物皆可以为乐，苏轼创造了富有智慧的生活美学：其"游于物之外"不是要逃离现实物质世界，而是以豁达之心超越世俗生活，寄情于物而超然于物，使生活美学上升为一种"无心而一"的境界哲学；其"寓意于物"，是"既不疏离于物，也不胶着固执于物，而毋宁是对'物'采取一种审美与休闲的态度"①。

如果说古代文人艺术家对待生活秉持着一种不做尘世生活的"间离者"，而做物质日常的"超越者"的话，那么今天人们承继先人生活美学智慧而欲达至精神世界的新境界，则应做现世生活的"参与者"和"创造者"。其一，先人对物质日常的超越，多为出世隐逸或寻求禅意的结果，是一种返归内心净土的精神追求，而疏于关注现世的改变与完善，更无法形成构筑全民族共享的美好生活的理想宏愿。其二，先人在超越"物我对境"关系中寻求生命之怡然自适的体验，这固然是一种不沉溺于物而与物优游的"大圆觉"的生命体验境界，然而在自性复归的同时，也失却了投向人类整体生存境况的关切目光。其三，先人以"心中无物"而形成现世的"虚静之观"，营构出一种生活美学的独特境界，然而向内转的人生姿态，失去了另一种境界的达成：将自我人格建构与民族文化创造融为一体，使创造美好生活成为生活美学的一种重要内涵与构成部分，从物我的精神性融合走向自我与世界的共生，营造出新时代生活美学的新境界。

新时代丰富人民精神世界，中华美学提供了可资汲取的不竭源泉。但美学传统的接续与弘扬关涉多重面向。首先，对待古典美学，在深入探究其精髓的基础上，必须立足于当代运用和创造，即要"更加倾向于阐发和推扬，因为它重在对文化活性基因的探索，它必须是生成式的研究而不能仅仅是回归式的复古"②。而活化与创新还须置于当今人类文明发展的视野与趋势中加以考量。其次，在高质量发展背景下，必须确立创造时代文化精品乃至伟世之作的高远志向，高标准地提供文化服务与产品，古人深知"凡作伟世之文者，必先有可以传世之心"③。这道出了创造主体自身修为与襟怀对于文化精品创构的重要性。再次，古典美学的滋养既丰富了人民精神世界，又塑造了人们的心理品格，儒家将"志于道，据于德，依于仁，游于艺"作为士人人格修为的整体框架，启示今人应从整体性角度建

---

① 潘立勇、陆庆祥、章辉等：《中国美学通史（宋金元卷）》，叶朗主编、朱良志副主编，江苏人民出版社，2014，第114页。
② 张晶、刘洁：《中华美学精神及其诗学基因探源》，《江苏社会科学》2022年第6期。
③ 李渔：《闲情偶寄》，郁娇校注，江苏凤凰文艺出版社，2019，第7页。

构人们的精神世界,实现人的全面发展。最后,精神世界的丰富既表现为人格之提升,又表现为品位之高雅,二者的结合方可达臻更高的精神境界。高雅品位不只是一种静态的悬置,而且是可以在日常消费等社会生活中体现出来的;品味能赋予人"敏锐意识到什么样的事物合乎美与善"①。而这一切,都需要借助制度设计,方能促使精神境界的提升成为人们的自觉意识。当探索世界、自我提升、自我丰富成为人们普遍的自觉行为时,便能达至丰富人民精神世界的理想境界。

---

① 阿兰·德波顿、约翰·阿姆斯特朗:《艺术的慰藉》,陈信宏译,华中科技大学出版社,2021,第166页。

第十二章

构筑文艺新境界的多维视域

一个时代的文艺发展能够获得的艺术成就与高度，通常是由多方面因素决定的，同时也是由多个维度所构筑的，其中既有时代精神与艺术美学的维度，又有文化互鉴与哲学思想（批评思想）的维度。习近平指出："没有中华文化繁荣兴盛，就没有中华民族伟大复兴。"① 文艺繁荣是文化繁荣发展的关键性驱动力，是实现中国梦的重要精神支撑。新时代开拓文艺繁荣发展的新境界，应从构筑时代之境、美学之境、融涵之境等多维向度上进行考量与推进，从而实现蜕故孳新、融合超升，构筑当代中国文艺的精神气象、审美形态与实践环境。

第一节 时代之境：先声与风尚

中华优秀传统文化主要是由历代文人艺术家所创造的，不仅体现着不同时代的主题意旨与精神气象，而且反映着那些年代独特艺术创造与审美旨趣；不同时代的文化发展既离不开文脉的传承，又离不开艺术新创，正是持续不辍的创新链条构成了中华文明与文艺的经典序列。文艺与时代始终存在难以剥离的密切关系，时代精神总是或隐或显地影响和体现于文艺创造之中。时代内涵不仅渗透嵌入文艺肌体的深处，而且深刻影响着文艺形式的演变，成为凝聚历代文艺经典不可或缺的重要因素。古代艺术家们对时代之于艺术所构成的深刻影响与作用，既有深切体悟，又有自觉意识。早在唐代，大诗人白居易就提出"文章合为时而著，歌诗合为事而

---

① 《习近平在文艺工作座谈会上的讲话》，《人民日报》2015年10月15日，第2版。

作"，主张文艺创作既要拥有时代内涵，又要依据时代变迁而有所变革；石涛从绘画角度提出"笔墨当随时代"；诗人赵翼也说"诗文随世运，无日不趋新"，突出强调了文艺创作的创新品格。而这种"趋新"应随时代之脉动、社会之变迁、审美之演进，符合特定历史阶段的社会文化需求。当然，不论是"合为时"，还是"随时代"，抑或"随世运"，都必须把握时代最有代表性的主流特征，捕捉社会深层次的精神气象，探悉人性内在的情感微澜，并以前瞻性视野观照艺术实践，形成引领风向的艺术趣尚。这就涉及对时代精神的聚焦、拣择、淬炼，以此构筑文艺境界的时代之维。

　　文艺与时代的关系虽然是个老生常谈的话题，却也是一个被历代文学家、理论家和政治家不断阐释而内涵日趋丰富的主题，个中缘由便在于这一关系本身具有的复杂性、开放性及其结构的繁复性，是一个包含着历史语境、时代语境与现实语境等多个面向的复杂结构。历史语境是指在纵向维度中考察当代（某个时代节点而言），即对"当代何以为当代"的溯源式探索，因为当代不是孤立的、与历史毫无瓜葛的当代，而是与历史存在千丝万缕的关联，任何当代都包含着历史；由此观之，当下文艺必然要受悠久深厚的文化传统的影响与渗透，传统文化基因在当代文艺创造中必然要发挥或隐或显的重要作用。时代语境是指主流意识形态所倡导的价值观对于文艺创造的规约与引领，以及为适应统治阶级的制度构架而制定的相应文化政策，构成了具有时代特点的文化环境，其中也包括这个时代对待传统文化的立场与姿态。现实语境是指特定历史阶段社会生产力水平及其与之相适应的文化审美需求，包括文艺的生产、传播方式与手段，以及该阶段对域外文化的态度和对外文化交往的发展状况等。因此，时代精神绝不是依凭单一因素所能形成的，而是多重因素作用的结果，并内在而深刻地影响着文艺发展的现实状况，对文艺时代之境的构筑也就必然要从多个层面加以考量；同时，这三个面向也不是截然分离的，而往往是相互交织与融合的。不论我们是从宏观层面还是从微观层面考察，时代气息与精神的形成都离不开这些因素的制约和影响。

　　中国传统艺术流脉中，"汉唐气象"与"宋元境界"无疑是两个不可忽视的艺术传统，均对后世产生了深远影响，至今依然是中华文化的优秀基因，依旧浸润和滋养着当代中华文化的创造。"汉唐气象"通常是对汉、唐两代社会经济文化发展所曾经达到的高峰的一种概括，突出彰显了这两个时期中国经济文化生活等方面呈现出的宏大气势、壮阔局面和繁荣昌盛的时代气象；作为审美特征的"汉唐气象"，注重感性张扬、恢宏壮阔、遒劲拙实，"讲究体量之大、气势宏伟、声色绚烂"①，这一审美趣尚的生成有着独特的历史与时代背景。

儒家积极入世的思想，在汉唐时期得到了充分体现与实践，汉武帝在"文景之治"积累的雄厚物力与财力的基础上，以旷世罕有的雄才大略，在北方匈奴强大的军事压力下，坚毅执着地开疆拓土，致力于开辟河西走廊，政治上为国家安全提供了更多的保障，经济上则打通了与广袤西域各国的贸易通道，使汉朝边疆得以安宁、疆域得以扩充，对外贸易获得了持续增长。唐朝的"贞观之治"与"开元盛世"，不仅使经济贸易与城市建设领先世界，而且社会空前开放、文化多元繁荣，丝绸之路畅通无阻，国家形象远播世界，成就了中华文明一个时代的高峰。在诸多学者的研究中，"儒道思想的外传、汉文典籍的流布、物质文明的交流、华夏制度的外移、外交活动的丰富，都被当做汉唐文明璀璨光芒的重要事项"②，除了以儒家文化为核心构建的价值标准和行为规范，既促进了民族文化共同体的形成，又深刻影响了那个时代的世界文明发展，成为"汉唐气象"生成的关键外，还有学者从国家管理"移动性能力"的角度，将汉唐何以能成为"时代气象"的一个关节点进行探讨，这不仅是一个独具特色的观察视角，而且是从实践语境层面，深入当时的生产要素和生产力水平的微观层面来探讨"汉唐气象"的生成。汉唐有为帝王的宏大战略视野和统御万方之胸襟，把国家和民族引向了积极进取、开放包容的时代，壮志激昂、从容自信的时代精神必然要在文化艺术中得到体现。在实现大一统和中央集权的汉朝，蒸蒸日上的社会氛围，使文化审美呈现出"以大为美"的风尚，宏伟壮丽的宫殿、超越时空的壁画、古拙雄浑的石刻、雄伟劲健的汉隶、宏衍巨丽的汉赋……这些无疑都是盛世王朝蓬勃生机的美学表达，是气象万千的时代氛围对恢宏绚烂美学趣向的必然选择。而唐王朝的疆域拓展亦不逊于汉朝，疆土不但"延伸到漠南和漠北，其对西域地区的制度化管理也更为有力"③，强盛的国势、开放的心态，使文化领域以极为包容的姿态面向世界，融合了佛教文化及西域波斯等地的不同文化传统，呈现出大气磅礴、雍容华贵、浪漫夸耀的审美风尚。李白诗中"五花马，千金裘，呼儿将出换美酒"的豪气，彰显的不只是对作为唐帝国战略资源——

---

① 朱良志：《中国传统艺术的心境和智慧》，据人民政协网：http://www.rmzxb.com.cn/c/2016-11-21/1157807.shtml。

② 尚永琪：《国马资源谱系演进与汉唐气象的生成》，《中国社会科学》2020年第8期。

③ 尚永琪：《国马资源谱系演进与汉唐气象的生成》，《中国社会科学》2020年第8期。

名马的艺术化赞美,还凸显了一个帝国时代最本质的内在文化力量。而极具开放包容的特征,使得包括胡风夷俗等在内的异族文化皆被兼收并蓄,融汇并渗透至文学、艺术、哲学、宗教与史学乃至百工技艺之中,从中不难看出,英武勃发、气贯长虹的美学风尚是如何呼应、暗合了激越昂扬的时代精神。当然,中华艺术的"汉唐气象",虽然与那个时代的开拓进取精神密切关联,但也离不开此前中华文明的深厚积淀与儒家文化的传承滋养,由此方能创造出绚丽多彩的汉唐盛世文化。

相形于传承儒家"文以载道"美学思想所形成的"汉唐气象","宋元境界"则是中华美学的另一个重要传统,是艺术美学传统在时代的变迁中发生巨大转向的结果,它"偏离了之前的道路,越来越往人的心灵和感觉上发展,走向了一种重视人心灵依托和生命感觉的新境界"①。这一美学旨趣,推崇的是将"前人的'妙悟''兴趣''韵''味'等范畴提升到空灵蕴藉、透彻玲珑的境界",即"由兴象、意境的追求转向逸品、韵味的崇尚",② 逐步形成初发芙蓉、素以为绚、味归于淡的审美价值特征与评判标准。这一审美趣尚的转变,从历史语境来看,"妙悟""韵""味"等艺术旨趣承接着先人的审美传统(如倾向于陶渊明、王维山水诗崇尚自然的旨趣,摒弃唐代气势豪壮的边塞诗),而非此时的美学独创,不同在于将这一传统做了延伸、拓展与丰富,并使之成为主导性的审美趣味,同时庄、禅哲学强调的内心省思、心灵顿悟等思想,也进一步助推了宋人超然、内潜姿态的形成。而从时代语境来考察,则能够明显看出由汉唐转进宋元的巨大变化——毕竟经历了唐末以来长期动荡分裂局面之后,休养生息、人心思安成为普遍的社会诉求,崇尚文治的政治文明势必影响整体文化氛围;于是,从汉唐开疆拓土的国家战略形成的横刀立马之时代气象,转向了宋代右文抑武的闲庭信步中的内敛沉思,社会大众的心理必然产生新的变化,汉唐人的张扬、旷达、率性与豪壮,为稳健、凝思、淡泊与平和所取代,由此促使美学从外向空间的拓展与构建转向内在精神人格的建构,注重在生命体验、心灵情境的悉心捕捉、精深透彻的观照中,营造一种古淡悠远、宁静隽永的超然艺术境界。文艺形式上,也走向精致、小巧、玲珑,出现了美学水平极高的绘画小品与精巧瓷器。从实践语境来

---

① 朱良志:《中国传统艺术的心境和智慧》。据人民政协网:http://www.rmzxb.com.cn/c/2016-11-21/1157807.shtml。

② 潘立勇:《从汉唐气象到宋元境界——宋代美学风貌概述》,《杭州师范大学学报(社会科学版)》2013年第6期。

看，宋代城市经济、手工业及商贸的高度发展，以及文化政策支撑下艺术的空前繁荣，为日常生活审美化奠定了基础，雅韵审美渗透到日常起居之中，雅俗兼容成为普遍现象。书法绘画领域推崇的清旷幽远、简古超逸，深刻影响到造物领域，陶瓷烧制趋向素淡简洁、静穆典雅，园林建造推崇疏朗简远、闲适诗意，家具制作追求秀雅挺逸、空灵气韵；此外，还渗透至茶道、香道、花道等品茗雅赏的生活之中，不仅使文人士大夫的休闲生活充满艺术氛围，也使社会大众的生活情趣化、优雅化，由此造就了一个以风雅著称的朝代。

不难看出，具有历史标高的文艺境界，必然要融入时代精神，构筑时代之境，时代内涵总是在与时偕行中获得和产生的，也总是因精准捕捉、深刻表达了某一历史阶段中的社会心理、精神诉求而成为引领时代的审美风尚；而在艺术史意义上，也因其创造的独特艺术基调与趣味，构筑了承前启后的文脉之流，使民族文化与文明创造获得新的拓展和积累。新发展阶段文艺时代之境的开辟，必然要遵循对优秀传统文化进行创造性转化、创新性发展的理念，聚焦中华民族伟大复兴这一核心主题，以社会主义核心价值观为引领，凸显文化自信、改革开放、开拓创新的时代精神，探索与之相适应的审美新风尚，构筑新时代文艺新境界的时代性向度。

第二节　美学之境：艺术与哲思

一个民族的审美水平不仅体现着该民族的艺术水准，也标志着该民族的文明高度。审美水平是文艺新境界的重要维度，如果说时代之境体现的是文艺新境界厚重的历史使命与宏大题旨，那么美学之境则体现的是文艺新境界的艺术高度与哲思深度，既是文艺独特性与超越性的展现，也是文艺时代之境获得深厚底蕴与精神张力的重要基础。如同时代之境不是社会、历史因素的孤立存在一样，美学之境也不是单纯艺术审美的存在，而必然会或隐或显地包含着时代精神与社会实践因素。在美学之境这个向度上，虽然侧重于艺术性的开掘与拓展，但也不可避免地要涉及审美传统、现实语境与实践语境，只是更注重从艺术本身发展的规律与趋向进行考察。同时，这一考察还必须立足于当代社会的普遍审美需求。

当代文艺创造离不开对深厚美学资源的挖掘与提炼、遴选与优化、运用与创造，这是一个主观性、价值性和创造性都很强的审美阐释与判断过程。从当代审美需求与价值观出发的阐释，通常能够使传统经典获得新内涵、使审美理论获得新拓展；从当代文艺创造与文化建设出发的判断，则不仅需要有鲜明的当代审美立场，而且需要有高度的审美辨识力与超越性。高质量发展背景下的文艺创造，不再是一种低水平重复、同质化生产的创造，而是一个需要新的艺术标高与境界开掘，对传统文化资源的继承也进入一个深层次美学精神把握与创造性运用的阶段。前述"汉唐气象"与"宋元境界"是中华美学的两个重要流脉，这两个流脉之中所包含的审美内涵及其与之相联系的哲学思想，更是博大精深、丰赡厚实。"汉唐气象"之审美风尚，与胸怀雄才大略的贤明君王开创的繁华盛世及儒家美学的传播密切相关，因而兼具宫廷文化与文人士大夫特有的审美追求，形成了"镂金错采、雕缋满眼"和"昂扬豪放、遒劲刚毅"的审美风格，且在历代呈现盛世之象的时期往往成为主导性的审美趣尚。唐代气势磅礴、苍茫浑灏的物象呈现，慷慨蹈厉、昂扬激越的情感抒发，雍容华贵、绚烂华美的视觉表达，展现的是一个壮阔恢宏的美学气象。康乾时代虽为盛世，审美气象却不同于汉唐，尽管也具有镂金错采、色彩艳丽的宫廷审美特点（如包含有十二种瓷器烧制方法和风格的"瓷母"），但同时也因过于凸显皇家富贵而走向烦琐、赘复、堆砌、夸饰、纤巧等畸形审美，将"雕缋满眼"引向极端，使气象的显现滑向了气派的张扬。"宋元境界"之审美风尚，则与源自魏晋时期日渐兴盛的庄子思想、禅宗美学密切相关，因而兼具道家推崇的自然素朴、浑一圆融的美学旨趣与佛教禅宗追求的虚静空灵、象外之象的美学境界，形成了"初发芙蓉、自然可爱"与朴素稚拙、简单质朴的审美情趣，在书法、绘画、瓷器、园林、家具领域得到了充分体现，直至明代得到进一步发展，形成了简练、空灵、玲珑、典雅、清新、劲挺、柔婉等审美趣尚。这一趣尚更注重内心体验，讲求大巧若拙、气韵流荡，更能体现中国艺术的独特趣味。自中唐以来，历经千年演进，流脉深厚邈远，影响泽被寰宇。当然，我们也必须看到，儒、道、释之间并非泾渭分明，而是互相融合渗透、难分轩轾，形成了美学风格与艺术流脉的丰富多彩。这些艺术流脉既有自身发展轨迹与传统，又存在相互交织的融合与实践，共同构成了中华美学的庞大体系，其中蕴含的丰富美学基因，不仅成就了不同时代精神文化的高峰，也成就了农耕文明时期造物文化的辉煌；在中国古代开辟的丝绸之路上，那远播欧亚的丝绸、陶瓷、金银器，正是因其承载着中华美学元素而令世界惊艳和推崇。

作为"宋元境界"审美流脉的重要构成，文人画突出地体现了文人审美趣味，也是"宋元境界"的经典诠释。面对这份珍贵遗产的继承，不是要我们回到古代，而是要将其审美精神引入当代、融入艺术，如同文人艺术强调古趣那样。但古趣并不是复古，真正的古趣是超越时间的，古趣是把"古"请到眼前，和"今"来做对比。古人有题画诗说："千年石上苔痕裂，落日溪回树影深。"将千年之石上的苔痕，放置于今人对落日余晖的欣赏之中，使"当下的顷刻与往古照面"，获得"不同凡常的永恒感。这种对永恒的追求，这种高古的情怀，是中国艺术追求的崇高境界之一"。①

中华艺术中的"境界"概念是一个独特美学范畴，对于境界的追求，成为一代又一代中国艺术家的审美理想。潘天寿曾言，艺术之高下，终在境界，境界层上，一步一重天。而他对国画审美表现的新探索，则使"宋元境界"实现了当代拓展。潘天寿对文人画有极深的造诣，不仅远承董其昌、巨然、马远和夏圭等先辈大师的笔墨传统，而且近法石溪、八大山人、石涛和吴昌硕等的文人画审美精髓；他既善于取精用宏，融贯诸家之长，又不为先人审美原则所拘塞，致力于将文人画的笔墨精华运用于当下的审美创造中，自觉地进行新的艺术尝试。潘天寿深谙艺术创造不应拘泥先人法式，认为，"历代名画家，往往在普泛中求不普泛耳"，又言"画事须勇于'不敢'之敢"。②他还援引李晴江题画诗"写梅未必合时宜，莫怪花前落墨迟。触目横斜千万朵，赏心只有两三枝"来阐发应如何对待浩如烟海的前人创造，强调涵纳、吸收他人精华，不是模仿、照搬，而应懂得取舍，而"舍取，必须合于理法"。③潘天寿并不满足于对文人画技法与艺术精髓的娴熟掌握，而是竭力思考，探索如何能在对传统技法运斤成风的同时实现新的创造。时值中华人民共和国成立初期，人民群众的建设热情空前高涨，文化建设也呈现崭新面貌，恰在此时，毛泽东的部分诗词在《诗刊》上集中发表，那些诗词虽承古典诗词体式，却表现出迥异于古人的审美风格，如《沁园春·雪》等所展现出的壮怀激越与宏大气魄，使古典诗词气象一新，也令正为突破传统国画的困境而苦心孤诣探索的潘天寿耳目一新、深受启发。他深切感受到那个时代特有的精神氛围，已经无法在传统文人画约定俗成的笔墨图式与审美语言中进行表现。他深入大自然考察体验，逐渐捕捉到运用传统文人审美旨趣，进行时代精神表达的方式，创造出独特的构图模式与笔墨语言。《记写雁荡山花图》在构图上一

---

① 朱良志：《中国传统艺术的心境和智慧》。据人民政协网：http://www.rmzxb.com.cn/c/2016-11-21/1157807.shtml。
② 潘天寿：《潘天寿花鸟画论稿（新版）》，上海人民美术出版社，2016，第61、80页。
③ 潘天寿：《潘天寿花鸟画论稿（新版）》，上海人民美术出版社，2016，第79页。

改传统文人画的基本图式,以大块面厚重的山石作为主体,以奇崛而富有气势的布局,使时代气息在画中澎湃与散发,淬炼出新中国鲜活的姿影与豪迈的时代精神。同时,他以雄浑之笔墨和高华之意境,既摒弃文人画简淡潇苏、孤迥荒寒的意趣,又承继其雅正端丽、格调清逸的趣尚,从而将充沛饱满的情感注入山石花卉的描摹之中,展现出壮志激昂的中国春天景象,凸显出现代文人画崭新的审美风貌。如同有评论家言:"潘天寿绘画不入巧媚、灵动、优雅、娟秀而呈雄怪、静穆、博大,即源自他的气质个性和学养所规定的审美选择。"[1]

如果说潘天寿的创作是对传统国画体系的一次突破,使历史悠久的国画步入现代社会并获得与传统迥然相异的审美新质,那么吴冠中的创作则以融贯中西的方式进行了抽象化的探索,不仅使国画走进现代,而且走向世界。潘天寿将山水画与花鸟融为一体,这本身实现了题材上的突破,同时在传统写实与写意之间寻求一种平衡,既不像宋代花鸟画那般尽管描摹精细、色彩明丽,却写实有余韵味不足;又不像文人画那样虽是简远萧瑟、野逸枯淡,然而孤迥有余生气不敷。潘天寿虽也以传统笔法表现山川巨石、苍松翠柏、花草修篁、新荷老梅,却不见萧散之气、孤迥之意,而是汲取"外枯而中膏,似淡而实美"的传统文人审美精髓,将蓬勃生机、盎然诗意融入其中,不仅呈现出与传统判然有别的美学境界,而且展现出中华人民共和国昂扬豪壮的时代精神。吴冠中同样致力于国画的现代发展,只是他具备的深厚的国画与油画双重修养及西方现代艺术根基,使之将探索的目光投向更具有现代感的审美趣向上。与传统艺术中以形捉神、形神兼备不同,他在娴熟把握了一般意义的脱形向意、由繁入简的文人画审美意趣的基础上,将后现代抽象艺术元素融入国画创作,形成极富个性的国画风格,是国画现代化的成功实践,并赢得了世界艺坛的肯认。吴冠中的可贵在于,他是有意识地进行国画新境界的开拓,他在《关于抽象美》中谈及抽象美时认为,抽象美是形式美的核心,应继承和发扬抽象美,要在客观物象中分析构成抽象美的因素,并进行科学分析和研究,这就是对抽象美的探索。古典园林作为文人审美的经典表达,历代画家如文徵明、沈周等曾绘就数量可观的园林绘画,而吴冠中所绘园林则别具审美意蕴,他因常年写生而具有独到眼光:"狮子林的意识流造型构成是抽象的,抽象的形式之美被尊奉于长廊、亭台、松柏等具象的卫护之中,我突

---

[1] 郎绍君:《近现代的传统派大师——论吴昌硕、齐白石、黄宾虹、潘天寿》,《新美术》1989年第3期。

出此抽象造型，是有意发扬造园主人的审美意识。"① 他由此创作的《狮子林》既传递了园林简淡潇苏之审美意趣，又以夸张的抽象形式演绎、拓展和丰富了先人的美学基因。更具创新意味的是，吴冠中有意识地将油画元素运用于国画创作之中，创新出别开生面的现代国画，他曾说："我想造一座桥，是东方和西方、人民和专家、具象和抽象之间的桥。"② 在深切把握中国传统写意绘画真谛，并深刻领悟其与西方现代绘画艺术的内在融通的基础上，形成独到见解，认为西方现代派绘画对性灵的探索与中国文人画对意境的追求正是异曲同工。这使他既延展脱形向意的传统，又超越西方现代艺术形式，从而确立自身的艺术特征与坐标。这种在国画中融入现代精神以达到中西方绘画理念的有机结合，成为吴冠中执着追求与实践的艺术主张，这不仅实现了"中国画现代化"，而且促进了现代中国画在世界范围的传播。

中华审美不仅内涵丰厚，而且有独特的哲思之境，形成超拔性灵、思致玄远的审美精神境界，其深邃蕴涵与超越品性构成世界艺术的独特景象。尤其是以文人书画、文人园林等为代表的文人审美，其"孕育与发展始终是站在哲学层面上的，没有哲学的视野，根本无法触及文人画的精神实质"③。有学者甚至指出，从某种意义上讲，"书画于此已不是一般意义上的艺术，而成了中国哲学乃至文明史的象征性符码"④。在处理审美对象的把握与心灵情感及时间与空间等关系中，中国古人有独特的审美智慧，"以小见大""以物为量"，形成了"一勺水亦有曲处，一片石亦有深处"（恽寿平语）的妙韵；无美丑之分别、无贵贱之等次、无爱憎之差异，形成"圣人无名"的真正典雅与本真显现，与天地融为一体；对于有限与无限的问题，不将二者做对立的考量，而是超越无限的追逐和永恒的念想，主张无有限与无限之别，以最终达到大成若缺、当下圆满的境界。在艺术表现中，用人的精神对自然山水加以概括，并"在自然物象中获得生命的天然真趣和生机，随之'神与物游''物我交融'，最终进入'物我两忘'的至境"⑤，由此呈现简约而又蕴藉、朴拙而又丰赡、绚烂却归平淡的独特审美趣味，达到一种空灵、高蹈且具有哲思境界的审美高度。这些审美思

---

① 吴冠中：《画眼》，文汇出版社，2014，第34页。
② 赵禹冰编《吴冠中画论辑要7》，湖南美术出版社，2020，第318页。
③ 贾峰：《21世纪以来文人画审美趣味研究述评》，《民族艺林》2018年第2期。
④ 刘成纪：《释古雅》，《中国社会科学》2020年第12期。
⑤ 肖鹰：《中国美学通史（明代卷）》，叶朗主编、朱良志副主编，江苏人民出版社，2014，第180页。

想不仅与现代文化存在暗合之处,而且其深厚底蕴可为文艺新境界的开拓提供丰富艺术滋养和智慧支撑。

第三节 融涵之境:相融与涵纳

中国审美文化虽然有流脉清晰的儒家美学、道家美学及禅宗美学体系,但三者之间同时也存在融合渗透,加之历代统治者所倡导的审美取向及民间艺术资源的融入,形成了样态丰富的美学风格与趣尚。然而,传统审美毕竟产生于农耕时代,是农业文明背景下的审美创造,从内容、主题、观念到体裁、形式、传播方式,再到创造主体、存在形式、受众主体等,都发生了巨大变化。在互联网、人工智能时代,文艺的风格流派、趣尚演变呈现出更加复杂、更为阔大、更易迭代等的特点,而各种审美趣尚的融涵互渗,以及科技与文艺的深度融合,亦催生出日益丰富的审美风格与艺术形式,成为文艺新境界构筑不可忽视的一个重要维度。

一、融时代意涵,聚创造之力

文艺创造之力源于时代,习近平指出:"古今中外,文艺无不遵循这样一条规律:因时而兴,乘势而变,随时代而行,与时代同频共振。"[①] 文艺创作必须融入时代内涵,以促进新的体裁拓展和表现方式创新,形成文艺创造的时代动力。文艺发展的驱动力,虽然离不开创造主体自身的愿望与冲动,但这种愿望与冲动往往关联着时代变迁、社会演化,因而从根本上说,驱动力来自时代的需要、人民的需求,而创造主体的创新动力是内在地呼应现实要求的一种体现。文艺是文化软实力的重要构成,文化"软实力的开拓与发展上,汇聚和应用已有的力量,开发和吸取新的力量"[②],这"新的力量"离不开时代召唤和人民诉求,在某种意义上,时代需要往往是文艺发生重大变革或形式创新的内在与核心动因。王国维所言"一代有一代之文学",就包含了时代内容与艺术形态应时而变、代有更新的思想,这种更替之动力便来自或是政治经济变革或是社会结构变迁或是思想

---

① 《习近平在中国文联十大、中国作协九大开幕式上的讲话》,《人民日报》2016年12月1日,第2版。
② 白烨:《文艺新时代的行动新指南——习近平文艺论述的总体性特征探悉》,《中国当代文学研究》2019年第5期。

文化演进的催生与铸就。古代美学从"汉唐气象"到"宋元境界"的转向，在很大程度上与宋代社会的转型、理论思维的成熟、市民阶层的兴起和士人心态的世俗化密切相关。宋代政治变革中一个重要的战略性举措便是右文抑武政策的实施。经过唐代之后百多年的分裂动荡，人心思安，社会趋定，休养生息、发展经济成为主题；随着商品经济的发展繁荣，社会阶层间的流动促进了消费分层，但在书画消费领域则呈现出不同阶层竞相趋赴的特点，官僚士大夫、新兴富民、平民及小工商业者等，追捧书画艺术蔚然成风，且视其为宋人社会身份建构的重要手段。而从思想文化角度来看，"以史学、理学为核心的宋学对宋代美学产生了重大而深刻的影响"，宋代理学借由"对佛、道辩证的扬弃与融合，使自身发展成为细密严谨的思辨理论体系，其理性的思维深刻影响着包括美学在内的各个领域"。① 在理性之光照射下，宋代美学趋向于主体心性表达、胸臆情感抒发和个性品质张扬，由此推动了注重"性情""胸次""玲珑"等审美境界的形成与发展。不难看出，没有时代更迭及其相关理论思维的发展，就难以产生宋代文艺美学新的拓展，就不会出现书法创新和花鸟画的高峰，也不会有小品画、文人画的新创与发展。这一现象，从汉赋、六朝骈文、唐诗、宋词、元曲、明清小说等历代文艺形式的演变与主导地位的确立，便能清晰地看出时代因素在文艺审美演变与文艺形式发展中至关重要的作用；更不消说现代化进程中，民族独立与科学、民主的时代主题催生了五四新文化运动，促进了中国古代文艺的全面转型。

二、融古今意趣，汇创生之智

传统美学基因的传承，既要建基于对美学资源自觉的深度把握，又要致力于融合世界先进文化而不断优化。传统美学不仅关乎古典艺术之精髓，而且关涉古代哲学之要旨。以"意象"为基本范畴的审美本体论、以"味"为核心范畴的审美体验论、以"妙"为主要范畴的审美品评论等中国古典美学体系，并非只是美学自身演进的结果，而是与诸多哲学观念与思想有着深刻、复杂的内在关联，与包括孔孟之儒家思想、老庄之道家思想，以及先秦其他诸家的哲学思想息息相关，体现着先贤的哲学与美学智慧。当这一深邃厚重的中华文化传统进入一个多元文化交流的互联网时代，所面临的不仅是置身现代化环境中的适应性问题，还包括如何在交流

---

① 潘立勇：《从汉唐气象到宋元境界——宋代美学风貌概述》，《杭州师范大学学报（社会科学版）》2013年第6期。

互鉴中重新确立地位与价值再造的问题。费孝通先生十分强调文化自觉，同时又注重在人类文化的大框架中确认自身文化的价值地位，因而认为"文化自觉是一个艰巨的过程，首先要认识自己的文化，理解所接触到的多种文化，才有条件在当今多元文化的世界里确立自己的位置"①。他将认识自身文化与理解他者文化相结合，并将其作为在全球文化交融背景下确立本土文化地位的条件，这内在地阐明了文化发展新境界的开拓，必须深度梳理盘点与理解掌握传统美学基因，并善于融合世界先进文化，以当代原创性的文化创造确立自身独特标识与价值地位。

中华文化审美体系的博大精深，不仅体现在源自儒、释、道哲学的三个美学流脉上，而且表现在三个流脉的交融互渗与支脉延展上。就道家美学流脉来说，其"初发芙蓉，自然可爱""本于世界，归于世界"的审美要旨，一方面，源于庄子"物无贵贱""以物为量"的齐物哲学之根基，并形成了中国美学诸多独特的概念，如"心斋""坐忘""物化"等；另一方面，此一流脉中不同艺术家又融入富于个性的美学概念，形成支脉纷繁、争奇斗艳的审美世界，如陶渊明的"存在"之思、王维的"声色"世界、白居易的"池上"之思、苏轼的"无还"之道、虞集的"实境"说、倪瓒的"绝对空间"论、石涛的"兼字"说、黄宾虹的"浑厚华滋"说等，构成了一个系统庞大、丰赡厚实的审美理论体系。对于这份厚重遗产，我们首先要善于"借古以开今"，不断激发传统活力与创造力。事实上，传统本身就是一个不断创新的链条。魏晋之后形成的文人画审美传统，到五代十国的董源已十分成熟，而五代至宋初的巨然，其山水画以枯木寒林、荒村篱落、简淡潇苏的审美特征，集中体现了"天籁之趣"的精神内核。董源、巨然二人的山水画由此被董其昌视为文人画的最高典范，既丰富了文人画传统，又影响了包括元代黄公望及明清以降的一大批文人画家。司空图《诗品二十四则·纤秾》中言"如将不尽，与古为新"，强调了一种适时探究、不断创新的观念。道家美学注重的当下感悟与圆满，便是善于在既往题材、情景中生成瞬间感受和新颖体验，这亦是传统生命力体现的一种方式。清代戴熙深切领悟巨然所秉承的"天籁之趣"的道家美学传统，同时在"揣摩巨然绘画精神时，作小幅山水"②，并创造了"蝉衣皱"，从而在传递文人画之清新秀雅、笔墨清润的审美传统基础上，实现了形式和手法上的创新。进入现代社会，傅抱石、吴冠中等当代画家，

---

① 费孝通：《对文化的历史性和社会性的思考》，《思想战线》2004年第2期。
② 朱良志：《一花一世界》，北京大学出版社，2020，第46页。

则在师承文人画传统的基础上,实现了国画的现代转化,而这不仅与时代精神相关联,也与汲取异域文化精华密不可分。在创作题材上,傅抱石大胆突破传统,将工业景观融入山水画,创作了以《煤都壮观》为代表的社会性题材;在山水画风格上,傅抱石融入北方山水之宏阔气象,形成意趣独到的新山水画风格,如《镜泊飞泉》等;在表现手法上,傅抱石在欧洲的异域写生作画中,面对全新的世界与景象,他改变了笔墨手法及构图方式,为凸显对象特色而放弃驾轻就熟的传统国画留白方式,不以奇险取胜,注重以写生的自然性进行平实真切的表现,由此突破了中国山水画的传统构图程式。

在全球化的今天,文化交流互鉴成为常态,除了融会古今外,还要涵纳万方,吸收世界先进文化,这本身也是中华文化的重要传统。唐朝从容自信、开放包容,将来自各国的文化为己所用、融入文化创造,如外来的葡萄酒被李白描绘得浪漫潇洒,来自西域的琵琶被白居易写得出神入化,源自东南亚的鸟兽形态被融入唐三彩的造型之中,西域的胡旋舞成为长安城最时尚的舞蹈,这一切最终成就了一个时代的文化高峰。

三、融科技之光,铸文艺之魂

20世纪60年代,著名国画家傅抱石曾率领团队开展了一次堪称壮游式的旅行写生,历时三个月,行程二万三千里。对此次旅行写生,傅抱石感触深切、获益良多,他确立了"思想变了,笔墨不能不变"的观点,并付诸实践,极大地推动了新山水画的发展。如同时代精神变化,必然促进艺术表现对象、审美风格变化一样,当代审美文化面临着互联网、大数据、数字技术、人工智能等高科技飞速发展的趋势,也必然要产生重大的变革。国家关于文化数字化、数字文化产业等战略的相继出台,正是适应科技发展需要的主动作为与顶层设计。中华传统文化蕴含的丰富美学基因,在借助新科技、新媒体进行内容生产、形态更新、业态创新方面,将发挥独特优势。先贤时常依托经典文本进行"二度创造",古代诗意画的创作传统,就是借助作为视觉艺术的绘画对诗词歌赋等语言艺术进行的转化、创造,并积累了"二度创造"的丰富经验。石涛取苏轼诗《庐山二胜·栖贤三峡桥》《和李太白》的诗意创作的《清寒山骨》《月明疏竹》等绘画作品,便是基于对苏轼诗歌的深度理解与阐释,融合自身艺术体验进行的"二度创造",不仅延传了山水诗的审美传统,而且在绘画领域形成新的经典。当代数字技术的介入可极大丰富美学传统的现代表达与创造性发展。在社会生活节奏加快、文化消费多样化加剧的背景下,在为适应新媒体消费与传播特性而产生的文艺新形态、新业态中，短视频、微短剧等蓬勃兴起、一骑绝尘。截至2020年年底，我国在网络文艺相关应用方面，仅网络视频（含短视频）的用户规模/使用率就达到9.27亿人次/93.7%。但数量激增的同时，更要有高质量的精品创造，传统文人艺术所推崇的一些创作原则可资借鉴。郑板桥所言"敢云少少许，胜人多多许"，强调"以小见大"的文人审美传统，古代文人艺术家在创作中所积累的"方寸之间见天地，细微之处有乾坤"的审美智慧，可运用于短视频、微电影、微短剧等的创作之中，以提高网络文艺作品的水平。

依托博物馆文化资源创作的《唐宫夜宴》《洛神水赋》，其破圈走红离不开以短视频方式进行的创造性转化，从曹植的《洛神赋》到顾恺之的《洛神赋图》，已属"二度创作"，而《洛神水赋》据此将赋文中"翩若惊鸿，婉若游龙""凌波微步，罗袜生尘"的形象与意境描写，以及绘画中衣带飘逸、身姿委婉的洛神形象，借助科技赋能、创意赋魂的方式进行"三度创作"，在翻新出奇和创造性改塑中，形成古代经典的时尚化表达，由此惊艳了全世界，成功实现了跨越千年的艺术对话。近年来，"互联网+文艺"的发展与创新，使视频化成为一种新的生活方式，创造产生了一系列精品，如爱奇艺《登场了！敦煌》，网络动画《大理寺日志》和全手绘水墨画风格的《雾山五行》等亦表现出色；借助抖音短视频传播非遗中的濒危剧种——潮剧、粤剧、扬剧、闽剧等，让传统戏曲重新焕发活力。继张晓涵以京剧唱腔改编流行歌曲《青花瓷》走红之后，"上戏416女团"也凭借京剧戏腔翻唱古风歌曲的短视频，获赞达2000多万次，将传统文化成功带"出圈"。而集数字技术革命之大成的元宇宙，以全真互联网、立体互联网的镜像世界，为传统文化基因的现代转化与发展打开一个更加广阔的想象与创造空间，中华文化将借助这一不断趋于完善和逼真的立体虚拟世界及其互动性特征，展现出更为瑰丽多姿的光彩。但我们也必须清醒意识到，技术仅仅是作为一种手段驱动文艺发展，当人类拥抱新科技的时候，坚持"以人为本"，才能引导技术向善，将人工智能与人类智慧相结合，以科技延伸人的有限，以人把握科技的方向。正如习近平指出的："要正确运用新的技术、新的手段，激发创意灵感、丰富文化内涵、表达思想情感，使文艺创作呈现更有内涵、更有潜力的新境界。"①

当代文艺新境界的构筑，需要有时代之境、美学之境、融涵之境的多

---

① 《习近平在中国文联十一大、中国作协十大开幕式上的讲话》，《人民日报》2021年12月15日，第2版。

维度的拓展与深化,这一过程中,又涉及时代与艺术、审美与功用、传统与现代、本土与外来、文化与科技等多重关系与矛盾的组合,如何处理这一系列关系,需要有政策引导与价值引领。习近平多次强调文艺批评的重要性,阐明了科学的批评对于文艺的健康发展至关重要,因而,评骘之境不可或缺。开掘时代之境,既要充分彰显时代精神与内涵,又要善于以艺术之柔性涵化主题意旨与哲理之思;创造美学之境,既要尊重民族审美特质,又要善于以超越之意识突破传统束缚与陈规羁绊;拓展融涵之境,既要积极运用科技手段,又要善于以文化之魂重塑美学遗产与艺术形态。从某种意义上讲,评骘之境的科学把握,是决定时代之境、美学之境、融涵之境能否沿着正确方向发展,以及能否达臻新境界的关键所在。而在全球化和文化多元化时代,在处理本土文化与外来文化关系时,既要深刻把握与运用传统文化的深层结构与价值观念,又要有世界性眼光,同时警惕与分辨现代文化及外来文化的缺失与不足,秉承坚持中华文化立场、会通中西原则,以"国学根基,西学方法,当代问题,未来视野"① 之方法,将艺术标准置于商业标准之上,致力于守正创新,构筑当代中国文艺新境界,创造走向世界的中国文艺。

---

① 王岳川:《北大精神与中国文化气象》。据中国社会科学网:http://www.cssn.cn/preview/zt/10223/10231/201305/t20130513_332638.shtml。

第十三章

中华造物文化：核心价值与创新实践

造物文化是人类融合了精神文化内涵与物质生产技艺的文明创造，其发展水平与历史高度，始终决定着一个民族文化在人类文明史中的地位。在当代，作为精神文化与科学技艺双重承载的文明形态，造物文化发生了历史性的变革，并在更广泛和更深刻层面体现着一个民族的持续创造力与发展潜力。拥有悠久农耕文明与优秀传统文化的中华造物文化，如何适应现代社会的历史变迁、文化变革与技术革命，不仅关系到传统文脉的历史延续，更关系到民族复兴的未来前景。面对现代造物文化发展日新月异的形势，面对传统造物文化生成环境的日益散逸消弭，如何有效接续造物传统，创造新时代具有民族特性与世界价值的造物文化，成为中华民族伟大复兴战略全局不可忽视的问题。

第一节 造物初始：礼制的彰显

造物文化是中华文明的重要组成部分，也是世人认知中国古代文明的重要媒介，不仅承载着极其丰富的文化基因，而且在推动中华文化传播方面发挥过精神文化难以替代的重要作用——如古代丝绸之路主要是借助物质贸易的方式，将中华文化以造物的形式传遍欧亚大陆，促进了中外文化交流，由此产生了历时几个世纪的重要影响。造物活动使人类脱离动物界，并由此创造了人类文明——创造和使用工具并进行有组织的造物活动成为人类的独特能力，进而成为衡量一个民族创造力的重要标志，在今天甚至成为一个国家和民族富裕和强大的硬核因素。造物文化也可称为"物质文化"，指的是"人类利用自然界材料制造人类实际生活所需用之物品，如衣服、居室、器械、舟车、桥梁、街道等类"①。现代设计产生之后，人们便将造物视为一种有意识的设计行为。但事实上，古代人类的造物活动也是一种设计行为，是人类文明发展中基础性的劳动，"人类通过劳动改造世界、创造文明、创造物质和精神财富，最基础最主要的创造活动是'造物'，设计便是造物活动的预先计划"②。与造物文化相伴而生的是精神文化，从人类文明史来看，两种文明形态的创造始终是相互依存、互动发展的。如同马未都所言：人类创造的文化，在历史的长河中由物质生发出精神，由精神再度变为物质，最终合二为一，成为一份宝贵的文化遗产，与自然景观一道，构成地球上最动人的风景。

尽管人类的造物文化先于艺术等精神文化的创造，如石器时代体现人类文明创造的石斧、石刀、石犁等，较之在岩石上绘制图案更早出现，并且以其工具性功能使人类逐渐走出蛮荒，开启文明创造的伟大历程。但从人类不同文明体系的发展来看，造物文化能否持续发展并走向更高层次，直至发展至更复杂、更精美的水平，则在很大程度上取决于相应的精神文化和科技文化的发展。换句话说，精神文化虽然稍晚于造物文化的发展，但其发展的程度对造物文化走向精致与精美具有决定性作用——许多具有高度繁荣的古代哲学与文学艺术的民族，都拥有相对高度发展的造物文化。古希腊、古罗马作为欧洲大陆文明的源头，其古典哲学、诗歌、戏剧、神话故事和雕塑及宗教等，都是无与伦比的人类精神文化，也正是拥有这些精神文化的支撑，欧洲古代造物文化才有可能产生精湛无比的教堂、宫廷与城堡建筑，相关手工艺也才能达到很高的发展水平，并在现代性发生之后，形成一个不同于传统却依然能够高度发展的现代造物体系。而古代玛雅文明虽然也产生了被誉为"世界七大奇迹"的神庙和金字塔建筑，以及在当时体现一定造物文化水平的陶罐陶盆等器物，但因其精神文化发展主要在宗教、祭祀，以及石雕石刻、壁画、文身、彩绘和圣球运动方面，哲学、文艺的发展较为薄弱，故其造物文化的发展未能走向更加精美、精湛的水平。诸多事实表明，造物文化要获得不断发展，离不开精神文化的支撑，这其中的一个重要原因，在于精神文化不仅体现了一个民族的心智水平和原创能力，同时也体现了一个民族的创新原动力——思想、心灵与情感的不断丰富与发展，必然要对造物的新颖性、精致性乃至体系

---

① 宗白华：《美学的散步》，人民文学出版社，2022，第 251 页。
② 何晓佑：《传薪与创新——中国传统造物智慧启迪现代产品创新设计》，《创意与设计》2022 年第 1 期。

性提出新的要求，并能赋予造物更丰富的内涵，由此推动造物向更高层次发展。中国古代拥有高度繁荣发展的精神文化，由其所支撑的造物文化，共同造就了人类三大文明体系。

中国古代造物文化始终与精神文化有着彼此相融、难解难分的密切关系，如同有学者指出的那样：中国古代的设计思想、技术思想是和古代的哲学思想融为一体的。这种注重物质与精神创造相融的方式，"避免了物质与精神的对立而能做到和谐统一，这是非常高明的造物观"，因此，"只有搞清传统工艺造物文化的历史语境、理论背景和核心范畴、概念体系，才有可能认识到传统工艺造物文化的精粹所在，也才有可能在一个更高的层面上达到传统与现代的视野融合，而不是简单地折衷与拼凑"。[1] 而这种造物文化与精神文化紧密相融的关系，始终体现在历代造物理论与实践之中，由此导致在不同历史语境下，造物文化呈现特征及其所显示的价值和发展特点不尽相同。在魏晋之前，造物文化更多地体现出礼仪性；魏晋之后，则越来越体现出审美性，并实现功用与审美的和谐统一。而礼仪性这一传统依然存在并延续至现代。在世界造物文化发展中，中国古代先人创造了辉煌的造物文明，积累了极为丰富的造物美学，具有独特的造物观，其所形成的一整套造物美学体系及造物智慧，成为华夏文明的重要组成部分。

中国古代早期的造物能够体现一定高度和水平的，多半与礼制文化相关联，且由于封建时代初期能脱离农业生产专门进行造物活动的，基本局限在王公贵族阶层，而上层推行的复杂的礼制文化也在一定程度上使礼器不断走向精美与精致。与此相应所形成的造物美学及其著作，主要从礼制、礼器的艺术角度进行阐发。春秋时期，西周的礼乐政治依然在意识形态领域占据主导地位，建筑在空间布局、造型设计等方面，都严格按照礼制规制进行规划与构筑，在建筑价值的评判上，以是否符合西周确立的礼乐制度为总原则，并由此衍生出关于建筑的礼制批评。西周其他器物制造也遵循和适应礼制的要求，以体现礼仪需求与礼制思想为目的。如青铜器作为典型的礼器之物，"具有'纪念碑'的性质，礼仪价值大于实用和审美价值"[2]，其制作更是受到严格的规范制约。处于农耕文明早期的先秦时

---

[1] 梅映雪：《传统工艺造物文化基本范畴述评——传统工艺美学思想体系的再思考》，《美术观察》2002年第12期。
[2] 刘成纪：《中国艺术批评通史（先秦两汉卷）》，叶朗主编、朱良志副主编，安徽教育出版社，2015，第238页。

期,从民间到宫廷,人们的"文化"活动时常与宗教密不可分,作为宗教祭祀活动空间场所的建筑也就有了鲜明的礼制特征。从狭义角度来理解,先秦礼制建筑主要是由国家主持建造的,以明礼乐、宣教化为目的,体现统治者的身份与地位。推而广之,礼制建筑的功用性体现为通过举行祭祀、崇拜等活动,以满足那个时代人们与祖先和神灵进行沟通、交流的需要。对祖先与神灵的膜拜、崇尚之情具有庄严与神圣的精神特征,与之相应的建筑也倾注了人们的巨大心力,由此也就充分体现和代表着那个时代的布局规划思想和最高建筑艺术水平。夏商周时期的礼制建筑,主要见于王国和方国中的宫殿、宗庙等大型建筑,包括一些规格较高的祭祀建筑;春秋战国时期的礼制建筑则呈现出与其后汉唐时期礼制建筑的衔接关系。这个时期的礼制建筑在大规模、长时间的建造过程中,形成了较为完善的建筑规划布局思想,即"天人合一"的宇宙观,贵中尚左的尊卑观,中轴对称的建筑规划,近山傍水、便民利君、兼顾实用与审美的思想,辨正崇方的科学追求,以及前朝后寝、左庙右宫的礼制建筑格局。① 这些思想对后世产生了深远影响。千余年之后的北京城,依然是按照中轴对称的建筑格局进行规划设计的,主要的皇宫、庙宇建筑全都围绕中轴线而建,以皇宫为中心,外设天、地、日、月四祭坛,方位恰处八卦中天南、地北、日东、月西之位,以示对天地宇宙的尊重。与此相呼应的,还创造出如华表、牌坊、祭坛、祠堂、辟雍、阙楼、宗庙等配套性建筑,构成了一个礼制建筑系列。

早期造物的礼制功用十分明显,虽然随着历史发展逐渐弱化,但始终存在于历代的造物活动之中,由此成为一以贯之的思想观念。这一过程中,造物的"致用"观会随着实践发展而不断丰富。作为春秋时期造物思想理论总结的《考工记》,一方面,"肯定了致用与审美在器物制造中的重要性","需要符合人使用的尺度"(这里的"尺度"包括人的身份与形貌),② 礼仪、礼制造物虽然以适应某种思想性表达为主,但为凸显这种表达而进行的装饰就形成了审美的延伸与发展。如同张道一先生所言"从上万年前人类就建立起审美的意识","反映在工艺美术上,不仅要求造物致用,并且要求悦目舒心"。③ 另一方面,进一步认为"造物要讲究法度,但

---

① 李栋:《先秦礼制建筑考古学研究》,博士学位论文,山东大学考古学及博物馆学系,2010。
② 刘一峰:《论〈考工记〉的造物美学观》,《文化艺术研究》2021年第3期。
③ 张道一:《张道一选集》,东南大学出版社,2009,第234页。

不能拘泥于法则,应懂得因地制宜、灵活变通"①(这与西方现代设计强调精准性、同一性相区别),当然,变通的前提先要遵循法度,《考工记》明确强调"法"先"巧"后的观念,巧于变通必须以不脱离法度为前提,由此才能达到"熟能生巧"的最高境界。《墨子·法仪》《庄子》等著作也阐发了循序法度是造物的基本原则的思想。这体现出中华哲学中特有的辩证思维之内在特征,是古代造物美学中的独特基因。

有研究者对古罗马与汉代造物艺术做了比较研究,指出"推动古罗马和汉代物质文化发展的内在规律有着明显差异。古罗马造物艺术发展的根本动力来自社会经济活动,而汉代造物艺术的核心是体现统治规范和社会伦理"②。这从造物艺术发展动力的角度表明,魏晋之前的造物文化是以礼仪性为主要特征的,体现出鲜明的政治伦理与宗教内涵,其伦理价值尤为突出。礼仪性特征虽然是中华造物文化的突出特点,并占据重要地位,但这一特征主要出现于中华造物文化的早期,即"礼制艺术时代,这是以'礼器'作为主要艺术载体和代表最高艺术成就的历史阶段"③。在这个时代,不仅建筑成为政治伦理意涵表达的载体,而且人们创制出各种陶器、玉器、青铜器等,对其进行的装饰美化与社会礼仪有关,而不是以表达自我情感为目的。此伦理功用目的必然导致造物过程中个性情感融入的缺失,也限制了器物品类的发展与日用功能的完善,在一定程度上阻隔了造物审美能力与水平的提升。魏晋之后,随着文人文化的兴起,礼制之物呈现的秩序、规范、固化与神圣化,因难以适应文人对真性、真意的追求而逐渐式微,造物领域形成了一支影响千年的流脉——文人文化及其所推崇的雅韵审美,礼器之物更多地被雅器之物取代。从今天的视角来看,造物的礼仪性价值显然已大大弱化,究其原因:这种礼制性造物具有严格的伦理规范性、突出的宗教色彩与鲜明的泛政治化特征,因缺乏个性色彩、自由情感和个性审美,既不能满足现代社会生活与审美需求,又无法适应工业设计语境下的造物生产体系。当今时代,人们对造物的舒适性、审美性乃至品位性的需求上升至主导地位,因而更多地关注文化观念的前卫、使用功能的提升与审美品质的彰显。

那么,对于中国礼制性造物文化遗产,如何看待其现实价值呢?除了

---

① 刘一峰:《论〈考工记〉的造物美学观》,《文化艺术研究》2021年第3期。
② 朱文涛:《古罗马与汉代造物艺术比较研究》,博士学位论文,苏州大学艺术学院,2010,第Ⅰ页。
③ 杨祥民:《中国传统造物设计美学思想探析——以礼仪性精神为论述中心》,《艺术探索》2019年第4期。

遗产本身具有的历史、考古和科学价值外，人们还可以从两个方面考量其现实文化价值：一是作为公共文化建筑，二是美学因素的借鉴。就前者而言，现代公共文化建筑时常被作为国家或城市的文化地标，往往蕴含特殊的政治伦理和文化观念，承担着体现和彰显一个国家或城市精神文化象征性表达的功能，具有鲜明的礼制性特征。传统建筑文化在以建筑物体现礼制内涵方面，如怎样处理道与器、物与欲、技与艺、用与美之间的关系所积累的经验与智慧，可作为现代公共文化建筑及其他标志性建筑和器物的美学与设计思想资源。就后者而言，礼制性建筑为体现政治伦理、宗教文化内涵而发展出相应的美学体系，如群组建筑空间布局法则、建构体量与心理对应关系的处理、器物造型的寓意传达，以及独特的装饰美学等，不仅可以为现代标志性建筑、公共文化建筑的建造提供文化支撑，也可以赋予其他领域的造物设计以丰富灵感。

第二节　当代传承：拣择与萃取

　　造物作为人类物质文明的重要组成部分，不只是物质性存在，也是文化的外在表现和形态。造物要走向高级形态，离不开深厚的思想文化的涵养与支撑。古人便有"学技必先学文"之说，认为"凡学文者，非为学文，但欲明此理也"，"予尝谓土木匠工，但有能识字记账者，其所造之房屋器皿，定与拙匠不同，且有事半功倍之益"。① 可见文化素养对于造物的重要性，而人们也只有理解和把握了造物背后的文化底蕴，才能真正欣赏与洞悉其精华所在。由此观之，传统造物文化的当代传承必然是一个复杂的系统工程，涉及思想意识、文化观念、价值重估、传承理念与时代需求等诸多因素。在博大精深的中华传统造物文化中，如何遴选与萃取最有益于当代文化创造的元素与基因至关重要。礼制性造物文化精髓，可以在一些特定的造物领域中，如纪念碑、国徽、勋章及博物馆、图书馆、大会堂、纪念馆等公共文化建筑中加以继承与弘扬，但在现代化社会大生产模式及其相应的现代生活方式普遍建立的背景下，大规模的礼制性造物显然已成为历史，这是从农耕社会走向工业乃至后工业社会的一种历史必然。因而，在更普遍的造物领域中，应选择那些更适合当代社会生活方式、审美情趣和价值理想的中华优秀传统造物文化，通过梳理阐发古代造物设计

---

① 李渔：《闲情偶寄》，郁娇校注，江苏凤凰文艺出版社，2019，第126页。

美学中有关人与天（自然）、人与物、功用与审美等方面的美学思想与哲学智慧，从中发掘能够启示与对接当代造物美学与设计的优质基因，以期在新发展阶段为提高中国现代造物水平、满足高品质生活需要提供有益支撑。

在高质量发展背景下，优秀造物文化的继承应进入其内部去深入把握最具时代价值的元素与基因，而非笼统粗疏、浮泛浅表地传承。比如，对古代"回归自然"传统的理解，不能笼统而简单地认为只是对自然界的崇尚，而应从哲学、思维方式、美学和技术等多个层面去理解。对于当代而言，中国古代造物精华中有两个面向值得深入挖掘、继承发展，那便是体现雅韵审美的文人文化和与之相应的哲学思想资源。前者在创造主体上以文人士大夫为主，后者则以先秦思想家为主体，即道家与禅宗思想体系及其所体现出的造物智慧。有学者指出："传统文化在漫长的历史进程中形成，离不开与人民同呼吸共命运的知识分子、文化人，各个专业领域的专家、学者，非物质文化的创造者和传承人。他们是中国精神、中国智慧的典型代表，以自己的创造性劳动为文化的创造、传承作出了不可替代的贡献。"[1] 古代文人士大夫便是今日所称的"知识分子""文化人"，古代先哲便是今日所言的"专家""学者"，他们既是中国文化精神的典型代表，也是中国传统文化精华的主要创造者。以文人文化为美学基石创造的造物文化，可视为文人造物，它是古代精英文化的体现与表征，极具文化的内隐性与象征意义。文人文化所创造的雅韵审美具有很高的艺术价值，在其涵养与影响下的造物产品也因此成为传统造物中的精华，甚至是中华古代文明的典型代表，并主要表现在江南丝绸、宋代瓷器、私家园林、明式家具、文玩器物及其他具有文人审美趣味的造物之中。从总体上看，文人造物具有如下美学特征：第一，简约清雅，流畅灵动。简约而不失优雅，简单而富有韵律，文人造物既明显区别于宫廷的华丽繁复，又不同于民间的稚拙素朴，而以雅致、空灵为审美基调。第二，妙肖自然，宛若天成。模仿自然而又顺乎自然，造物过程往往表现为法天象地的艺术思想、收天纳地的空间意识、融天入地的造物观念、顺物自然的造物原则，[2] 不求刻意的人工雕琢，但求顺应自然的了无痕迹。第三，质朴无华，素淡古拙。崇尚朴素之美，追求雅洁适宜，忌奢华求古朴，弃华丽尚典雅，如李渔强调

---

[1] 蔡武：《从三个方面理解把握文化自信》，《学习时报》2018年9月5日，第A1版。
[2] 张燕：《论中国造物艺术中的天人合一哲学观》，《文艺研究》2003年第6期。

女子衣装应"不贵精而贵洁,不贵丽而贵雅"①,对于人居美学,他主张"盖居室之制,贵精不贵丽,贵新奇大雅,不贵纤巧烂漫"②,表明素淡之美具有难以撼动的地位。不难看出,文人造物所彰显的雅韵之美,不是一般工匠所能达到的,而是文人审美与艺术精神濡染、涵养的结果。事实上,古代高水平的造物都善于从精神文化中汲取养分,造物过程中时常汲取诗书画意,尤其是文人艺术的养分,形成崇尚雅趣的造物之风;众多文人士大夫也亲自参与造物设计,在造物中寄托和呈现审美理想,由此将造物文化推向一个文明的高峰。

相形于造物审美,更具启示意义与生命力的是造物思想与智慧。文人造物所呈现的审美特质虽然代表了那个时代的造物艺术高度,可成为当下设计师取之不竭的美学资源,但毕竟现代社会所面临的造物环境、条件,以及设计手段和造物需求,已然同古代农业社会大相径庭。当下社会更需要创造适应时代审美精神、现代工艺水平乃至智能设计的造物产品,古代造物智慧则可以成为一种活的源泉和内在动力,在人们拣择、萃取和运用中获得新的生命力。

第一,"致用有度"的造物思想。中国传统造物是建立在手工业基础上的,不同于现代工业化造物体系。在手工艺生产过程中,工匠对器物的把握更多带有个人的理解与经验,同一种器物制造往往因工匠的个性化处理而呈现出工艺和审美的差异。因而,传统造物虽然也讲究法度,但又不拘泥于法度,倾向于因地制宜、灵活变通,给工匠发挥艺术个性的空间;这与西方现代设计强调统一精准不同,更具有艺术感、生命感。"在西方,窗户就是窗户,它放进光线和新鲜的空气;但对中国人来说,它是一个画框,花园永远在它外头。"③ 当然,在实践中,如何解决精准与变通之间的矛盾,是对现代设计师的考验与挑战。相较于西方现代造物的科学理性,中国古代造物尊崇的是实用理性,但这种功能主义的实用不是一种纯粹的科学理性,而是一种"实用有余而科技不足"的既建立在经验知识基础之上,又融涵了文化智慧的实用,使其虽然不及科学理性精准,"却也给了'实用'一种弹性的文化方式"④,即"致用有度"的灵魂把握。注重于实践经验的积累所获得的造物技艺能力,而不追求绝对的精密精准,并以师

---

① 李渔:《闲情偶寄》,郁娇校注,江苏凤凰文艺出版社,2019,第116页。
② 李渔:《闲情偶寄》,郁娇校注,江苏凤凰文艺出版社,2019,第141页。
③ 转引自周文翰:《时光的倒影:艺术史中的伟大园林》,北京美术摄影出版社,2019,第270页。
④ 邵巍巍:《中国传统造物文化中的"现代"启示》,《天府新论》2020年第3期。

徒相承的方式延续着造物技艺，这在一定程度上会导致工匠受经验的限制而削弱自身的创新能力；但相反地，这也以其独特的辩证思维特征，显示出实用理性与文化理性融合的中国智慧。"致用有度"的背后，是中国古代基于"整体心理结构和精神力量，其中也包括伦理学和美学的方面，例如道德自觉、人生态度、直观才能等"①。正是由此所构筑的智慧支撑，使得中华造物在满足实用的同时，讲求艺术与趣味，推动造物的高水平发展。而"巧法造化"的思想，在关注实用的同时，也非一味强调人的主体地位及人对自然物的支配与改造力量，而是寻求人与造物之间达成一种和谐关系，这些造物思想与智慧对当代设计和生态理念的运用都有很大的启示意义。

第二，"物我互融"的空间构筑。建筑作为综合性的造物艺术，空间构筑不是单纯的物理容积与体量的生成，而是在空间围合与敞开中渗透着人的轨迹与视角。构筑建筑空间的目的主要是供人活动与栖息，人在其中的运动使建筑成为"流动空间"，中西概莫能外。德国著名建筑师路德维希·密斯·凡德罗（Ludwig Mies Van der Rohe）设计的巴塞罗那国际博览会德国馆，之所以能成为现代经典，很大程度上依凭的是巧妙的、连续性的空间隔断，即通过极富感官美感的材料对空间加以分割和围合，从而形成一种相互联通的半敞开式动态空间，②以延长参观者的观览路线，使方正的空间具有了流动的特质。但西方建筑空间讲求工整、秩序，即便是密斯的设计，也只是对不同方正空间进行有秩序的串联；而中国传统建筑除了体现儒家美学的宫廷建筑和官宦居所之外，则讲究以节奏性十足、韵律感极强的动态构势为表现方向，审美习惯和空间表现从来都不是以"静态"为标准的，不仅如此，体现文人审美的江南私家园林的建造，借助"疏密得宜，曲折尽致"的空间展开方式，在虚实相生中使园林及其建筑空间获得诗歌与绘画才具有的生动气韵。这种气韵正是人与物在特定的空间结构中形成的互动关系所产生的丰富心理感受，空间在与人的交互中生成了远比物理尺度更广阔的精神意蕴与审美情趣。此时，不同空间之间不仅存在巧妙的组合与关联，而且存在彼此互动与映照，而非主体与客体的关系；空间的物理性在人的动态观照中生成了无比丰富的意趣与想象，成为灵动的、富有生趣的空间——这是中国造物最高妙也是最具独特性的地

---

① 李泽厚：《中国古代思想史论》，生活·读书·新知三联书店，2008，第314页。
② 罗伯特·麦卡特、尤哈尼·帕拉斯玛：《认识建筑》，宋明波译，湖南美术出版社，2020，第101页。

方。对此，有学者做了理论总结："中国古代建筑群体空间的组合是以人的'感知'规律为依据的，而现代建筑群体组合则是以技术和功能的'理性'为基准。"① 事实上，唯有生命感知和人文意趣的介入，才能使造物之美不只是停留于被观赏的层面，更重要的是能够被发现。精美的造物之所以百看不厌、常看常新，其奥妙就在于此。很显然，这样一种空间组织的智慧充满了人文色彩，无疑能赋予当代设计极大的启发。

第三，整体论的思维方式。中国古代哲学对事物的探究强调整体观照和系统把握，形成了不同于西方的整体论思维方法。中国哲学整体论的核心要义在于：其一，整体是一种自然生成的，事物是在生成变化中形成的，不同于西方的构成整体论。其二，整体不是由部分构成的，也不大于部分，部分却包含有整体的意味，是一个自足的世界，于是便有了"一花一世界"的独特艺术境界，而西方则强调整体大于部分。其三，"中国传统整体论从阴阳五行的运动变化理解整体"②，不同于西方从世界的普遍联系上理解整体。这对中国艺术及造物文化产生了深远影响。中国风水文化传统历史悠久、蕴涵丰厚，早在周朝人们选择地址建筑家园时，就确立了"相其阴阳，观其流泉"的原则，将地理、气候、水土、朝向等多种因素纳入整体进行综合考量，旨在营建一个阳光充足、空气清新、水源安全、人与自然和谐相处的美好家园。在建筑群组关系中，也强调整体性的美感，并以"一种自觉追求的、系统复杂而十分成熟的群体透视构图体系"③，达到一种大构图中套小构图、小构图在自足中又融入大构图，彼此互为关联、相得益彰，体现了部分包含整体的独特观念。中国古代文人园林运用了多重的围合与敞开的空间组织方式，使空间在虚实的相生相克中实现了景致的动态变化，产生了"步随景移、移步换景"变幻多姿的美学效果；而园林中必有的亭子并不从属于园林，具有"独立之物的自立"的自身圆足性，也因此有了杜甫"乾坤一草亭"的著名诗句。这些造物设计都是突出地体现了整体论观念的经典创造。

第四，物尽其用的生态理念。中国古人始终秉承"物尽其材""物尽其用"的造物准则，其背后则是"天地与我并生，而万物与我为一"哲学观念的支撑。强调"强本节用"与"致用利人"的生态理念，在"物我同一""物我和谐"理念的影响下，避免了西方造物注重对自然单向度的

---

① 张杰：《中国古代建筑组合空间透视构图探析》，《建筑学报》1998年第4期。
② 朱慧、张华春：《中西整体论思想刍议》，《湖北社会科学》2016年第12期。
③ 张杰：《中国古代建筑组合空间透视构图探析》，《建筑学报》1998年第4期。

控制与支配。古人有"圣人处物不伤物。不伤物者，物亦不能伤也。唯无所伤者，为能与人相将迎"，因而能够以"惜物"的姿态对待造物，实现人与物的和谐相融。在可持续发展成为世界主题的今天，西方开始强调生态保护，生态设计也因此成为一种新的造物设计潮流，但中国基于"物我同一""天人合一"的生态观，在认知上，将天、地、人视为一体，深知毁物便是毁己，其寻求与自然的融合是一种内在需求，而非由于环境恶化采取的被动应对策略，因而更具有主体的内在自觉性。但造物毕竟是一种文明创造，遵从"不伤物"的原则，不等于对自然物无所作为，并不意味着放弃对物质必要的利用与装饰。如何协调二者关系，孔子提出"质胜文则野，文胜质则史"的观点，以寻求"文"与"质"的统一。优秀的造物设计，应是"美善相乐，文质彬彬"，即达到功能与形式的相互制约、和谐统一。这一造物智慧必然能在今天的造物活动中，对人们的行为规范、目标设置与价值追求产生积极的意义。

不难看出，中国传统造物文化最富有生命力的因素是其独特的思维方式与智慧。正是因为有着深厚人文底蕴的哲学智慧与思想资源，中华造物文化才能以其辉煌的成就支撑起世界三大文明之一的中华文明。因此，对优秀中华造物文化的继承，关键在于把握其思想智慧，而非实物遗产；实物遗产的价值除了其文物价值和观赏价值之外，更重要的是其中蕴含的审美趣尚，以及形成这一审美趣尚的文化氛围、哲理蕴涵与思想智慧。审美趣尚终会过时，思想智慧之光将永续照耀。

第三节　创新实践：鉴照与再创

传统造物智慧的弘扬，既离不开深入的阐释与挖掘，又离不开当代实践领域的运用与创造。"我们不是生活在古代、生活在过去，实践总是在不断前行的"，没有"实践创新的功夫，所谓优秀传统文化就只是博物馆中的文物"。① 传承创新不能停留在理论层面，而要在实践领域进行不断探索，立足当代造物发展需要的传统阐释，是继承与弘扬的前提，而以什么样的立场与姿态去阐释，则决定着是否能引领新时代造物文化迈向正确的发展道路。这个过程中，应避免单一的视角，而要以世界性的宏阔眼光，将传统造物精华与智慧放在全球视野下加以考量与鉴照，既准确把握传统

---

① 蔡武：《从三个方面理解把握文化自信》，《学习时报》2018年9月5日，第A1版。

文化的优质基因，又潜心汲取世界各民族造物的优长，创造出能顺应时代需要与合乎世界潮流的新时代造物文化。习近平指出："要更好推动中华文化走出去，以文载道、以文传声、以文化人，向世界阐释推介更多具有中国特色、体现中国精神、蕴藏中国智慧的优秀文化。要注重把握好基调，既开放自信也谦逊谦和。"① 时下"国潮"的兴起，反映了人们对中华优秀传统文化认同度的持续提升，这赋予中国式现代化更厚实的文化基础。但"国潮"的未来发展，一方面，要真正将传统精华呈现出来，并深入传统内部而非停留于表面；另一方面，要以更加开放包容的姿态，虚怀若谷、大度从容地涵纳人类的先进文明，在深入广泛的交流互鉴中，构筑智能时代造物文化发展的新境界。

中国传统造物文化虽然经过长期努力实现了现代转换，尤其是改革开放40多年的发展，使中国当代造物设计有了长足的进步，呈现出良好的发展态势。但我们要清醒地看到：中国现代设计毕竟起步较晚，理论与实践基础都还比较薄弱；西方百余年的现代设计历程所积累、沉淀的设计文化与设计智慧，在今天的设计实践中依然发挥着重要作用且充满创新活力。从现实来看，工业设计中汽车制造领域最具引领性和最前卫的设计，依然产生于西方国家；顶级奢侈品牌中服装、首饰的设计也是欧美占据风头；建筑设计领域，尽管有马岩松在国际上的突破，但还远未改变西方引领的局面。同时，西方尤其是欧洲各国拥有深厚的文化底蕴，能为现代造物提供深厚的文化滋养与智慧启迪，这也是在现代转型之后欧洲设计百年来一路领先的重要原因。中国现代设计应本着文明互鉴的姿态，根植中华造物美学与智慧的深厚沃土，广泛吸收、借鉴西方设计的思想资源，高起点、高标准、高质量地发展现代设计；在实践创造过程中，大胆探讨、勇于创新，强化本土话语建构，逐步形成具有中国特色的本土现代设计理论体系、学科体系与话语体系。

梁思成曾言："每一时代新的发展都离不开以前时期建筑技术和材料使用方面积累的经验，逃不掉传统艺术风格的影响。而这些经验和传统乃是新技术、新风格产生的必要基础。"② 换言之，新技术、新风格不会凭空产生，而必须从历史文化和传统审美中获得生长的土壤与养分。在当代造物文化实践中，创造主体越来越自觉地从传统文化中提取有益的文化基

---

① 《习近平在中共中央政治局第三十次集体学习时强调 加强和改进国际传播工作 展示真实立体全面的中国》，《人民日报》2021年6月2日，第1版。

② 梁思成、林徽因、莫宗江：《中国建筑发展的历史阶段》，《建筑学报》1954年第2期。

因，同时积极鉴照与涵纳世界先进造物文化，探索尝试一系列具有开拓性的创新实践，使优秀造物传统焕发出新的生机。随着现代性开启而登场的现代设计，虽然在某种意义上脱胎于工艺美术，但在以大工业生产方式为主导的现代社会里，必然扮演造物的时代主角。后发而起的中国现代造物设计经历了曲折探索之后，凭借雄厚传统文化的滋养，正在逐步形成具有本土风格的现代设计体系，且在实践领域不断推出创新成果，产生了越来越广泛的影响。

建筑设计领域，王澍以宋代文化为审美基调设计了杭州国家版本馆分馆"文润阁"，他基于对宋代山水画理与园林美学的深度理解和发掘，在一座废弃矿山留下的"残山剩水"的基础上，通过精心设计将其雕琢成一件"艺术品"，营造出"人在阁中走，宛若画中游"的独特意境，成为展现"现代宋韵"的园林式建筑。富有现代感的亭台楼阁掩映于山麓水畔之中，在廊院回曲、步移景换中，文人园林最具特征的"掩映之美"呈现无遗，实现了中国园林美学精神的创造性运用与表达，构筑了一个足以同宋代雅韵审美进行高峰对话的当代造物精品。马岩松秉承"山水城市"的理念，充分汲取传统山水画意的审美精髓及其美学原则，在国内外重要项目中，富有创造性地在现代建筑中诠释了山水画的审美意境。他于2022年承接设计了位于美国科罗拉多州东北部丹佛的单体高层住宅建筑，其独特性集中表现在两个方面，即相融与相宜。其一是与自然环境相融，基于山水与建筑融合的理念，实现"山水城市"的审美理想。科罗拉多州地形地貌独特，丹佛城市西侧有著名的落基山脉，绵延横亘，使该州成为全美最受欢迎的登山目的地之一；丹佛不仅有贯穿而过的南普拉特河，而且是平均海拔1英里（约1609米）的高海拔城市。如何使建筑与独特的地理条件相融合，中国古代"天人合一"思想及其在建筑实践中的运用经验，给予了马岩松团队极大的智慧启迪。他们在单体建筑中设计了一个"垂直峡谷"嵌入其中，以人造的类自然景观与丹佛城市所处的自然地理环境遥相呼应且相映成趣，使得科罗拉多州包括峡谷、高山、森林、溪流瀑布等多样性地貌，以一种特殊的方式被纳入和延伸到城市建筑空间，最大限度地拉近了人与自然的关系。其二是与在地文化相宜，充分体现了与社区文化的结合，该建筑项目恰好位于城内的一个艺术街区 River North（RiNo）之中，作为公寓建筑如何具备一定的艺术感以便实现与该街区原有的文化氛围相协调，考验着设计师的文化智慧。马岩松团队设计了一个巨大的开裂峡谷贯穿几乎整栋建筑，散发出富有想象力的艺术气息，使新建筑与社区里的画廊、餐厅、酒吧所构成的氛围相宜。同时，还与自然相宜，由于采用立体式绿化方式及遵循园林曲折尽致的空间结构原则，楼内巨大的立体绿化空间形成向上攀登的游览方式，恰好呼应了丹佛所在州作为热门登山目的地所特有的登山文化。

在现代家具设计领域，中国（上海）国际家具博览会的历届展览中，中国设计师从传统造物美学与造物智慧中悉心汲取精华，所设计创造的一批产品得到了西方设计界越来越多的关注与认可，由英国学者夏洛特·菲尔（Charlotte Fiell）、彼得·菲尔（Peter Fiell）及中国学者瞿铮编著的《当代中国家具设计：融合与再造》，全面介绍与阐释了当代中国新锐设计师的家具设计作品。该书收录的设计作品主要是基于传统造物美学并融合当代西方设计相关理念进行的再造，品类包括日用陈设、茶具、家具装饰等，其中包括"梵几""上下"等有影响力的中式家居设计品牌。一批源于明式家具造型审美的现代家具，因其对明式家具文化底蕴的深刻理解，以及对现代金属材料美学质感的把握，如设计师邵帆将圈椅的独特美学韵味以最简洁的方式表达出来，设计出获得西方设计师认可与推崇的新中式家具，为当代东方雅致生活的营造提供了重要的设计支撑，让传递着传统造物美学基因的中国现代设计在世人面前呈现出新的气象。对此，该书的作者评价，"传统文化有着强大的凝聚力"，中国新生代设计师"重新发现了中国文人精致的唯美主义，以及生活方式的文化"，他们"扎根于中国传统文化，从先辈们的遗产中汲取灵感，设计出了极具创意的家具产品"。①

在工业设计领域，国家政策支持力度不断加强。2010 年迄今，国家出台了一系列政策与意见，如在 2019 年 10 月发布了《制造业设计能力提升专项行动计划（2019—2022 年）》，提出了 4 个方面的行动计划和措施。在新技术变革中，数字化、智能化、生物智能的发展将导致包括人元生物技术、超智能机器人合体及其他一系列工业设计理念的更新，从而促进设计社会化、社会人文化、人文产业化等具有生态演化与文明进化意义的设计不断迭代。中国设计行业呈现出的设计人才、设计教育大融合及设计文化大革新趋势，正在迎来工业设计的功能新生。

面对高质量发展对高品质生活的新要求，面对全球设计领域日新月异的发展和智能设计的快速崛起，中国当代造物要积极顺应时代发展趋势，对标最新前沿造物水平，准确把握传统造物精华，不断提升设计软实力，推进新一轮竞争条件下的设计创新，为中华民族伟大复兴提供重要支撑。

---

① 夏洛特·菲尔、彼得·菲尔、瞿铮：《当代中国家具设计：融合与再造》，虞睿博译，北京联合出版公司，2021，引言，第 11、13 页。

善于修为，构筑尚品。高质量发展阶段的造物设计，必须拥有精神文明的强大支撑，高端造物须有审美与哲学感悟，这与学者强调的"画山水，笔下的功夫重要，心灵的功夫更重要"① 是相同道理。传统造物文化中的典范之作，无不蕴含着丰富的文化内涵；缺乏深厚文化修养的创造主体，难以达臻造物之巅峰。不论是具有技巧性的绘画、音乐、舞蹈艺术，还是技艺性的雕刻、编织、刺绣等工艺美术，文化修为的深厚程度决定了其所能达到的艺术高度。当然，悉心观察和感悟大自然以获得神遇迹化的灵感，亦不可或缺。在技术手段不断丰富的当代，造物文化似乎对文化修养的依赖越来越低，但事实上，前沿和高端的造物设计恰恰需要更深厚的文化积淀与更广阔的艺术视野。作为讲求工艺的紫砂壶制作，原本只要拥有精湛技艺就能创造出色的作品，而绘画艺术也是一种格外依赖笔墨技巧的艺术创作，但与著名画家吴冠中交往甚密的紫砂壶大师顾景舟认为：技艺和技巧达到一定程度便难以提升，而文化修为的提高才能突破技艺阈限，使作品达到更高的艺术品水准，否则就只能停留在工艺品的层面。吴冠中十分强调文化艺术修养的作用和建立在文化修为之上的思想情感，他对艺术界"唯笔墨是尊"的倾向持有不同看法，在他看来，"脱离具体画面孤立地谈笔墨没有意义"②，可见，要构筑具有一定高度艺术水平的造物尚品，文化艺术修为的提升不可或缺。

善辨良莠，沉浸酣郁。优秀传统文化在当下大致有两种存在方式：一种是文化遗产以即存的或静态的方式存在，另一种是以经由人们拣选并纳入实践运用的方式存在。前一种存在的现实价值必须经由后一种方式才能实现。就后者而言，抱持怎样的标准、尺度与立场去选择与运用传统文化，显得格外重要。对传统文化进行甄别、遴选，善于披沙沥金，取精用宏，让中华优秀传统文化显露真容，进而学优行范、引领风尚，这不仅是确保优秀文化基因得以传承的关键，也是确保创新创造获得优良品质的前提。唐宋时期作为中华文化不可多得的高峰期，所形成的"汉唐气象"与"宋元境界"两个重要美学传统，可成为今天文化创造的重要资源。但深入把握传统文化精神底蕴，而非流于表层元素符号，是文化高质量发展的核心要义。中华造物文化独特价值在于其人文性的融入和生命感知的渗透，应以"技为下，艺为上"的理念看待传承造物文化，注重把握其美学

---

① 朱良志：《作为"示现"的山川》，《美术大观》2022 年第 3 期。
② 张熙：《笔墨为何等于零？——从语境研究视角浅析吴冠中的笔墨观》，《美术》2020 年第 7 期。

精神与造物智慧。唯其如此，才能达到从功能到舒适再到趣味，从实用到审美再到意境——这是区别于其他民族造物文化的独特之处，也是中华造物美学的显著特征与核心价值。在科学理性支配下的西方现代造物，实现了人类在工业时代文明创造的高峰，具有特殊价值；而中华造物基于其独特哲学背景及实用理性与文化理性的融合特征，应在工业乃至智能时代中自觉凸显造物的人文色彩与生命价值，形成中国现代造物设计的独特语言。深刻领悟、融通并持续浸润于传统美学的精粹与气息之中，方能以承百代之流、会当今之变的胸怀与视野，创造引领时代先声的造物文化佳构。

善破法度，致力原创。传统造物讲究法度，但又不拘泥于法度，倾向于因地制宜、灵活变通，赋予创造主体发挥艺术个性的空间；这与西方现代设计强调统一精准不同，更具有人文气息与生命体悟。有学者指出，西方陷入"现代性困境"的表征之一，就是对人文层面的忽视，以及过于强势的视觉中心主义。中华造物讲求舒适，善于把握适度，而经验型实践方式又有助于控制适度的微妙分寸，这是中华造物感性因素介入的结果，有别于西方的过度舒适化或单一的舒适性维度。当然，在现代设计教育与设计理论普遍西方化，且现代设计本身也逐步走向成熟并出现越来越多的经典的时候，中国现代设计实践中如何解决变通与精准之间的矛盾，无疑是一个新的考验与挑战。这就特别需要在继承中打破成规与法度，从当代中国人的现实需求与文化习惯出发，汲取现代设计最新理论与实践成果，致力于前瞻性、原创性地探索，形成具有自身特色的本土现代造物语言。破法而不悖法，作为创新的方法论遵循，既要超越古法旧制与既成模式，又不能违背文化发展的基本规律，如古人言："新异不诡于法，但须新之有道，异之有方。有道有方，总期不失情理之正。"① 从而将原创性建立在体现时代精神而又有个体独特生命感悟与表达之上，创造出表现真性情、真感悟、真趣味的经典之作。在融合创新成为时代潮流的今天，我们还应善于进行古今中外的融合，并在融合中注重动态的中立与平衡，既无须全盘照搬西方，又不必过于拘泥传统，而应在现代语境下不偏执一端，不滞留表象，善于将中西文化的深层密码与智慧优长加以灵活运用，以实现有机融合、优化重构。

尽管现代造物从社会环境、审美需求、技术条件和生产方式等都发生了迥异于古代的变革，但对中华深厚传统造物文化的持守、传续和挖掘、

---

① 李渔：《闲情偶寄》，郁娇校注，江苏凤凰文艺出版社，2019，第 73 页。

运用，依然是建立当代中国本土造物体系的文化根基与智慧源泉。中华造物文化这份遗产富矿的挖掘才刚刚开始，它与现代设计相遇所释放出的能量远未穷尽。而深度把握、理解和感悟中华造物智慧的精妙与灵智，是文脉传续并绽放生命力的关键前提。人们越是深刻洞悉传统造物文化及其文化背景，越能深切体悟其中深厚笃实的底蕴与灵慧通达的智慧。首先，依托精神沃土滋养极致造物。造物的极致是那种超越技艺水平的文化创造，也是创造主体从匠人到艺人再到哲人的境界提升，具有哲人素养的设计师不仅能超越前两者，而且能借助设计体现"神性"。但哲人的成就必须有哲人产生与存在的土壤，中国精神文化的数千年积淀便提供了这样一片广袤的文化沃土，"诗人哲学家"庄子所倡导的"以物为量"和老子所主张的"大制不割"的艺术哲学思想等，可为造物领域哲人的产生提供丰厚的思想文化资源。其次，独特的天人关系所形成的造物观念。古人在造物中崇尚自然，是以与自然相融合的方式去对待，而不是以主观欣赏的方式去观照；是按照自然法则行事而接近自然、融入自然，而非利用自然为己所用。人与物之间更多的是一种相宜关系，也是一种精神的映照，如同白居易江州生涯中对蟠木的书写与比拟那样。文人造物乃雅致之物，雅物与人之间是一种不沾不滞的关系，是一种散逸而又通达的存有的关系，也是一种若即若离而又挥之不去的"伴侣"和"知己"的关系，雅物更是一种可以在与人的相与往返中不断对话、不断生成意义的"活物"。最后，对造物功用性的独特理解与把握。中国古人在实用之外更强调审美功用，甚至是具有涤荡浊世的"澡雪"功用；同时，强调与物相宜，在理解和掌握物性之后，使自身进入物的真性世界，在与物相融中获得愉悦与自由。西方待物的立场，在于让物为己用，侧重于享受物所提供的感官舒适，带有一定的役使意味。不过，西方现代生态批评及生态设计逐步将生态环保理念引入造物设计之中，充分考虑材料的环保与再生性，减少对环境的负面影响，同时又能够提供造物应有的实用性功能，这解决了造物对自然的干预问题。但造物审美愉悦的提升，尤其是在与物的互动中不断澄明事物之"真性"的诗性意境，实现从生态设计走向"人性化的设计诗学"，则更有赖于中国传统造物文化所蕴含的美学哲思与智慧。

第十四章

工匠精神与文化高质量发展

第一节 历史转型与格局重构

　　高质量发展作为一个历史转型期的时代趋势和诉求，被广泛讨论和研究，同时也成为我国新时代文化领域的一个重要主题。从总体来考量，实现高质量发展除了要有宏观的战略思路外，还要有中、微观的策略选择；既要推动体制改革和政策优化，又要关注创新动力与人才提升。探索高质量发展的问题，不仅要考察精品创作、品质提升的具体层面，更要从最基本的问题和深层次的面向进行探讨，同时还必须置于经济社会发展的宏观背景之中，密切联系新技术的发展现状。文化的高质量发展，离不开经济和科技的支撑，文化发展也为经济社会转型提供了精神动力和智慧支持。互联网时代，不仅将经济各领域紧密联系在一起，也将文化与科技、文化与其他产业糅合为一个彼此交融、互补共生的有机整体。

　　文化自觉作为沉潜于一个民族意识深处的对自身文化的反思、反省和审视，构成对民族文化的清醒认识和价值觉醒，并在探索中逐渐提升、完善。这种自觉在面临历史转折的关键时刻，往往发挥着至关重要的作用，甚至决定着一个民族的未来。全球化时代，国家与地区间的经济贸易相互交织、彼此牵制、互为促进，关系日趋密切，但竞争亦无处不在。各国（地区）都想方设法抢占发展制高点，竞相在价值链高端与未来行业投入巨资、全面布局，极力维护现有优势，以期赢得未来发展先机。是否具有前瞻性的竞争意识和理念，标志着一个民族危机意识的强弱和文化自觉程度的高低。德国在掌握了全球制造业中众多行业标准（全球先进机械制造国际标准中三分之二的标准由德国制定）并拥有30%的产品属于独家制造且无竞争对手的情况下，依然抱有深刻的危机意识，最早考虑和谋划在大数据、互联网和人工智能时代如何继续保持领先优势，并率先于2013年提出了"工业4.0"概念，试图利用信息物理系统（Cyber-Physical Systems，CPS），一方面，将生产过程中的材料供应、制造、销售信息数据化、智慧化，以实现快速、有效、个人化的产品供应；另一方面，将互联网、人工智能引入制造业，实现互联网与制造业更密切的结合，最终达到生产的智能化。德国"工业4.0"的战略核心，就是意欲谋求互联网时代国际产业分工的新变局。作为头号发达国家的美国，则提出"先进制造业伙伴（AMP）计划"，从该计划的内容来看，与德国"工业4.0"有相近的战略考量，即试图通过将产业界、学界和联邦政府部门联系起来，共同投资新兴技术，提高美国产品的质量，继续保持美国制造业在全球的竞争优势。美国这项计划的最大特点是突出产、学、政的密切合作，体现了美国一贯以来注重应用与实效的精神；同时，强调人才的重要性，注重借助政策营造良好的营商环境。美国更多关注的是先进制造业，未像德国那样强调互联网与制造业的结合，就产业未来发展方向而言，不及德国有更明确的定位。为摆脱正在丧失的全球竞争力，法国也于2013年公布了"工业新法国"，并根据世界经济发展趋势，迅速调整了重点方向，于2015年5月公布了"未来工业计划"，将主要发展目标聚焦于工业工具更加现代化，建立互联互通、更具竞争力的法国工业，并重点推动数据经济、智能物体、新资源、智能电网、未来交通、未来医药和数字安全等，以数字技术实现经济增长模式的转变。法国这项计划紧随时代发展步伐，及时调整战略重心，精准把握未来经济的发展方向。日本提出再兴战略，力图从国家层面建立相对完整的研发促进机制，重点布局人工智能的发展，将物联网、人工智能和机器人作为第四次产业革命的核心，并提出"超智能社会5.0"战略，将人工智能作为核心支撑，以适应信息社会之后新的社会形态的出现。

在主要发达国家为应对新一轮产业变革，先后制定"再工业化"战略，试图重塑制造业竞争新优势的背景下，我国于2015年制定了"中国制造2025"，以适应新一轮科技革命和产业变革及我国加快转变经济发展方式的需要，同时着眼于国际产业分工格局重塑的时代契机，力争把我国建设成为引领世界制造业发展的制造强国。相比较而言，我国除了注重人工智能、互联网与制造业深度融合之外，还强调推行绿色制造、基础工业和推动重点领域突破发展，形成了更为系统和全面的发展构想。

这个由新一轮技术革命引发的各国经济宏观发展的战略调整，将深刻改变世界经济的发展走向与格局，由此还将构成对全球政治局势的重塑。当今世界正处于经济新旧动能转换大变局之中，这个变局就包含着世界经济转型过渡期所带来的各国经济实力的变化，由此引发了国际政治力量对比大变化、国际格局大洗牌和国际秩序大调整。这些变局也必将深刻影响着文化领域，包括文化生产传播、话语建构和文化软实力等，其中，最重要的是如何保障各民族的文化身份与特征不被他国文化所同化。东西方各国经济发展战略的调整，目的都是在积极推动和融入经济全球化过程中获得优势地位，这个过程中也对外来文化的强势输入抱有警惕。法国针对美国的强势文化，提出了"文化例外"法案，以保护本土文化拥有必要的生存空间。从文化发展自身规律而言，多样化乃是文化的本质特征，互联网时代便捷的文化交流中，各民族的本土文化应当凸显自身特色，以差异性来体现民族认同，抵御文化的趋同，实现文化的多样性发展。多样性本身就是文化生命力所在，经济越是全球化，也就是说金融或投资的方式、产品制造、物流结构越偏向世界级规模，我们对于文化之个别性与独创性的要求便应该随之提高。①

互联网时代要维护民族本土文化尊严，就必须适应新形势、谋求新发展。中国五千多年不间断的文化源流，成就了独树一帜的东方文化与美学体系。进入现代社会，尤其是21世纪，随着互联网普及带来的文化开放，在很大程度上构成了对传统文化的冲击，但这并没有造成对中国东方美学特质的根本改变。当然，我们要清醒地意识到：在今天，这种有别于世界各大文明体系的中华文明的特质与差异性，不应当只是从传统中移植过来的，不应当只是原始文化基因的简单复制，而是要在继承中融入时代元素，并具有被世界所认可、接受的特质，"旧的东西和新的东西在这里总是不断地结合成某种更富有生气的有效的东西"②，但这样的结合必须是一种对传统内在精神的继承和对当代需求创造性满足所形成的特质与差异，是对前人的创造性继承与创新性发展。这是新时代中国应当创造的有别于我们先人的文化，也只有这样的当代中国文化，才有可能对世界产生广泛影响。因此，构建当代中国国际话语体系不仅是新时代的重要任务，也是实现中华民族伟大复兴的重要基础。

---

① 原研哉：《欲望的教育》，李柏黎译，（台湾）雄狮图书股份有限公司，2016，第238页。
② 伽达默尔：《诠释学Ⅰ　真理与方法——哲学诠释学的基本特征》，洪汉鼎译，商务印书馆，2021，第433页。

在新一轮世界产业变局中，新技术发展对生产关系、营销方式等的重塑，势必因人际交往方式、社会组织架构的改变而引发文化领域深刻变革；文化创新理念与文化生产方式的更替，不仅受文化自身发展规律的制约，也深受技术革命的影响；文化传播方式的变革，不仅局限于传播手段的变化，也扩展和依赖于非文化领域的进步；文化社会功能与使命的变化，不仅表现在对众多领域的介入与渗透，也呈现于对国家战略与顶层设计的深刻影响。如何把握这些变化，需要就相关战略性宏观问题进行深入思考。信息化与文化创新如何深度融合？文化怎样利用新技术资源？文化如何助力制造业转型升级？工业品如何实现向艺术品的转身？如何加快弥补工业设计的短板？技术与艺术结合怎样才能获得更大空间？如何走好工业文化普及之路？总之，中国当代文化创造还需要不断注入创新理念，工业设计与品牌还需要更多的文化涵养与智力支撑，而夯实文化高质量发展的基石，则是着眼未来、行稳致远的要义所在。

第二节 匠心构筑创新基石

在世界产业格局变革的背景下，我国文化产业要实现高质量发展必须构筑以当代工匠精神为核心的创新基石、增强创造主体的理念更新与综合素质的提升。

工匠精神自古有之，主要产生于传统手工艺时代并延伸至工业社会以机械制造为主的时代，有着悠久的历史，并形成了丰富的内涵：专注执着、"死磕较真"，是一种工匠精神；严苛缜密、探幽发微，是一种工匠精神；追求极致、达臻完美，是一种工匠精神。在此，我们不深究于既有工匠精神的阐发，而聚焦于工匠精神的时代内涵，或者说在后工业社会需要怎样的工匠精神，以及它对于今天文化创造的意义。当然，这个过程离不开回溯传统工匠精神的历史流脉，并试图在延续匠心传统之中探索新的精神内涵。后工业社会是一个以互联网和人工智能为基础的社会，其工匠精神因直接连接当下社会新的生产方式和组织形式而精准地表达了这个时代的现实需求及未来方向，由此必然表现出新的内涵与特征。首先，从创造行为来看，不同于手工业时代工匠的重复性、被动性特点，互联网与人工智能的技术手段为人们提供了更加完备的独立创造的基础条件与可能，并且具有主动性（自主性）、创造性特征，不再被某个工序环节或标准束缚，个人创客空间、工作室、自媒体、小众文创品牌等，都具有独立创造、自由发挥的广阔平台与空间。其次，从生产消费方式来看，手工业时代工匠技艺以师徒口传心授的方式实现代际传承，工匠精神更多地体现为对既定工艺标准的完成精度与完美度，以此达到同行业的标杆水平并赢得用户的赞誉；而后工业时代则不仅要求达到产品与服务的精良，更多地还体现为能否依据特定用户的需要进行创造性生产，体现了一种个性化定制、柔性化生产与对应性、小众化消费的特征。再次，从主体素养来看，与传统手工艺终身致力于某项技艺不同，后工业时代虽然也要求术有专攻、专注执着、深耕细作，但同时更需要拥有适应不断变化的科技革命现实，时刻关注并掌握运用新技术、不断进行自我重塑与提升的能力。最后，从实现形式来看，与传统手工业依靠相对简单的工具、分工形式与社会资源不同，后工业时代更依赖复杂精密的工具、更大范围的社会网络系统，以及更复杂多元的分工协作体系，许多专业化很高的分工也都是被预先纳入一个整体系统之中，为一个终极产品质量提供保障。很显然，互联网时代的工匠精神已经具有全新的内涵，但这并不等于说传统工匠精神就过时了，新内涵在许多方面依然需要传统工匠精神的滋养，这种精神本身就是人类在创造实践中不断积累与丰富的结果。

进入新时代以来，"工匠精神"首次出现是在2016年全国人大会议上李克强所做的政府工作报告中，报告提出要培育精益求精的工匠精神，以增品种、提品质、创品牌。在新时代召唤工匠精神，是适应经济新常态和高质量发展的需要，是新技术革命创新驱动的必然要求，也是推动中国制造向中国精造和中国创造转化的关键所在。古代中国文化创造为我们留下了宝贵的精神财富与造物财富，其中包括为世人称道的工匠精神。当代中国赓续传统文脉和精神，在许多领域创造了世界之最，如高铁、"天眼"、港珠澳大桥、5G技术、航天飞船等。但从全球视野和现实角度来看，还没有真正形成一个影响世界的包括造物文化在内的文化创造高峰，既缺失国际性的文化大家、设计大师，又缺乏世界级的文化名作、设计名品。在作为世界第二大经济体的国力支撑下，中国当代文化艺术影响力和创意设计水平正面临新的越级和超升。新时代文化高质量发展不是依靠资金、资源能够成就的，而是凭借匠心、恒心才能达成；不是模仿、效法能够奏效的，而是需要创新、创造才能实现；不但要借助传统文化资源，还要借助科技创新之力。在众多影响文化高质量发展的因素中，匠心具有举足轻重的作用，召唤匠心应当成为时代的重要课题，不仅要从民族文化中发掘匠心精神，而且要从外来文化中汲取匠心元素，还要从生活实践中提炼匠心内涵。

工匠精神不仅关乎造物（设计）文化，还关乎精神文化。从通常意义上讲，匠心是一个人对待事物的主观姿态，也是人们在精神创造与造物实践中表现出来的行事方式和内在诉求，体现着源自内心的坚定信念、严苛态度、执着追求和心性情怀，甚至是一种人生标尺与精神信仰。匠心不只是诉诸某种职业和谋生的需要与手段，更是心中理想的执念，是超越功利之心、名望之求的淡泊心境，也是拥有无限创造动能的生命原力，即如理查德·桑内特（Richard Sennett）所说的一种"持久的、基本的人性冲动"[1]。但匠心不是与生俱来的，不仅需要长期培育和修炼，而且需要不断坚守与坚持。不同时代的不同民族，匠心的内涵不尽一致；体现在精神文化创造与造物文化设计中也不尽相同。

从艺，观古今之执念。中国古代文人留下的绝美诗文、千古名篇，无不是呕心沥血、殚精竭虑的结果。将吟诗作赋作为表达内心情感与生命理想的方式，而不是作为附庸风雅、谋取功名的手段，使文人艺术家对自身作品总是精耕细作、千锤百炼，因为那是他们精神情感和人生理想的承载，是内心追求的审美象征。杜甫在诗歌艺术上所抱持的一丝不苟的精神，成就了其不朽诗作，也使他"语不惊人死不休"成为千古名句和艺术执念的最佳表达。而杜甫《江上值水如海势聊短述》一诗恰如金圣叹所点评的"不必于江上有涉，而实从江上悟出也"[2]那样，以虚写方式表现江水具有大海之气势，更是不落前人俗套的创造性呈现，足见杜甫构思之精巧和意欲达到艺术最高境界的追求。但这种执念的形成并非一朝一夕，仇兆鳌就曾评价杜甫"少年刻意求工，老则诗境渐熟，但随意付与，不须对花鸟而苦吟愁思矣"[3]，足见唯有长期养成精雕细琢的创作心性，才有可能达臻出神入化的艺术境界。无独有偶，卢延让也留下一句表现刻意求工精神的著名诗句："吟安一个字，捻断数茎须。" 当代画家吴冠中视艺术为神圣事业，倾注毕生精力而欲达臻艺术之至美境界，这使他在成名后求画者络绎不绝的情况下，却对但凡不满意的画作一概撕毁，这种源自自我对品质的严苛要求，恰是将艺术的崇高与完美作为人生最高追求的体现，超越了一般世俗的从艺目的和准则。动画大片《哪吒之魔童降世》的导演饺子，以他的传奇经历完美诠释了何为匠心。他不惜资金、时间甚至人生前途，硬是以"死磕"精神从事创作，只为追求极致的完美。他凭借热爱和

---

[1] 理查德·桑内特：《匠人》，李继宏译，上海译文出版社，2015，第36页。
[2] 金圣叹：《金圣叹评唐诗全编》，陈德芳校点，四川文艺出版社，1999，第529页。
[3] 仇兆鳌：《杜诗详注（卷十）》，中华书局，1979，第810页。

坚守，杜绝浮躁与诱惑，以慢工出细活的淡定，用三年零八个月做出仅16分钟长的短片《打，打个大西瓜》，一举震惊整个动画界，一口气拿了近30个奖。然而为了心中更大的梦想，成名之后的饺子竟然又销声匿迹了六年：在国产动画最萧条的时候，坚守做原创精品，因为他始终秉持作品决定论。《哪吒之魔童降世》光是剧本就磨砺了两年多，易稿66次；制作又花了三年多。他亲自上阵按最高标准的特效制作，每一帧特效、每一句配音都要求出最棒的效果，几乎"逼疯"了团队人员。现代平面设计作为一种实用型艺术创造，也同样能体现出创作者的"执念"：无印良品的宣传海报并不为人们所熟悉，然而但凡见过的人都会留下深刻印象：以地平线将画面分割为上、下两部分，以达到设计师让画面成为一种"容器"的视觉传达效果。为此，设计团队竟然不惜携带最先进的摄影器材，远赴万里之遥的南美玻利维亚乌尤尼盐湖和蒙古大草原去实景拍摄，仅仅是为了获得一张设计师认为最理想的照片。这种近乎"疯狂"的行为，正是源于要把视觉效果做到极致的"执念"，同时是为实践无印良品所追求的"终极设计"——将无谓的设计彻底减至最低，是极简的商品群，是经过千锤百炼而完成度极高的设计。

造物，观科技之匠心。精神文化的创造需要精益求精的"执念"和完美主义的理想，造物文化的创造则需要精雕细琢、刻意求工的专业姿态和工匠精神。二者有诸多相同之处，但体现在造物文化中的匠心有其独特内涵，尤其在科技高度发达的今天，科学精神是造物需要的一种基本素养。

传统造物领域的工匠精神可以从《庄子·外篇·达生》中的一则记载见其真谛，人们惊叹梓庆何以有如此"惊犹鬼神"的绝世技艺，哪知却是梓庆凝神聚气、沉浸心绪、放空心灵的结果，他斋戒七日的目的，乃是将一切功名夸誉、世俗非议、荣辱得失弃之脑后，不为一切外物所困扰与羁绊，达到心与神游、淡然自若、无欲无念的境地。梓庆这一行为足见工匠精神之一斑。在今天，强调工匠精神则更多的是对急功近利的商人精神、功利主义的反拨与对抗。在科学突飞猛进、技术频繁更迭、经济转型加快的背景下，更是需要强调摒弃浮躁、淡定心气、淡泊功利、遵从内心的匠心情怀。要实现高质量发展，就必须沉得下心性，不浮泛夸饰；耐得住性子，不急功近利；从容自若、淡然自持，不以物喜、不以己悲。一批著名设计师以他们的专注、执着诠释了今天的匠心精神。贝聿铭设计伊斯兰艺术博物馆时，其施工团队为了实现他对蜂巢天花板工艺与效果的严苛要求，历经半年多时间反复试验、调整、打磨，最终呈现出无与伦比的极致美感。曾任职苹果公司艺术总监的乔纳森·伊夫（Jony Ive），对产品设计品质的要求达到近乎苛刻的程度,为实现史蒂夫·乔布斯(Steve Jobs)提出的设计一款世界上最轻薄的笔记本电脑的要求,他竟然可以远涉重洋,专程拜访日本一位铸剑大师,仅仅为了期望从中获得灵感启发。这事实上已经不再是完成一项商业产品的设计,而是为了实现和表达一种存在的价值——正是这种现代工业社会的工匠精神成就了苹果公司。

在互联网与人工智能时代,科技之于造物的深刻影响,催生着新的工匠形态与内涵,赋予匠心更丰富的精神特质。新技术背景下的工匠精神,体现为对互联网、大数据、人工智能造物手段、技艺和生产方式的谙熟,以及对文化与科技融合方式、途径的把握。当今时代,诸多产品的设计已全然不同于农耕时代和工业时代,对工匠精神也有了新的要求,工业设计已迈向高端综合设计服务阶段,体验设计成为造物的重要内容。这些既带给新媒体时代工匠精神更加丰富的内涵,又带给艺术设计教育在工匠精神传承方面以新的内容;而传统工艺代际传承制度也将面临新的调整和变革——如何保障当代新工艺、新技术的掌握和运用作为一种全新技艺代代相传并确保日益精进,是我们今天亟待思考与解决的问题。同时,面对各国文明交流互鉴、文化交往互动更加密切的全球化趋势,更要善于汲取他国工匠文化的精髓,结合本土工匠文化传统,探索形成适应时代需求和国际认可的中国当代工匠精神,并借助理论提升与话语建构,形成承接悠久传统、体现时代内涵的中国工匠精神与话语体系。

不论是文艺创造还是造物设计,都必须与时俱进、不断创新,高质量发展离不开创新创造,但创新不是急功近利的"搬弄新花样、玩个新噱头",而是要有久久为功的雕琢磨砺、精心构筑。匠心作为创新基石,还有一层意义,那就是任何好的创意设想必须有相应精湛的工匠技艺去实现。高端芯片的生产不仅仅是设计问题,还要有高水平工艺做支撑。因此,挖掘、弘扬传统工匠精神,不断提升现代科技条件下的工匠技艺,在新时代文化创造中丰富匠心内涵,建立系统完善的匠心—匠品—匠艺传承机制,是实现文化与造物产品高质量发展的关键所在。

第三节 理念、姿态与修为

工匠精神既是高质量发展的前提条件和重要基础,也是文化创造主体内在品格的重要构成;匠心修炼应当成为当代文化创造主体的自觉行为,匠心召唤需要纳入新时代文化创新与高质量发展的制度建设之中。文化创新是一个永无止境的过程，意味着文化创造主体必须紧随时代发展，不断创新理念、研习新知、自觉修为，始终立足时代潮头、保持前瞻视野、致力开拓创新。

理念创新能力是文化创造主体不可或缺的品格素养之一。如果说工匠精神解决的是产品品质，那么理念创新则关乎产品的原创性。高品质需要依靠工匠精神来打造，但仅有高品质而缺乏原创性，便只能步人后尘而难以形成自主文化品牌。原创需要创意灵感，但原创不像灵感那样只是电光石火的一瞬间，而是对灵感的充实丰富、扩展和实践，这个过程能否达到预期目标，则依赖于坚韧专注的工匠精神的支撑。只有以工匠精神致力于原创性研发，高质量发展才有实现的基础与可能。对传统工艺如何在继承基础上进行再设计，始终是文化创造主体面临的难题。设计师张雷基于他的深入实践与思考，提出"还乡"理念，致力于从实践层面追溯在地性传统工艺制造流程，并以此为出发点，形成赓续传统工艺基因的现代设计，实现产品制造基因可追溯与设计现代感的完美融合。这既内在地承接了传统核心技艺，又融入了现代设计元素，力求在语言、功能、视觉上具有鲜明的现代感，在尊重传统的同时又颠覆传统，达到真正意义上的"再设计"。在这个过程中，工匠精神在他身上体现得淋漓尽致。他与团队成员不急于求成，不惜耗费精力和财力，凭借对传统工艺的尊重，历时四年多深入乡村民间，遍访传统手艺师傅，力图破解传统手工技艺密码，以达到"重新解构余杭的传统手工艺，将其与当代设计相融合，制作独特的产品"①的原创目的。他将经由复活的传统工艺生产出来的以竹为原料的原浆纸作为材料，向所有设计师开放，期待人们携带不同的创意构想来点化这一古老的技艺和材料。

创新对于文化而言，在当今全球化语境下最重要的体现与标志莫过于独特性。经济全球化能实现更有效的产业分工、更畅通的贸易往来、更快速的规模扩张、更迅捷的资本流动，而这一切都有助于推动经济的发展和财富的积累，其结果是形成了世界各地类似的物质生活场景与日常休闲形态。文化在此背景下则扮演着区隔和差异化的角色，在相同的经济规则和物质生活行为中，表现出内在差异和方式差别，这就是文化独特性所产生的重要作用。这个意义上，文化的全球化是一种假象或是少数强势国家试图以自身文化统领世界的一厢情愿。从文化创新角度来看，需要警惕的是，倘若一个民族不注重发展本土文化，就势必陷入被他国强势文化同化

---

① 沈婷、郭大泽编著《文创品牌的秘密》，广西美术出版社，2018，第137页。

的危险境地中。强调文化的独特性应成为国家文化创新的重要使命。对文化创造主体来说,立足本土文化进行创新应当成为一种自觉,甚至是一种内在需求。原研哉清醒地认识到:所谓"全球化"的文化其实并不存在,文化应该是要与地域共存,也必须与悠久的历史传统共存。换言之,踩在自己所生所长的土地上,该如何极尽所能地促其开花结果?乃是文化的本质。① 也就是说,独特性是从本土和在地文化中产生的,当然这种独特性不一定是原样照搬和模仿,而是要在传递其文化基因的前提下有所创新和发展,并成为今天人们所需要、为世界所接受的东西。面对本土文化,只有在不破坏其独特性,并有能力将它搬上世界舞台之时,此文化才能首度在世界中展现价值,并散发耀眼光芒。② 原研哉还特别强调必须对传统文化进行深度表达和再创造:所谓"文化独特性",也并不是仅仅依靠继承此国家或地区之传统固有符号(icon),便能被保守下来。他甚至以为,我们必须排除已然被"符号化"的浅层文化,反以今日的美学意识去更新与取代也是十分重要的。③ 事实上,基于本土文化基因的再创造、再设计,形成符合当代审美趣味和生活需求的新文化,才是真正具有独特性和生命力的文化。后工业时代,个人与组织的创新有了更多可能与方向,但必须警醒的是,在文化创造领域众多的可能性中不能丢失一个民族的原始基因和优秀传统,中华文化所具有的独特审美体系与美学表现方式,应当在传承中延续、在创造中发展,而不是截然加以割断。贡布里希(Gombrich)在论及西方艺术史时指出,那是一个"无休无止的实验的故事,就是追求前所未见的新颖和独创效果的故事",也就是说西方艺术格外喜欢求新求变,而"中国的艺术有更多的时间去追求雅致和微妙,因为公众并不那么急于要求看到出人意表的新奇之作"。④ 那么,在快速发展的互联网时代,如何创造有着"雅致和微妙"美学特质的当代中国文化,就成为需要我们深入思考和不懈探索的重要问题。

另一种打开"再设计"空间的方式,是以世界不同民族文化为母本,在简约、环保、人本理念下的原创设计。消费社会对自然资源的过度索

---

① 原研哉:《促使世界更新的力量》,载原研哉:《原研哉的设计》,李柏黎译,(台湾)雄狮图书股份有限公司,2017,第91页。

② 原研哉:《促使世界更新的力量》,载原研哉:《原研哉的设计》,李柏黎译,(台湾)雄狮图书股份有限公司,2017,第91页。

③ 原研哉:《促使世界更新的力量》,载原研哉:《原研哉的设计》,李柏黎译,(台湾)雄狮图书股份有限公司,2017,第91页。

④ 贡布里希:《艺术的故事》,范景中译,广西美术出版社,2015,第8页。

取，致使人与自然的关系持续紧张甚至恶化。对现代化带来环境与浪费问题的反思，改变了众多设计师们的理念，低碳环保设计、简素质朴风格，成为设计界呼应生态绿色潮流的实践取向。在日本著名工业设计师深泽直人的眼里，世界各国的造物设计皆可成为他借鉴的对象，但这一切又都被纳入他自己对设计的独特理解中。他所秉承的"无意识设计"理念，是试图让设计自然而然地融入人们的行为模式中，以达到设计与人的高度契合。这一理念源于他人本主义的理解与考量：人类与其他动物一样，通过身体、感官和行为能力来认识这个世界；身体认知所呈现的认知行为，帮助人们完成对世界上很多事情的认知，因为身体认知是无意识思考。该理念在他参与的无印良品的产品设计中，又体现出与生态环保意识的内在贯通：无印良品奉行的"简约、简素，这样就好"的设计理念，正适应了当今消费领域逐渐盛行的注重环保的简约之风。那么，如何在简约、简素中见舒适、见品质，就构成对设计师工匠精神的考验。

谦逊而又自信、好奇并能深究，这是创造主体为始终保持探索热情和创新能力而应当具备的素质。科技革命正在改变人们的认知结构、刷新人们已有的知识版图，尤其是突破学科界限的创新成为常态，以此催生和促进了诸如机器学习、智能设计、脑机连接、生物与仿生科技等在生产、生活领域中的运用，文化新业态也在信息技术、3D打印、人工智能等日趋成熟的高科技的支撑下，如春笋萌发般竞相涌现。研习新知、博采众长、融合创新，既是今天文化创造主体应有的姿态，也是实现高质量发展的智力保障。

是否拥有科技新知应成为文化创造主体内在修为的重要构成。当科技发展及其所带来的影响不仅遍布于各行业和各生产领域，而且通过产品深刻嵌入我们的日常生活之中，并悄无声息、具体而微地重塑着我们的生活方式的时候，文艺创作还能对此视而不见吗？艺术家还能局限于风花雪月、乌篷夜泊的传统意境营造吗？人工智能技术造就的机器人既超越了顶级围棋大师，也挑战了有数千年历史积累的诗歌美学和诗人的创作智慧。工业化催生了工业美学的发展，并逐渐形成现代设计美学中成熟的话语体系，打开了一扇人类审美世界的新窗口。而随着新技术、新材料的不断出现，后工业美学渐成气候，并引领着当代设计的先声。然而，我们在传统工艺美术领域，保护传承的观念与方式显然还跟不上时代的步伐，不论是在工艺创新还是在审美创造抑或是在生产方式上，都与工业及后工业时代相脱节。保护传统工艺，不等于固守旧艺而举步不前；利用传统文化，不等于模仿沿袭先在符号而不更新发展。传统家具装饰时常"以草龙为主题内容，又有灵芝、如意、祥云、蔓叶卷草纹等作点缀"，形成"统一格式化的经典样式"，① 这些装饰符号如何创造性地运用于当代家具设计之中，并形成一种属于今天的装饰符号？中国非遗宝藏的发掘，不仅要有"盼望催生文化更新之冲动"②，还要有深刻体悟本土文化、重塑审美形态的自觉，以及表现自然奥妙、呈现科技之美的追索。如何萃取传统工艺精华，以现代金属材料设计制造出不亚于传统天然材质的精美雅致、富有温度的家具？怎样将高科技和功能强大的电子产品打造成具有极简之美的艺术品？由恩里科·阿斯托里（Enrico Astori）主导设计的意大利家具品牌Driade，借由技术的改进，发布了在工业化商品中不可能实现的具有微妙精细工艺品感觉的设计，表明借助现代设计、工业材料及工艺，亦可在工业品中实现极致的美学效果。深泽直人与贾斯珀·莫里森（Jasper Morrison）用铝制D型管这种现代材料，设计了一张精致的椅子在米兰国际家具展上发布，虽然没有引起预期的反响，但著名设计师奥谷隆则认为是表现出人们记忆中的某个东西，因而具有不同寻常的"超常规"感觉，由此成为一款借助金属材质来呈现美感的设计佳品。扎哈·哈迪德不仅是建筑设计界的"女魔头"，在产品设计上也善于运用现代材料创造出充满想象力和诗意的作品，她设计的"旋涡"吊灯以舞动流畅的线条表现出奇异的诗性；她还受自组织系统和纳米技术的启发，为施华洛世奇设计了足以挑战枝形吊灯既有概念的新款式——吊灯不再是悬挂于天花板的物品，而是占据一定空间的物体，由86根电缆组成的缀满数千只水晶灯的旋涡造型，从地面一直延伸至天花板，颠覆性的悬挂方式辅以浅蓝色光晕，散发着极强的科技感，并以全新的方式营造出轻盈曼妙的氛围。而凯瑞姆·瑞席（Karim Rashid）更是鲜明地主张要致力于用设计创造诗意的世界，他以天马行空的想象将普通的塑料材质运用于产品设计，并赋予其独特的美感，甚至能将扫帚、垃圾桶这样的普通日用品设计成散发着梦幻般诗意的产品。苹果电脑iMac打破人们习以为常的外观印象，"机身以明亮的白色与半透明的'邦迪蓝色'（Bondi Blue）聚碳酸酯塑料相结合，带来了区别于其他所有个人电脑的视觉新鲜感。在这个里程碑式的设计中，艾弗将有机本质主义语言又推进了一步，同时也把功能清晰感提升到一个非凡的高度"③，实现

---

① 濮安国：《明清家具装饰艺术 图集》，浙江摄影出版社，2001，第46页。
② 深泽直人：《深泽直人》，路意译，浙江人民出版社，2016，第155页。
③ 夏洛特·菲尔、彼得·菲尔：《设计的故事》，王小茉、王珍时译，江苏凤凰美术出版社，2018，第511页。

了乔布斯提出的让用户凭着直觉就知道下一步怎么做的设计理想。从此，日用电子产品开启了一个以苹果公司为新标杆的极简设计时代，而这个过程中极简美学内涵也随之不断丰富——苹果设计总监乔纳森·伊夫在实践中形成的"一种清而透的设计美学"①，在一个新的层面上诠释了现代主义设计简约风格。

随着3D打印技术在精度、速度和材料应用方面的突破和日臻完善，传统工艺美术的现代发展有了新的可能。竹编工艺具有独特材料质感与审美意趣，能突出手工编织的温度及触感，形成特殊的韵味，但传统竹编产品种类有限、耐用度差、制作效率低，不利于批量生产。年轻竹编设计师结合3D打印技术进行灯具设计，在主体框架用工业新材料整体打印成型的基础上，运用竹编做出镂空透雕的效果，达到光线漏网透射需要。古老竹编被赋予了现代美感，同时能实现定制化的批量生产。爱马仕子品牌"上下"运用钛合金高科技新材料制作的明式靠背椅的现代版，有效传达出明式家具简洁空灵的韵味，实现了明式家具审美意趣上的延续，不啻一个很好的尝试。而深泽直人不仅从明式家具"独特的优雅和尊贵"中汲取营养，设计了无印良品系列椅凳橱柜，而且从宋代汝瓷精美绝伦的色彩质感中，寻得与无印良品风格的契合点，在"汲取其精髓后做了重新设计"，并"调整了产品规格，使它适合大规模生产，可以在当今的日常生活中使用"。② 事实上，包括北欧汉斯·瓦格纳在内的许多西方设计师都深受明式家具的影响，设计了畅销欧美市场的现代家具，如瓦格纳设计的不同款的圈椅，成为当代欧美家具的畅销品。

第四节　从理论之思到实践之途

文化产业高质量发展是一个整体性的系统工程，涉及体制、政策、市场、消费、环境、教育和人才等诸多方面，文化创造主体是其中基本的和关键的因素。以上我们着重从文化特殊性和互联网时代如何弘扬工匠精神、提升创作主体内在素质角度，探讨当今时代之需。从实践层面来看，新时代要实现匠心召唤与主体自新，应重点关注以下几个方面的问题。

---

①　夏洛特·菲尔、彼得·菲尔：《设计的故事》，王小茉、王珍时译，江苏凤凰美术出版社，2018，第510页。

②　深泽直人：《深泽直人：具象》，邹其昌、武塑杰译，浙江人民出版社，2019，第232页。

第一，密切艺术与造物之结合。中国传统文人士大夫具有重艺轻器的思想，因而有"形而上者谓之道，形而下者谓之器"之说，虽然此说论及的是形而上与形而下的关系，但其中也透露着重精神文化而轻造物文化的思想，由此形成了文人千古流芳而匠人默默无闻的历史现实。但在造物实践中，中国古代尤其是明代艺术家参与造物活动不乏其例，对提升造物品质、丰富造物文化内涵起到了积极的重要作用。如明代的榫卯家具与园林，是文人写意精神与工匠水准达到了一个程度后，才能合作出来的东西。[①] 古代由画家、书法家参与园林、家具和文房用品设计曾一度成为普遍现象，这直接影响了中国园林和明式家具的美学内涵，成为迄今仍然具有美学生命力的造物文化。也因此，器物之中浸透着更为深厚的人文情怀，明式家具拥有了超时空、超民族、超国界的永恒艺术之美。从古至今，造物到了高端和极致的程度，必然体现出深厚的文化内涵甚至哲学意蕴；或者说，高水平的造物离不开艺术和美学的支撑。"文化并非只有在美术与艺术的面向上才能孕育"，"从现在起的世界已经不再是金钱万能的时代，而是结合文化影响力的时代"。[②] 王澍甚至认为造物的文化内涵并不逊色于形而上的精神文化：我们说文化形而上，但实际上它的根基一定是形而下的，形而上的东西无形地浸透在所有形而下里，这才是更重要也更持久。[③] 西方众多奢侈品牌均邀请著名艺术家参与产品设计，为提升产品的文化内涵和艺术价值可谓不遗余力，既提高了产品品质，又扩展了品牌知名度，成为高尚生活的符号象征和时尚潮流的引领。因而，现今艺术家与设计师相分离或者缺乏密切合作的状况必须改变，应建立艺术家与设计师更为紧密交流互动的机制，让艺术的最新理念和成就深刻地嵌入艺术设计、工业设计领域，打造属于中国的奢侈品牌和工业设计领域的国际品牌。

第二，造就国际设计明星群体。中国在文化供给方面与物质生产一样，已经实现了从短缺到富足的转变，大众文化消费层面已不再缺乏文化产品和服务，甚至存在结构性供给过剩的情况。但高质量、高品质的文化产品与服务依然存在短板，即有效供给尚显不足。在艺术设计领域，尤其是平面设计领域，中国设计师逐渐跻身世界一流行列，但工业设计领域与世界发达国家相比还存在较大差距。全球排名前15位的顶级设计师均来自

[①] 殷智贤主编《设计的修养》，中信出版社，2019，第210页。
[②] 原研哉：《欲望的教育》，李柏黎译，（台湾）雄狮图书股份有限公司，2016，第20页。
[③] 王澍：《造房子》，湖南美术出版社，2016，第217页。

欧美国家和日本，尚未有中国设计师入列。对此，要特别注重造就一批国际文化大师，并借助他们的高端设计形成文化的"涓滴效应"。是否拥有一个国际著名设计师群体，不仅标志着一个国家在世界上的设计水平和地位，而且意味着大众化文化产品能否得到整体提升，更关系到一个国家文化品牌的国际影响力。国际设计明星通常致力于精英主义的、小众化产品的设计，具有原创性、前卫性强的特征，正是这种引领性和风向标性质的设计实践，才能成就其在国际上的知名度，并引领和拉动大众化、批量性产品的全面升级。这种文化的"涓滴效应"恰是我们长期忽略的，也是现代艺术、前卫设计在中国缺乏受众，更不被投资者看重，导致生长土壤贫瘠的根本原因。国际设计明星存在的另一个意义是有助于拓展文化创造的新领域、新空间，引领和激发一批文化创造主体、文化企业去开辟和创造更多的高品质的文化产品与服务，以最大限度地实现"供给创造需求"的法则。

第三，营造浓厚艺术环境氛围。"德国制造"今天已成为高质量的代名词，这是由其国家自上而下的重视、完善的职业教育体系及国民艺术素养所决定的。国际设计师明星群体的造就离不开浓厚的艺术环境与氛围，而这方面我们显然还有诸多不尽如人意之处，不仅社会生活领域文化氛围不浓，就连高校也存在"整个美术学院系统到现在为止都没有完全建立起建筑是一种艺术活动的意识"① 的状况。乔纳森·伊夫曾回忆其在纽卡斯尔大学理工学院求学时景象："我在艺术与设计学院觉得很有兴趣的事情之一，就是你能与平面设计师、时尚设计师和纯艺术专业的学生亲密接触。这确实是我读书期间的一个特点。而我认为，如此稠密的创意多样性，也是伦敦拥有那么多的能量与活力的特殊之处所在。"设计师是否具有国际化视野，在今天往往决定着其艺术造诣与设计功力，并直接决定着他能否形成自己独特的设计理念与风格。"由大型国际企业制造的设计品在这一时期开始努力加强建立一种全球化的物质文化；传统的、国家性的特征都消失了，重要的设计师则越来越国际化"，如英国设计师迈克尔·杨（Michael Young）行走穿梭于各国之间，"为全世界的企业工作"。② 浓厚艺术氛围不仅能提升设计素养，更有助于拓宽视野，因为人们从事设计

---

① 殷智贤主编《设计的修养》，中信出版社，2019，第131页。
② 夏洛特·菲尔、彼得·菲尔：《设计的故事》，王小茉、王珍时译，江苏凤凰美术出版社，2018，第504页。

实践,"还是要有一定的视野,如果没有的话,是学不到新东西的"①。

第四,推动民间艺术设计启蒙。中国完整、系统、自足的传统审美体系,很大程度地规约了今天国人的审美习惯、标准和眼界,形成了要么陶醉于古典美学,要么形成博采众长、来者不拒的美学趣味,而多数人对当代形态的美学缺乏热情与判断。"因为中国没有经历过工业革命,所以还是保留手工艺时代或者农业时代的这种审美习惯"②,因而不论是从文化创造还是从消费主体的角度,审美现代化、设计现代性都是需要被不断塑造和建构的;现代设计美学体系的确立,非常需要一个全社会的艺术设计启蒙过程。巴萨罗那国际博览会德国馆之所以被称为20世纪伟大的标志性建筑之一,就是以现代主义风格与手法,"将钢铁、玻璃等现代主义工业材料元素与传统的昂贵的大理石、玛瑙石、石灰华和谐有机地结合在一起",平板式的屋顶由不锈钢管支撑,产生悬浮的感觉,使"开放式的房屋更像是一个现代主义的空间符号"③。这个建筑及其内部陈设不仅充分体现了密斯"少即是多"的著名观点,而且证明了:只要布置安排得当,工业材料和现代主义的搭配也一样可以直击人们的内心。也就是说,他建立了一种以现代工业材料为主进行设计,并创造出不同于传统古典建筑的现代美学语言,由此所产生的广泛影响使得现代主义和建筑达到了一个新的美学高度。而这样一种现代主义设计语言(风格)尽管在许多中国年轻设计师那里被广泛运用,但大多数还停留于模仿、沿袭阶段,尚未形成具有当代中国自身风格的现代主义设计语言。同样是现代主义,不同国家(地区)各有其特色,北欧斯堪的纳维亚设计、美国现代主义、日本现代设计、法国现代设计、意大利现代设计等,都形成了自己的风格,为丰富现代主义美学做出了各自的贡献。德国是欧洲地区历史悠久的大国,其工业文化十分发达,全国6250座博物馆中竟然有800多座与工业相关。中国工业文化历史短暂、积累不深,"中国现代设计中最薄弱的环节就是工业设计,而工业设计又恰恰是现代设计的关键"④,足见我国现代艺术设计启蒙任重道远。但一些学者已充分意识到工业设计遗产的重要性,并探讨"工业设计

---

① Lens,安藤忠雄:《安藤忠雄:建造属于自己的世界》,中信出版社,2018,第38页。
② 殷智贤主编《设计的修养》,中信出版社,2019,第207页。
③ 夏洛特·菲尔、彼得·菲尔:《设计的故事》,王小茉、王珍译,江苏凤凰美术出版社,2018,第300、302页。
④ 曹小鸥:《中国现代设计思想——生活、启蒙、变迁》,山东美术出版社,2018,第123页。

遗产的多维互动",以"塑造中国工业设计文化遗产的新型社会体验"。①与此同时,民众的消费修养也需要提升,"很多中国人在享受高品质生活方面的经验是不足的"②。因此,在新时代满足人民对美好生活的新期待,文化供给侧和消费侧的同步提升都是不可或缺的。

---

① 张凌浩、赵畅:《文化互动视角下中国工业设计遗产社会体验策略探究》,《福建论坛(人文社会科学版)》2020年第2期。
② 殷智贤主编《设计的修养》,中信出版社,2019,第18页。